Anleitung zur quantitativen Bestimmung

der

organischen Atomgruppen.

Von

Dr. Hans Meyer,

Professor an der deutschen Universität Prag.

Zweite, vermehrte und umgearbeitete Auflage.

Mit in den Text gedruckten Figuren.

Berlin.

Verlag von Julius Springer.

1904.

ISBN-13: 978-3-642-90104-1   e-ISBN-13: 978-3-642-91961-9
DOI: 10.1007/978-3-642-91961-9

Vorwort zur ersten Auflage.

———

Das vorliegende Schriftchen verfolgt in erster Linie den Zweck, den Studierenden der organischen Chemie als analytischer Leitfaden zu dienen, wird aber auch — wie ich hoffe — manchen erfahreneren Fachgenossen gelegentlich von Nutzen sein. —

Mit der weiteren Verbreitung der Methoden und der dadurch bedingten Sichtung des Guten vom Minderwertigen wird auch das von vielen Seiten gegen diese Art des organisch-analytischen Arbeitens gehegte Misstrauen schwinden und wird gewiss in kurzer Zeit auch dieses, bis jetzt mit Unrecht wenig gepflegte Kapitel der chemischen Forschung die ihm gebührende Beachtung und Entwickelung finden.

In der Beschreibung der einzelnen Verfahren bin ich in der Regel den Originalangaben gefolgt, habe indes überall dort, wo diesbezüglich Erfahrungen zu Gebote standen, die zweckmässigste Modifikation der Methode der Beschreibung zu grunde gelegt.

Ausser den in den Anmerkungen aufgeführten Arbeiten habe ich noch die folgenden grösseren Werke wiederholt zu benutzen Gelegenheit gefunden:

Beilstein, Handbuch der organischen Chemie, 3. Aufl.

Benedikt, Analyse der Fette und Wachsarten, 2. Aufl.

Lassar-Cohn, Arbeitsmethoden für organisch-chemische Laboratorien, 2. Aufl.

V. Meyer und P. Jacobson, Lehrbuch der organischen Chemie.

Seelig, Organische Reaktionen und Reagentien.

Vortmann, Anleitung zur chemischen Analyse
organischer Stoffe.

Dass ich auch die Kohlenstoff-freien N- und J-haltigen
Atomkomplexe unter die „organischen" gerechnet habe,
bedarf wohl kaum der Begründung.

Und somit sei dieses Büchlein der wohlwollenden Nach-
sicht seiner Leser empfohlen.

Wien, im April 1897.

Der Verfasser.

Vorwort zur zweiten Auflage.

Die Ansicht, welche in der Vorrede zur ersten Auflage dieses Werkchens ausgesprochen wurde, dass die Benutzung der Methoden zur Atomgruppenbestimmung für die Weiterentwickelung der Analyse organischer Verbindungen von grösster Bedeutung sein werde, hat bereits in der Zwischenzeit volle Bestätigung erfahren.

Nicht nur sind für verschiedene Atomgruppen, für welche bisher quantitative Methoden der Analyse überhaupt nicht vorhanden waren — wie für die Methylenoxyd- und die Nitroso-Gruppe — derartige Verfahren ausgearbeitet worden, sondern auch jedes andere Kapitel der Atomgruppenbestimmung ist durch zahlreiche Vorschläge zur Verbesserung des Bestehenden und durch neue Reaktionen bereichert worden.

Demgemäss musste auch der Umfang dieser Neuauflage trotz Anwendung von zweierlei Typengrössen und obwohl manche Angabe aus der früheren Ausgabe als überholt oder weniger bedeutsam weggelassen werden konnte, auf das Doppelte anwachsen.

Ausser den eigentlichen Gruppenreaktionen ist noch, dem Wunsche mehrerer Referenten entsprechend, die quantitative Bestimmung der doppelten und dreifachen Bindung zur Besprechung gelangt.

Im übrigen ist an der Anordnung des Stoffes nichts geändert worden, so dass ich hoffen darf, dass die zweite

Auflage eine gleich freundliche Aufnahme finden wird wie ihre Vorgängerin.

Dass auch im Auslande Interesse für den behandelten Gegenstand vorhanden ist, beweist die Tatsache, dass die durch Herrn B. Tingle besorgte englische Übersetzung meiner Anleitung bereits im Vorjahre in zweiter Auflage erschienen ist.

Herrn Dr. Otto Hönigschmid danke ich herzlichst für seine Unterstützung beim Lesen der Korrekturen.

Prag, im Januar 1904.

Der Verfasser.

Inhaltsverzeichnis.

X   Inhaltsverzeichnis.

Abkürzungen.

Ann.	=	Liebigs Annalen der Chemie (und Pharmazie).
Ann. chim. phys.	=	Annales de chimie et de physique.
Am.	=	American chemical Journal.
Am. Soc.	=	Journal of the American chemical society.
B.	=	Berichte der deutschen chemischen Gesellschaft.
Bull.	=	Bulletin de la société chimique de Paris.
C.	=	Chemisches Centralblatt.
Ch. N.	=	Chemical News.
Ch. Ztg.	=	Chemiker Zeitung, Köthen.
C. r.	=	Comptes rendus des séances de l'académie des sciences.
Dingl.	=	Dinglers polytechnisches Journal.
Gazz.	=	Gazzetta chimica italiana.
Jb.	=	Jahresberichte über die Fortschritte der Chemie.
J. pr.	=	Journal für praktische Chemie.
M.	=	Monatshefte für Chemie.
Phil. Mag.	=	Philosophical magazine.
Pogg.	=	Poggendorfs Annalen der Physik und Chemie.
Proc.	=	Proceedings of the chemical society, London.
Rec.	=	Recueil des travaux chimiques des Pays-Bas.
Soc.	=	Journal of the chemical society.
Spl.	=	Supplementbände zu Liebigs Annalen.
Wied.	=	Wiedemanns Annalen der Physik und Chemie.
Z.	=	Zeitschrift für Chemie.
Z. an.	=	Zeitschrift für anorganische Chemie.
Z. anal.	=	Zeitschrift für analytische Chemie.
Z. ang.	=	Zeitschrift für angewandte Chemie.
Z. el.	=	Zeitschrift für Elektrochemie.
Z. phys.	=	Zeitschrift für physikalische Chemie.
Z. physiol.	=	Zeitschrift für physiologische Chemie.
Z. Russ.	=	Journal der russischen chemischen Gesellschaft.
M. u. J.	=	Meyer-Jacobsens Lehrbuch der organischen Chemie.
Beil.	=	Beilsteins Handbuch der organischen Chemie, III. Aufl.
D. R. P.	=	Deutsches Reichspatent.
Diss.	=	Dissertation.

Einleitung.

Während in der anorganischen Chemie die Bestimmung der Atomgruppen (Ionen) die fast ausschliesslich geübte Form der quantitativen Analyse bildet, weil sie, dem momentanen Stande der Wissenschaft entsprechend, zur Charakterisierung der Substanzen genügt, bedarf bei den organischen Verbindungen die Elementaranalyse zu diesem Zwecke noch weiterer Behelfe.

Mit der fortschreitenden Erkenntnis der Konstitution der Kohlenstoffverbindungen machte sich daher das Bedürfnis nach Methoden geltend, welche es gestatten, die nähere Anordnung der Atome im Molekül analytisch zu ermitteln, worüber die Bestimmung der prozentualen Zusammensetzung natürlich nichts aussagen kann.

So entstanden, hauptsächlich den Anforderungen der technischen Chemie angepasst, zur Spezialbestimmung der organischen Atomkomplexe die „Quantitativen Reaktionen", welche in der Analyse der Fette und Wachsarten, der Harze und ätherischen Öle, des Kautschuks, Leims und Papiers u. s. w. als Säurezahl, Verseifungszahl, Jodzahl, Methoxylzahl, Acetylzahl, Karbonylzahl etc. ausgebreitete Anwendung gefunden haben.

Die wissenschaftliche Forschung kann sich nun freilich nicht immer mit der Ausmittelung derartiger „Zahlen" als dem Ausdrucke für den Verbrauch an einem gewissen Reagens durch eine gewogene Substanzmenge begnügen, muss vielmehr im allgemeinen für jede Gruppe organischer Verbindungen besondere Verfahren ausmitteln, um die quantitative Bestimmung des betreffenden Radikals durchführen zu können.

Denn die Reaktionen der Kohlenstoffverbindungen, welche ja nur zum Teile Ionenreaktionen sind, hängen in hohem Masse ab von der Konfiguration und den Gleichgewichtsbedingungen im Molekül, so dass bei sonst sehr ähnlichen Körpern einmal infolge sterischer Hinderung eine Reaktion ausbleiben, ein anderes Mal, etwa infolge von Substitution, eine Atomgruppe Charakter und Funktionen einer anderen Gruppe annehmen kann; wie denn auch oft die Beschränkung auf kristallisierbare oder unzersetzt flüchtige Derivate notwendig ist.

Während also in der Chemie der anorganischen Verbindungen der Verlauf einer Reaktion nur durch das Wesen des zu bestimmenden Ions geregelt wird, so dass die analytischen Methoden in gewissem Sinne von der Natur des zu untersuchenden Körpers unabhängig und daher von weitgehendster Anwendbarkeit sind, hat die organische Analyse nur wenige allgemein gültige Verfahren — wie die Zeiselsche Methoxylbestimmungsmethode —, gewöhnlich bleibt es dem Analytiker überlassen, die für den Spezialfall passendste Methode auszuwählen, oder selbst durch Kombination mehrerer Verfahren die sicherste Bestimmungsart zu ergründen.

Was bis jetzt auf diesem Gebiete — der Aufstellung von Methoden zur quantitativen Bestimmung der organischen Atomgruppen — geleistet wurde, ist in den folgenden Zeilen zusammengestellt, und mag als Richtschnur dienen, in welcher Art für nicht vorhergesehene Fälle neue Methoden zu schaffen wären.

I.

Bestimmung der Hydroxylgruppe.

Zur quantitativen Bestimmung der Hydroxylgruppe in organischen Substanzen stellt man Derivate derselben nach folgenden Methoden dar:
Durch Acylierung,
wobei namentlich die Radikale der

Essigsäure, Chloressigsäure,
Benzoesäure und deren Substitutionsprodukte,
Benzolsulfonsäure,

ferner seltener die Reste der

Propionsäure, Isobuttersäure, Stearinsäure,
Phenylessigsäure oder
Opiansäure

in das Molekül des hydroxylhaltigen Körpers eingeführt werden, —
durch Darstellung der Karbamate,
durch Alkylierung oder
Benzylierung,
durch Darstellung der Phenylkarbaminsäureäther.

In der Regel wird man sich mit Acetyl- und Benzoylderivaten der zu untersuchenden Körper bescheiden, wobei wieder die Acetylierungsmethode von Liebermann und Hörmann[1]) und die Benzoylierungsarten nach Lossen respektive Schotten-Baumann[2]) zumeist gebräuchlich sind, doch müssen manchmal auch die anderen Bestimmungsmethoden der Hydroxylgruppe zur Konstitutionsermittelung versucht werden.

---

[1]) pag. 7.
[2]) pag. 25.

1*

Dass bei stickstoffhaltigen Verbindungen auf Imid- und Amid-Wasserstoff zu vigilieren ist, ist selbstverständlich.

Ebenso ist der Wasserstoff der SH-Gruppe der Acylierung etc. zugänglich.

In gewissen Fällen kann übrigens auch Acylierung stattfinden, wo keine Hydroxylgruppen vorliegen [1]).

So liefert nach Sarauw[2]) und Buchka[3]) das Chinon mit Essigsäure-anhydrid und Natriumacetat Diacetylhydrochinon; das Chloranil nach Gräbe[4]) mit Acetylchlorid Diacetyltetrachlorhydrochinon.

Immer muss man sich davon zu überzeugen trachten, dass das acylierte Produkt wieder durch Verseifung in den ursprünglichen Hydroxylkörper überführbar ist, oder wenigstens davon, dass das Reaktionsprodukt wirklich den Säurerest aufgenommen hat, den man einführen wollte.

Durch acylierende Reagentien tritt nämlich öfters Isomerisation oder Polymerisation ein, oder wird Anhydridbildung verursacht u. s. w.

Z. B. entsteht nach Benedikt und Ehrlich[5]) aus Orthozimmtkarbon-säure durch Behandeln mit Essigsäureanhydrid und Natriumacetat das isomere Benzhydrylessigkarbonsäureanhydrid, aus α-Truxillsäure das Anhydrid der γ-Truxillsäure (Liebermann)[6]), aus Kantharsäure nach Anderlini und Ghiro[7]) beim Erhitzen mit Acetylchlorid im Rohre Isokantharidin. Weitere hierher gehörige Fälle: Bistrzycki und Herbst, B. **35**, 3126 (1902). — Pinner, B. **27**, 1057, 2861 (1894). — B. **28**, 457 (1895). — Liebermann und Lindenbaum, B. **35**, 2910 (1902).

Ersatz einer Äthoxylgruppe durch Wasserstoff beim Kochen mit Essigsäureanhydrid, Eisessig oder Acetylchlorid: Bistrzycki und Herbst, B. **35**, 3135 (1902).

Endlich ist hier an die interessante Beobachtung von Askenasy und Viktor Meyer[8]) zu erinnern, dass sich auch schwache Karbonsäuren mit Essigsäureanhydrid verbinden (Jodosobenzoe-säure, Paradimethylaminobenzoesäure). Diese Verbindungen (gemischte Anhydride der Form $R . COO . COCH_3$) werden schon durch kochendes Wasser zerlegt.

---

1) Über das Acetat der Lävulinsäure siehe Bredt, Ann. **236**, 228 (1886), — **256**, 314 (1889). — v. Baeyer, B. **15**, 2101 (1882).
2) B. **12**, 680 (1879).
3) B. **14**, 1327 (1881).
4) Ann. **146**, 13 (1868).
5) M. **9**, 529 (1888).
6) B. **22**, 126 (1889).
7) B. **24**, 1998 (1891).
8) B. **26**, 1365 (1893).

A. Acetylierungsmethoden.

1. Die Verfahren zur Acetylierung.

Zur Darstellung von Acetylderivaten aus hydroxylhaltigen Substanzen dienen folgende Essigsäurederivate:

    a) Acetylchlorid,
    b) Essigsäureanhydrid, Natriumacetat,
    c) Eisessig,
    d) Chloracetylchlorid.

a) Acetylierung mittelst Acetylchlorid[1].

Manche Hydroxylderivate reagieren mit Acetylchlorid schon beim Vermischen oder Digerieren auf dem Wasserbade.

Zweckmässig arbeitet man in Benzollösung, indem man äquimolekulare Mengen der Substanz und des Säurechlorids am Rückflusskühler kocht, bis die Salzsäureentwickelung beendet ist.

Wenn keine Gefahr vorhanden ist, dass durch die frei werdende Säure sekundäre Reaktionen (Verseifung) eintreten könnten, schliesst man auch gelegentlich die unverdünnte Substanz mit dem Säurechlorid im Rohre ein[2].

Bei einigen zweibasischen Oxysäuren der Fettreihe, welche, wie z. B. Schleimsäure, der Einwirkung von siedendem Acetylchlorid widerstehen, wird Zusatz von Chlorzink empfohlen[3].

Acetylchlorid wirkt überhaupt nur leicht auf Alkohole und Phenole ein, kann aber andererseits bei mehratomigen Säuren zu Anhydridbildung führen. In derartigen Fällen lässt man das Reagens auf den Ester einwirken. Man erhält so ein Säurederivat des Esters, welches viel leichter destillierbar ist als die freie Säure (Wislicenus[4].

Zur Darstellung von Cellulosetetraacetat[5] werden molekulare Mengen von Cellulose und Magnesium- oder Zinkacetat mit zwei Molekülen

---

[1] Das käufliche Acetylchlorid enthält meist eine grosse Menge Salzsäure, von welcher es durch Destillieren über Dimethylanilin befreit werden kann.

[2] Über einen interessanten Fall, welcher wahrscheinlich auf einer derartigen Verseifung beruht, berichten Herzig und Schiff, B. **30**, 380 (1897). Vergl. auch Bamberger und Landsiedl, M. **18**, 507 (1897).

[3] Seelig, pag. 258. Weit besser wirkt in solchen Fällen übrigens Anhydrid mit Schwefelsäure, siehe unten.

[4] Ann. **129**, 17 (1864).

[5] D. R. P. 85329 und 86368.

Acetylchlorid (ev. unter Zusatz von Essigsäureanhydrid) erhitzt. Als passendes Verdünnungsmittel wendet man Nitrobenzol und seine Homologen an[1] oder auch Chloroform Zuerst lässt man in der nicht verdünnten Acetylierungsmischung die Reaktion eintreten und setzt dann erst die erwähnten Lösungsmittel zu, und zwar zuerst sehr wenig und je nach dem Fortgange der Reaktion in grösserer Menge derart, dass der letzte und grösste Anteil ungefähr dann zugesetzt wird, wenn die reagierende Mischung die höchste Temperatur erreicht hat.

F. Adam[2] hat vorgeschlagen, die beim Acetylieren nach der Gleichung

$$RO \cdot OH + CH_3COCl = RO \cdot COCH_3 + HCl$$

entstehende Salzsäure[3] zu titrieren, und so diese Reaktion zur quantitativen Bestimmung von Glycerin im Wein und von Fuselöl im Branntwein zu verwerten.

Vorteilhafter als die geschilderte sogenannte „sauere" Acetylierung ist das von L. Claisen[4] angegebene Verfahren, namentlich, weil bei demselben die schädlichen Wirkungen der bei der Reaktion gebildeten Salzsäure aufgehoben werden.

Das Verfahren hat sich namentlich auch zur O-Acetylierung (Benzoylierung) von Oxymethylenverbindungen bewährt[5].

Die in Äther oder Benzol gelöste Substanz wird mit der äquivalenten Menge Acetylchlorid und trockenem Alkalikarbonat digeriert und die Menge des letzteren so bemessen, dass nach der Gleichung:

$$R - OH + ClCOCH_3 + K_2CO_3 = R - OCOCH_3 + KCl + KHCO_3$$

saures Alkalikarbonat entsteht.

Über das Acetylieren mit Acetylchlorid und wässeriger Lauge siehe pag. 27 ff.

Manchmal empfiehlt es sich auch, die zu acetylierende Substanz in Pyridin zu lösen und dann das Säurechlorid einwirken zu lassen (A. Denninger)[6].

Die Alkohole und Phenole werden hiezu in der 5—10 fachen Menge Pyridin (reines aus dem Zinksalze) gelöst und das Säurechlorid unter Abkühlen allmählich hinzufügt. Dabei findet gewöhnlich Rötung der Flüssigkeit und Abscheidung von Pyridinchlorhydrat statt. — Nach mindestens sechs Stunden tropft man in kalte verdünnte Schwefelsäure ein, wobei die Acetylprodukte entweder als bald erstarrende

---

[1] D. R. P. 105347 (1898).

[2] Öst. Ch. Ztg. **2**, 241 (1899).

[3] Siehe Anm. 1 auf pag. 5.

[4] B. **27**, 3182 (1894).

[5] Nef, Ann. **276**, 201 (1893). — Claisen, Ann. **291**, 65 (1896). — **297**, 2 (1897). — Claisen u. Haase, B. **33**, 1242 (1900).

[6] B. **28**, 1322 (1895), vgl. Minnuni, G. **22**, II, 213 (1892).

Öle oder direkt in festem Zustande auszufallen pflegen (Einhorn und Holland)[1].

Man kann auch in saurer Lösung arbeiten, indem man die betreffende hydroxylhaltige Substanz in Eisessig, der Pyridin enthält, löst und dann Acetylchlorid zutropft. Nach diesem Verfahren kann man sogar mittelst Benzoylchlorid acetylieren.

Feist erzielte Acylierung des Diacetylacetons nur dadurch, dass er auf das Baryumsalz der Substanz Acetylchlorid in der Kälte einwirken liess[2].

Über die Verwendung von festem Barythydrat zur Abstumpfung der aus dem Acetylchlorid entstehenden Salzsäure und zur Vermeidung von Temperatursteigerung siehe das Register.

Statt fertigen Säurechlorids kann man auch Phosphortrichlorid oder besser Phosphoroxychlorid oder auch Chlorkohlenoxyd auf ein äquivalentes Gemisch von Essigsäure und Substanz einwirken lassen[3].

Man versetzt z. B. äquivalente Mengen von Essigsäure und Phenol in einem mit Tropftrichter versehenen, auf $80\,^{\circ}$ erwärmten Kolben allmählich mit $\frac{1}{3}$ Mol. Phosphoroxychlorid, giesst nach beendigter Salzsäure-Entwickelung in kalte verdünnte Sodalösung, wäscht das ausgeschiedene Öl mit sehr verdünnter Natronlauge und Wasser, trocknet mit Chlorcalcium und rektifiziert.

b) Acetylierung mit Essigsäureanhydrid.

Um mit Essigsäureanhydrid zu acetylieren, kocht man in der Regel die Substanz mit der 5—10 fachen Menge Anhydrid, oder erhitzt eventuell im Einschlussrohre mehrere Stunden lang.

Manchmal darf indes die Einwirkung nur kurze Zeit bei mässiger Temperatur andauern. So konnte Bebirin[4] nur durch kurzes Digerieren bei 40—$50\,^{\circ}$ acetyliert werden, bei längerer Einwirkung des Anhydrids wurde ein amorpher, nicht einheitlicher Körper gebildet.

In der Regel setzt man nach dem Vorschlage von C. Liebermann und O. Hörmann[5] dem Essigsäureanhydrid, das in 3—4 facher Menge angewandt wird, gleiche Teile frisch geschmolzenes essigsaures Natron und Substanz zu und kocht kurze Zeit — bei geringen Substanzmengen nur 2—3 Minuten — am Rückflusskühler. Seltener ist es notwendig, im Einschmelzrohre auf $150\,^{\circ}$ zu erhitzen[6].

[1] Ann. **301**, 95 (1898). Näheres über diese Methode siehe pag. 28.

[2] B. **28**, 1824 (1895).

[3] J. pr. (2) **25**, 282 (1882), **26**, 62 (1882), **31**, 467 (1885). — Bischoff und von Hederström, B. **35**, 3431 (1902).

[4] B. **29**, 2057 (1896).

[5] B. **11**, 1619 (1878).

[6] Tiemann u. de Laire, B. **26**, 2013 (1893).

Die Wirksamkeit des Zusatzes von Natriumacetat scheint nach Liebermann darauf zu beruhen, dass zuerst das Natronsalz der zu acetylierenden Substanz entsteht und dieses dann gegen Essigsäureanhydrid reagiert.

Von allen Acetylierungsmethoden liefert diese die zuverlässigsten Resultate und führt fast ausnahmslos zu vollständig acylierten Verbindungen. Resistent hat sich indessen nach J. Diamant[1]) das α-Hydroxyl der Oxychinoline erwiesen, das aber der Benzoylierung zugänglich ist.

Dass der Zusatz von Natriumacetat übrigens auch gelegentlich infolge Bildung schmieriger und färbender Kondensationsprodukte schädlich sein kann, hat Herzig[2]) beobachtet.

Man kann zur Acetylierung auch ein Gemisch von Anhydrid und Acetylchlorid verwenden, oder dem Anhydrid zur Einleitung der Reaktion einen Tropfen konzentrierter Schwefelsäure zusetzen (Franchimont[3]), Grönewald[4]), Merck[5]).

Letztere Methode haben neuerdings Skraup[6]) und Freyss[7]) sehr warm empfohlen.

So gibt nach Skraup Schleimsäure sehr leicht die kristallisierte Tetraacetylverbindung, während man mit Acetylchlorid oder mit Anhydrid und geschmolzenem Natriumacetat nur amorphe Produkte erhält. Es sind dabei nur wenige Zehntausentel Prozente Schwefelsäure zur Einleitung der Reaktion erforderlich.

Die meisten Acetylierungen, welche unter den gewöhnlichen Versuchsbedingungen einen Zusatz von geschmolzenem Natriumacetat zum Essigsäureanhydrid und längeres Kochen, oder ein Erhitzen auf hohe Temperatur unter Druck erfordern, verlaufen nach Zugabe einiger Tropfen konzentrierter Schwefelsäure zu der kalten Mischung des Essigsäureanhydrides mit der zu acetylierenden Verbindung meistens vollständig quantitativ ohne Zufuhr von äusserer Wärme. Bei nicht substituierten Phenolen ist die Reaktion nach Zugabe der konzen-

---

[1]) M. **16**, 770 (1895), vgl. La Coste u. Valeur, B. **20**, 1822 (1887). — Kudernatsch, M. **18**, 620 (1897). — Der $\alpha\,\alpha'$-Dioxy $\beta\,\beta'$-Pyridindikarbonsäureester gibt übrigens ein Diacetylderivat, Guthzeit, B. **26**, 2795 (1893). — Siehe ferner pag. 11.

[2]) M. **18**, 709 (1897).

[3]) C. r. **89**, 711 (1879).

[4]) Arch. **228**, 124 (1890). — Rosinger, M. **22**, 558 (1901).

[5]) D. R. P. 103581. — Vgl. Lederer, D. R. P. 124408. —

[6]) M. **19**, 458 (1898), vergl. Thiele, B. **31**, 1249 (1898). — Thiele u. Winter, Ann. **311**, 341 (1900). — Schmalzhofer, M. **21**, 677 (1900). — Rogow, B. **35**, 3883 (1902).

[7]) Ch.-Ztg. (**22**) 1048 (1898).

trierten Schwefelsäure fast momentan, die Flüssigkeit erhitzt sich sofort bis zum Sieden, und das Phenol ist nach freiwilliger Abkühlung quantitativ esterifiziert. Die Schwefelsäure wird dann durch Zusatz von etwas Calciumkarbonat gebunden, die Flüssigkeit filtriert und der Destillation unterworfen.

Sind in den Phenolen negative Gruppen vorhanden, wie im Orthonitrophenol, o-Chlorphenol, Dinitroresorcin, so genügt für den quantitativen Reaktionsverlauf ein längeres Stehen der anfangs erhitzten Flüssigkeit bei gewöhnlicher Temperatur oder kurzes Erwärmen auf dem Wasserbade. Dasselbe gilt auch für die Diacetylierung der aromatischen und aliphatischen Aldehyde. Bei Oxyaldehyden kann, je nach der angewendeten Menge von Essigsäureanhydrid, der Versuch so geleitet werden, dass nur die Acetylierung der Hydroxylgruppen oder daneben vollständige Acetylierung der Aldehydgruppen eintritt.

Der Zusatz von Schwefelsäure oder anderen stark wirkenden Kondensationsmitteln kann aber unter Umständen zu Nebenreaktionen führen. So kann bei Polyosen Hydrolyse eintreten[1]) und bei Verbindungen, welche die Gruppierung $CO.C = C.CO$ besitzen, wie Benzochinon und Dibenzoylstyrol tritt eine Acetylgruppe in Kohlenstoffbindung[2])[3]).

Übrigens ist es nicht einmal immer erforderlich, konzentrierte Säure als Kondensationsmittel anzuwenden, man kann vielmehr nach einer Patentvorschrift von Lederer an Stelle von konzentrierter Schwefelsäure auch wässerige Salzsäure und wässerige Phosphorsäure verwerten[4]), und ebenso vorteilhaft ist der Zusatz von Phenol- oder Naphtolsulfosäure[5]).

Einen Zusatz von Zinntetrachlorid hat H. A. Michael[6]) empfohlen, Kaliumbisulfat wurde von Wallach und Wüsten[7]), sowie von Böttinger[8]) Phosphorpentoxyd von Bischoff und Hederström[9]) verwendet.

---

1) Franchimont, B. **12**, 1938 (1879). — C. r. **89**, 711 (1879). — Rec. **18**, 473 (1899). — Tanret, C. r. **120**, 194 (1895). — Hamburger, B. **32**, 2413 (1899). — Skraup u. König, M. **22**, 1011 (1901). — Pregl, M. **22**, 1049 (1901).

2) Siehe Anm. 7 pag. 8.

3) Thiele, B. **31**, 1247 (1898). — D. R. P. 101 607.

4) D. R. P. 124 408.

5) Amerik. Pat. 709 922 (1902).

6) Ch. Ztg. **21**, 658 (1897).

7) B. **16**, 151 (1883).

8) B. **27**, 2686 (1894).

9) B. **35**, 3431 (1902).

Unter Umständen gibt Chlorzink[1]) die besten Resultate[2]), kann aber auch zu gechlorten Produkten[3]) oder zu Kernsubstitution[4]) führen.

Mit Essigsäureanhydrid und Pyridin kann man nach Verley und Bölsing[5]) leicht quantitative Esterifikation von Alkoholen und Phenolen erzielen:

$$R.OH + (CH_3CO)_2O + Pyridin = R.O.COCH_3 + CH_3COOH, Pyridin.$$

Das frei werdende Halbmolekül Anhydrid kombiniert sich sofort mit dem Pyridin zu einem neutralen Salze, wodurch jede Möglichkeit einer Wiederverseifung ausgeschlossen ist. Die Methode liefert namentlich bei der Untersuchung der ätherischen Öle gute Dienste.

Man stellt zunächst durch Vermischen von ca. 120 g Essigsäureanhydrid mit ca. 880 g Pyridin eine Anhydridlösung („Mischung") her, die bei Verwendung wasserfreier Materialien gänzlich ohne gegenseitige Einwirkung bleibt. Versetzt man diese Mischung mit Wasser, so wird das Anhydrid sofort unter Bildung von Pyridinacetat verseift, welches seinerseits durch Alkalien in Alkaliacetat und Pyridin zerfällt, beides Körper, welche gegen Phenolphtalein neutral reagieren.

In einem Kölbchen von 200 ccm Inhalt wägt man 1—2 g des betreffenden Alkohols (Phenols) ab, fügt 25 ccm der Mischung hinzu und erwärmt ohne Kühler $^1/_4$ Stunde im Wasserbade; nach dem Erkalten versetzt man mit 25 ccm Wasser und titriert unter Benutzung von Phenolphtalein als Indikator die nicht gebundene Essigsäure mit $^1/_2$-Normallauge zurück.

25 ccm Mischung entsprechen ca. 120 ccm $^1/_2$-Normallauge.

Es ist wichtig, Mischung und Lauge vor Beginn des Versuches genau auf jene Temperatur zu bringen, bei welcher ihr gegenseitiger Wirkungswert ermittelt wurde.

Die Methode versagt indessen in einigen Fällen, wo, wie beim Vanillin oder dem Salicylaldehyd, das entstandene Acetat sich schon während des Titrierens zersetzt. Manche Substanzen erfordern auch

---

[1]) Franchimont, B. **12**, 2058 (1879). — Maquenne, Bull. (2) **48**, 54, 719 (1887).

[2]) B. **22**, 1458, 1464 (1889). — Soc. **57**, 2 (1890). — B. **30**, 1761 (1897). — M. **22**, 146 (1901).

[3]) Thiele, B. **31**, 1249 (1898). — Siehe B. **16**, 1491 (1883).

[4]) Liebmann, B. **14**, 1843 (1881).

[5]) B. **34**, 3354, 3359 (1901). — Über ein ähnliches Verfahren siehe Garfield, Pharm. Zentralh. **38**, 631 (1897).

zur quantitativen Umsetzung einen grossen Überschuss (bis zu 50 %)
an Anhydrid, wie das Menthol. Linalool und Terpineol gaben un-
genügende Resultate.

c) Acetylierung durch Eisessig.

Durch Erhitzen der zu acetylierenden Substanz mit Eisessig,
eventuell unter Druck, lässt sich öfters Acetylierung, namentlich von
alkoholischem Hydroxyl erzielen.

Auch hier ist Zusatz von Natriumacetat von Vorteil.

Manchmal führt ausschliesslich dieses Verfahren zum Ziele.

So gibt das Kampferpinakonanol bei kurzem Erwärmen mit Essig
säure das stabile und beim 24 stündigem Stehen mit kaltem Eisessig das
labile Acetylderivat, während Anhydrid auch beim Kochen nicht einwirkt
und Acetylchlorid zur Chloridbildung führt (Beckmann[1]).

d) Acetylierung durch Chloracetylchlorid.

Chloracetylchlorid hat zuerst Klobukowsky[2]) zu Acetylierungen
versucht. Später haben Bohn und Graebe[3]), um zu entscheiden,
ob das Galloflavin vier oder sechs Acetylgruppen aufzunehmen im
stande sei, die Substanz 15 Stunden lang mit überschüssigem Chloracetylchlorid auf $100 - 115^0$ erwärmt. Die Chlorbestimmung zeigte,
dass das Reaktionsprodukt vier CH_2ClCO-Gruppen enthielt.

Nicht acetylierbare Hydroxyle.

Es ist schon erwähnt worden, dass das α-Hydroxyl der Oxypyridin-
derivate gegen Acetylierungsmittel resistent ist[4]). Man kennt
ausserdem noch einige Fälle, in denen es nicht gelang, durch Acetylierung das Vorliegen einer OH-Gruppe nachzuweisen.

So ist nach Beckmann Amylenhydrat und Kampferpinakon[5]),
nach Hans Meyer der Kantharidindimethylester[6]), nach W. Wislicenus das α-Oxybenzalacetophenon[7]) nicht acetylierbar[8]).

---

[1]) Ann. **292**, 17 (1896).
[2]) B. **10**, 881 (1877).
[3]) B. **20**, 2330 (1887).
[4]) Siehe pag. 8.
[5]) Ann. **292**, 1 (1896).
[6]) M. **18**, 401 (1897).
[7]) Ann. **308**, 232 (1899).
[8]) Siehe ferner Knoevenagel u. Reinecke, B. **32**, 418 (1899).
— Japp u. Findlay, Soc. **75**, 1018 (1899).

Auch Fälle, dass von mehreren Hydroxylgruppen nicht alle acetylierbar sind, — wobei zum Teil sterische Behinderungen in Spiel kommen mögen [1][2]), — sind beobachtet worden: so das Resacetophenon und das Gallacetophenon (Crépieux[3]), das p-Oxytriphenylkarbinol[4]) und das Hexamethylhexamethylen-s-Triol[1]).

Hier mag auch die Beobachtung von Willstätter[5]) angeführt werden, dass das Tropinpinakon keine Benzoylverbindung liefert.

Verdrängung der Äthoxylgruppe durch den Acetylrest: Herzig und Wengraf, M. **22**, 601 (1901); der **Isobutylgruppe:** Brauchbar und Kohn, M. **19**, 27 (1898). — Siehe auch B. **35**, 3136 (1902).

Verdrängung der Benzoylgruppe durch den Acetylrest: Soc. **59**, 71 (1891). — Cohen und Scharvin B. **30**, 2863 (1897). — Bamberger und Böck, M. **18**, 298 (1897).

2. *Isolierung der Acetylprodukte.*

Um die gebildeten Acetylprodukte zu isolieren, giesst man in Wasser oder entfernt die überschüssige Essigsäure durch Kochen mit Methylalkohol und Abdestillieren des entstandenen Esters, oder man saugt das Anhydrid im Vakuum ab.

Wasserlösliche Acetylprodukte werden oft durch Zusatz von Natriumkarbonat oder Kochsalz zur Lösung ausgefällt, oder können durch Ausschütteln mit Chloroform oder Benzol aus der wässerigen Solution zurückerhalten werden.

Als gutes Kristallisationsmittel ist Essigäther zur Reinigung zu empfehlen.

Manche' Acetylderivate sind gegen Wasser sehr empfindlich (siehe unter „Verseifung durch Wasser“) und können nur aus sorgfältig getrockneten Lösungsmitteln umkristallisiert werden.

Oftmals erhält man die Acetylprodukte rasch und gut kristallisiert, wenn man in die abgekühlte Reaktionsflüssigkeit vorsichtig Wasser einträgt und die jedesmalige Reaktion, die oft erst nach einiger Zeit, und dann stürmisch eintritt, abwartet. Bei einer gewissen Verdünnung pflegt dann die Ausscheidung in Kristallen zu beginnen.

---

[1]) Brauchbar und Kohn, M. **19**, 22 (1898).
[2]) Weiler, B. **32**, 1909 (1899). — Paal u. Härtel, B. **32**, 2057 (1899).
[3]) Bull. (**3**) **6**, 161 (1891).
[4]) Bistrzycki u. Herbst, B. **35**, 3133 (1902).
[5]) B. **31**, 1674 (1898).

Qualitativer Nachweis des Acetyls.

Derselbe wird in der Regel so vorgenommen, dass man die durch Verseifung gebildete Essigsäure mit Wasserdampf übertreibt und entweder als Silbersalz fällt und mittelst konzentrierter Schwefelsäure und Alkohol in den charakteristisch riechenden Ester verwandelt, oder mit Kalilauge zur Trockne dampft und nach Zusatz von Arsenigsäureanhydrid glüht, wobei der widerliche Kakodylgeruch sich bemerkbar macht.

Eisenchlorid bewirkt in einer neutralen Kaliumacetatlösung blutrote Färbung.

3. *Quantitative Bestimmung der Acetylgruppen.*

Nur in wenigen Fällen ist es möglich, durch Elementaranalyse mit Bestimmtheit zu entscheiden, wie viele Acetylgruppen in eine Substanz eingetreten sind, da die Acetylderivate in ihrer prozentischen Zusammensetzung wenig untereinander differieren.

So haben z. B. die Mono-, Di- und Tri-Acetyltrioxybenzole gleiche prozentuelle Zusammensetzung, aber verschiedene Formeln, die Verbindungen sind polymer.

Man ist daher in der Regel gezwungen, den Acetylrest abzuspalten und die gebildete Essigsäure entweder direkt oder indirekt zu bestimmen.

In Chloracetylderivaten begnügt man sich mit einer Halogenbestimmung.

a) Verseifungsmethoden.

Zum Verseifen von Acetaten werden die folgenden Reagentien verwendet:

> Wasser,
> Kalilauge, Natronlauge,
> Ammoniak,
> Kalk, Baryt, Magnesia,
> Salzsäure, Schwefelsäure, Jodwasserstoffsäure.

Verseifung durch Wasser.

Manche Acetylderivate lassen sich schon durch Erhitzen mit Wasser im Rohre verseifen.

So haben Lieben und Zeisel[1] das Butenyltriacetin $C_4H_7(C_2H_3O_2)_3$ durch 30 stündiges Erhitzen mit der 40 fachen Menge

---

[1] M. **1**, 835 (1880).

Wassers auf 160 ⁰ im zugeschmolzenen Rohre verseift. Die freigewordene Essigsäure wurde durch Titration bestimmt.

Das **Diacetylmorphin** spaltet schon beim Kochen mit Wasser eine Acetylgruppe ab[2]) und noch empfindlicher ist das **Acetyldioxypyridin**[3]), das schon durch Umkristallisieren aus feuchtem Essigäther und durch Alkohol, sowie durch Auflösen in Wasser verseift wird, ebenso wie das **Acetyltriphenylkarbinol**[1]) und der **Acetylterebinsäureäther**, welche schon durch feuchte Luft zersetzt werden.

Zur

Verseifung mit Kali- oder Natronlauge

wird man nach **Benedikt** und **Ulzer**[4]) verfahren, welche diese Methode speziell für die Analyse der Fette verwertet haben.

Die Substanz — 0,5 bis 1 g — wird in einem weithalsigen Kölbchen von 100—150. ccm Inhalt mit titrierter alkoholischer Kalilauge (25 event. 50 ccm ca. $^1/_2$ normaler Lauge) $^1/_2$ bis 1 Stunde lang auf dem Wasserbade zum schwachen Sieden erhitzt, wobei der Kolben entweder einen Rückflusskühler trägt, oder mit einem kleinen Trichter bedeckt ist und der verdampfte Alkohol immer wieder ersetzt wird.

Nach beendeter Verseifung fügt man Phenolphtaleinlösung hinzu und titriert mit $^1/_{10}$ normaler Salzsäure zurück.

Die Methode kann auch zur **Molekulargewichtsbestimmung** der hydroxylhaltigen Substanz benutzt werden.

Bedeutet V die Anzahl Milligramme Kalihydrat, welche zur Verseifung von 1 g der acetylierten Substanz verbraucht wurden, so ist das Molekulargewicht des betreffenden Stammkörpers:

$$M = \frac{56100}{V} - 42.$$

Substanzen, welche leicht durch den Sauerstoff der Luft alteriert werden, verseift man im Wasserstoffstrome[5]).

Wenn der ursprüngliche Körper in verdünnter Salzsäure unlöslich ist, kocht man mit gewöhnlicher Kalilauge, säuert an und bringt das abgeschiedene Produkt zur Wägung.

Verseifung mit methylalkoholischer Lauge in der Kälte: **Königs** und **Knorr** B. **34**, 4348 (1901).

---

[1]) **Wright** u. **Beckett**, Soc. **28**, 315 (1875). — **Danckworth**, Arch. **226**, 57 (1888).

[2]) M. **18**, 619 (1897).

[3]) **Hemilian**, B. **7**, 1207 (1874). — **Herzig** u. **Wengraf**, M. **22**, 612 (1901).

[4]) M. **8**, 41 (1887).

[5]) **Klobukowski**, B. **10**, 883 (1877).

Kalte Verseifung nach Henriques[1].

Ein bis zwei Gramm Substanz werden in einem Kolben bei Zimmertemperatur in 25 ccm Petroleumäther vom Siedepunkt 100—150° gelöst mit 25 ccm Normalalkali versetzt und nach dem Umschwenken 24 Stunden lang verschlossen aufbewahrt, dann zurücktitriert.

Die Verseifungslauge muss alkoholisch (KOH oder NaOH, Alkohol von mindestens 96 %) und kohlensäurefrei sein.

Salicylsäureäthyl- und Phenylester sind auf diese Art nicht zerlegbar.

Verseifung mit Kaliumacetat.

Gewisse Acetylderivate von „gelben Farbstoffen", wie das Diacetyljacarandin werden nach Perkin und Briggs[2] durch Kochen mit überschüssiger alkoholischer Kaliumacetatlösung quantitativ verseift.

Dass wässeriges Kaliumacetat verseifend auf Ester wirken kann, hat schon vor längerer Zeit Claisen[3] gezeigt.

Vers eifung mit Ammoniak.

Das diacetylierte Benzoingelb wird beim Kochen mit Natronlauge teilweise zersetzt, aber glatt in die Stammsubstanz verwandelt, wenn man es in kochendem Alkohol löst und dann einige Zeit mit etwas Ammoniak kocht (Graebe[4]).

Verseifung mit Baryt, Kalk oder Magnesia.

Auch Barythydrat lässt sich in manchen Fällen verwenden, wo Kalilauge zersetzend auf die Substanz einwirkt.

So wird nach Erdmann und Schultz[5] das Hämatoxylin beim Kochen auch mit sehr verdünnter Lauge unter Bildung von Ameisensäure zersetzt, während bei Verwendung von Barythydrat die Zerlegung des Acetylderivates glatt verläuft.

Zur Verseifung mit diesem Mittel kocht Herzig[6] fünf bis sechs Stunden lang am Rückflusskühler. Der entstandene Niederschlag wird filtriert und im Filtrate das überschüssige Barythydrat mit Kohlensäure ausgefällt. Das Filtrat vom kohlensauren Baryt wird abgedampft, mit Wasser wieder aufgenommen, filtriert, gut gewaschen, und das Baryum als Sulfat bestimmt.

---

[1] Z. ang. (**1895**) 721. — (**1896**) 221, 423. — (**1897**) 398, 766. — Ch. Rev. **1**, Nr. 10 (1897). — Z. f. öffentl. Ch. **4**, 416 (1898). — Schmitt, Z. anal. **35**, 381 (1896). — Herbig, Z. f. öffentl. Ch. **4**, 227, 257 (1898).

[2] Soc. **81**, 218 (1902).

[3] B. **24**, 123, 127 (1891).

[4] B. **31**, 2976 (1898).

[5] Ann. **216**, 234 (1882).

[6] M. **5**, 86 (1884).

Da die Barytlösung in Glasgefässen aufbewahrt wird und die Verseifung in einem Glaskolben vor sich geht, muss wegen des Alkalis, welches einen Teil der Essigsäure neutralisieren kann, eine Korrektur angebracht werden.

Zu diesem Behufe wird das Filtrat vom schwefelsauren Baryt in einer Platinschale eingedampft, die überschüssige Schwefelsäure weggeraucht und zuletzt noch der Rückstand mit reinem kohlensauren Ammon bis zur Gewichtskonstanz behandelt. Man löst in Wasser, filtriert von der Kieselsäure, wäscht und fällt im Filtrate die Schwefelsäure mit Chlorbaryum; der ausfallende schwefelsaure Baryt ist zu dem erstgefundenen hinzurechnen. Diese Korrektur entfällt, wenn man, wie Lieben und Zeisel[1]) im Silberkolben arbeiten kann.

Barth und Goldschmiedt[2]) empfehlen, Substanzen, welche in trockenem Zustande von Barythydrat nur schwer benetzt werden, vorher mit ein paar Tropfen Alkohol zu befeuchten.

Substanzen von Farbstoffcharakter bilden übrigens öfters mit Barythydrat beständige Lacke und können daher so nicht vollständig entacetyliert werden (Genovresse[3]).

Ebenso wie mit Baryt kann man mit gesättigtem Kalkwasser verseifen[4]).

Verseifung durch kohlensauren Kalk (Kreide) haben Friedländer und Neudörfer beobachtet[5]).

Während alkoholische Laugen bei Gegenwart von Aldehydgruppen nicht anwendbar sind, kann man in solchen Fällen nach Barbet und Gaudrier[6]) Zuckerkalk anwenden.

Zur Herstellung der Lösung werden auf einen Teil Kalk fünf Teile Zucker und soviel Zuckerwasser verwendet, dass die Flüssigkeit ca. $^1/_{10}$ normal wird. Man kocht die Substanz in alkoholischer Lösung mit der Zuckerkalklösung zwei Stunden am Rückflusskühler und titriert dann zurück.

Zur Acetylbestimmung mittelst Magnesia gibt H. Schiff[7]) folgende Vorschrift:

Man darf sich zunächst weder der käuflichen gebrannten Magnesia, noch des Hydrokarbonates (Magnesia alba) bedienen, welche beide nur sehr schwer entfernbare Alkalikarbonate enthalten.

---

1) M. **4**, 42 (1883). — **7**, 69 (1886).
2) B. **12**, 1237 (1879).
3) Bull. (**3**) **17**, 599 (1897).
4) Brauchbar und Kohn, M. **19**, 42 (1898).
5) B. **30**, 1081 (1897).
6) Ann. Chim. anal. appl. (**1896**) I, 367.
7) B. **12**, 1531 (1879). — Ann. **154**, 11 (1870).

Man fällt vielmehr aus eisenfreier Magnesiumsulfat- oder chlorid-Lösung mit nicht überschüssigem kaustischem Alkali die Magnesia, wäscht lange und gut aus und bewahrt das Produkt unter Wasser als Paste auf. Etwa 5 g der letzteren werden mit 1 bis 1,5 g des sehr fein gepulverten Acetylderivates und wenig Wasser zu einem dünnen Brei verstrichen und mit weiteren 100 ccm Wasser in einem Kölbchen aus resistentem Glase vier bis sechs Stunden lang am Rückflusskühler gekocht. Gewöhnlich ist übrigens die Zersetzung schon nach zwei bis drei Stunden beendet.

Man dampft im Kölbchen selbst auf etwa ein Drittel ab, filtriert nach dem Erkalten an der Saugpumpe ab und wäscht mit wenig Wasser. Im Filtrate fällt man nach Zusatz von Salmiak und Ammoniak durch eine stark ammoniakalische Lösung von Ammonium-phosphat.

Der nach 12 Stunden abfiltrierte Niederschlag wird nochmals in verdünnter Salzsäure gelöst und wieder durch Ammoniak ausgefällt.

Die Zersetzung mittelst Magnesia ist bei fein gepulverter Substanz und bei genügend lange (eventuell bis zu 12 Stunden) fortgesetztem Kochen auch bei nicht löslichen Substanzen vollständig.

Die Löslichkeit der Magnesia in sehr verdünnter Lösung von Magnesiumacetat ist geringer, als dass sie eine Korrektur notwendig machen würde.

Die Magnesiamethode dient mit Vorteil namentlich in solchen Fällen, wo Alkalien sonst verändernd wirken oder gefärbte Produkte erzeugen, welche die Titration unsicher machen.

Ein Gewichtsteil Magnesiumpyrophosphat $Mg_2P_2O_7$ entspricht 0,774648 Gewichtsteilen C_2H_3O.

Verseifung durch Mineralsäuren.

Wirkt freie Salzsäure (Schwefelsäure) auf das Hydroxylderivat nicht ein, so erhitzt man die Acetylverbindung mit einer abgemessenen Menge Normalsäure im Einschmelzrohre (Druckfläschchen) auf 120 bis 150° und titriert die freigemachte Essigsäure [1]).

Die Verseifung mit Schwefelsäure empfiehlt sich namentlich dann, wenn die ursprüngliche Substanz in der verdünnten Säure unlöslich ist.

---

1) Schützenberger, Ann. de Ch. Ph. **84**, 74. — Herzfeld, B. **13**, 266 (1880). — Schmoeger, B. **25**, 1453 (1892).

Man benutzt nitrosefreie, verdünnte Schwefelsäure, am besten
aus 75 Teilen konzentrierter Schwefelsäure mit 32 Teilen Wasser
gemischt, mit der man die in einem Kölbchen genau abgewogene
Substanz — etwa 1 g und 10 ccm der Säuremischung — übergiesst. (Liebermann.)

Um die Substanz leichter benetzbar zu machen, kann man dieselbe vor dem Zusatze der Schwefelsäure mit drei bis vier Tropfen
Alkohol befeuchten. Man erwärmt eine halbe Stunde auf dem nicht
ganz siedenden Wasserbade, verdünnt alsdann mit dem achtfachen
Volumen Wasser, kocht zwei bis drei Stunden im Wasserbade und
lässt 24 Stunden stehen. Dann sammelt man das abgeschiedene
Hydroxylprodukt auf dem Filter [1] [3]).

Gelegentlich ist auch die Verwendung von unverdünnter
Schwefelsäure angezeigt [2]). Das entacetylierte Produkt kann dann
direkt durch Ausfällen mit Wasser gewonnen werden.

Falls das Hydroxylprodukt in der saueren Flüssigkeit nicht ganz
unlöslich ist, muss man durch einen Parallelversuch der gelöst gebliebenen Menge Rechnung tragen [3]).

In vielen Fällen tritt schon beim 24 stündigen Stehen in der
Kälte durch konzentrierte Schwefelsäure Verseifung ein, ja es ist
diese Methode oftmals anwendbar, wo die Verseifung mittelst Alkalien
nicht angängig ist (Franchimont [4]).

Man fügt nach einigem Stehen vorsichtig Wasser hinzu, bis
die Lösung etwa 1 %ig ist und destilliert die gebildete Essigsäure
mit Wasserdampf ab. Dieses von Franchimont stammende, von
Skraup [5]) modifizierte Verfahren hat Wenzel [6]) [zu einer recht
allgemein anwendbaren Bestimmungsmethode ausgearbeitet. Speziell
bei den mehrwertigen Phenolen, die gegen Alkali sehr empfindlich
sind, leistet dieselbe treffliche Dienste.

Methode von Wenzel.

Bei der Einwirkung von konzentrierter Schwefelsäure auf leicht
oxydable Körper bei höherer Temperatur tritt ausser flüchtigen

---

[1]) Liebermann, B. **17**, 1682 (1884). — Herzig, M. **6**, 867, 798
(1885).

[2]) Schrobsdorff, B. **35**, 2931 (1902).

[3]) Ciamician und Silber, B. **28**, 1395 (1895).

[4]) B. **12**, 1940 (1879).

[5]) M. **14**, 478 (1893).

[6]) M. **18**, 659 (1897).

organischen Säuren stets schweflige Säure auf. Die Abwesenheit der letzteren kann man daher als Kriterium dafür betrachten, dass der nach Abspaltung der Essigsäure verbleibende Körper von der Schwefelsäure nicht angegriffen wurde, die Verseifung demgemäss glatt von statten gegangen ist. Es wird daher in allen Fällen die Menge der schwefligen Säure quantitativ bestimmt und falls diese null war, ergibt sich auch stets eine brauchbare Acetylzahl.

In weitaus den meisten Fällen lässt sich zur Verseifung eine Schwefelsäure in der Verdünnung 2 : 1 anwenden.

Ein einziger Körper, das Acetyltribomphenol, erwies sich gegen Schwefelsäure 2 : 1 resistent, da er sich in derselben nicht löste, und es trat erst bei Verwendung von konzentrierter Schwefelsäure Lösung und Verseifung ein.

Des öfteren ist jedoch die Säure 2 : 1 zu konzentriert. In diesen Fällen wird die Säure noch mit dem gleichen Volumen Wasser verdünnt, so dass sie die Konzentration 1 : 2 hat und nun gelingt es durch vorsichtiges Erwärmen auf 50—60° bei vollständiger Verseifung die Bildung der schwefligen Säure gänzlich zu vermeiden oder doch auf einen ganz minimalen Betrag zu reduzieren.

Um Fehlbestimmungen zu vermeiden, ist es zweckmässig, mit einer geringen Menge Substanz in der Eprouvette jene Konzentration der Schwefelsäure zu ermitteln, bei welcher sich das Acetylprodukt eben löst, ohne beim Erwärmen sich stark zu verfärben, harzige Produkte abzuscheiden oder schweflige Säure zu entwickeln.

Auch bei Körpern, welche eine Amidgruppe enthalten, ist die Schwefelsäure 2 : 1 noch zu verdünnen, weil mit der konzentrierten Säure, wie die Versuche gezeigt haben, die Verseifung unvollständig bleibt.

Enthält eine Verbindung Schwefel, so kann bei der Einwirkung der Schwefelsäure Schwefelwasserstoff abgespalten werden. Dieser kann unschädlich gemacht werden, indem man vor der Zugabe der Schwefelsäure in den Verseifungskolben die entsprechende Menge festen Kadmiumsulfats bringt.

Ebenso lässt sich bei halogenhaltigen Substanzen etwa auftretende Halogenwasserstoffsäure durch Silbersulfat binden.

Was die Dauer der Bestimmung betrifft, so ist Verseifung wohl schon eingetreten, sobald die Substanz gelöst ist, und es genügt bei Sauerstoffverbindungen erfahrungsgemäss, eine halbe Stunde auf 100—120° zu erwärmen, während es bei Stickstoffacetylen notwendig erscheint, bei Verwendung der Säure 1 : 2 zur Sicherheit drei Stunden auf dieselbe Temperatur zu erhitzen, obwohl Lösung längst eingetreten ist.

Ist die Verseifung beendet, so wird erkalten gelassen und eine Lösung von primärem phosphorsaurem Natron zugesetzt, welches die Schwefelsäure in saures Natriumsulfat verwandelt. Die gebildete Essigsäure wird endlich im Vakuum abdestilliert und durch Titration bestimmt.

Die Methode bietet auch die Möglichkeit, sich zu überzeugen, ob das Acetylprodukt wirklich vollständig verseift war. Nachdem die Essigsäure abdestilliert und titriert ist, bringt man in den Verseifungskolben, die

gleiche Menge Schwefelsäure wie bei der ersten Verseifung und erhitzt drei
Stunden auf 120°.

War alles verseift, so geht beim nachherigen Versetzen mit Natriumphosphat und Abdestillieren keine Essigsäure mehr über.

Der Apparat ist in nachstehender Abbildung (Fig. 1) dargestellt. Der grössere Rundkolben von etwa 300 ccm Inhalt dient
zur Verseifung. In den Hals desselben ist mittelst eines doppelt
durchbohrten Kautschukstöpsels eine starkwandige Kapillare für die
Vakuumdestillation und ein Tropftrichter eingesezt, dessen ausge-

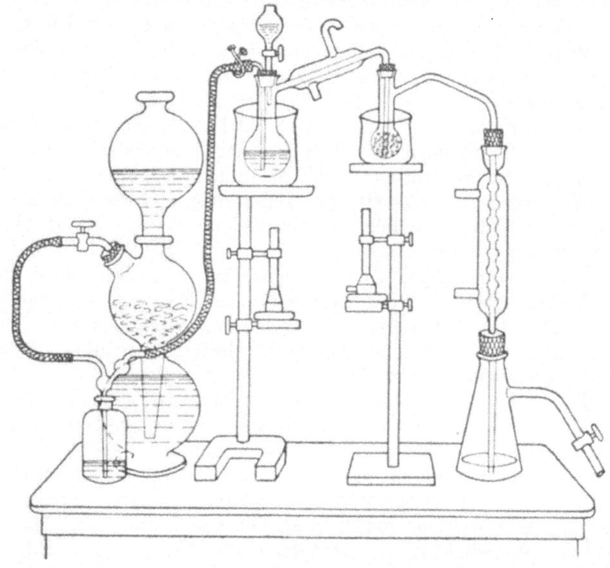

Fig. 1.

zogenes Ende etwa 2 cm unter die Anschmelzstelle des seitlichen
Rohres am Kolbenhalse reicht. Dieses letztere ist schief aufwärts
gerichtet und dient, mit einem etwa 10 cm langen Kühlmantel um-
geben, als Rückflusskühler. Im weiteren Verlaufe ist es nach ab-
wärts gebogen und endet etwa in der Mitte der Kugel des kleineren
Kölbchens.

Dieser zweite Kolben hat einen Inhalt von 50 — 70 ccm, ist
mit Glasperlen gefüllt und dient als Dampfwäscher. Von hier
gelangen die Dämpfe in einen vertikal gestellten Kugelkühler, der
mittelst eines Kautschukstöpsels in eine Druckflasche von $^3/_4$ 1 Inhalt so eingesetzt ist, dass die verlängerte Kühlröhre bis zum Boden

der Flasche reicht. Diese dient zur Aufnahme der vorgelegten Kalilauge und wird durch einen Glashahn mit der Pumpe verbunden.

Für die Verbindungen zwischen den einzelnen Teilen ist nur guter Kautschuk zu verwenden und weiter ist auch zu beachten, dass der Glashahn am Tropftrichter sehr gut schliessen muss, weil sonst die ins Vakuum eingesaugte oft saure Laboratoriumsluft Fehler bedingen würde.

Zur Ausführung der Bestimmung bringt man erst in die Druckflasche etwas mehr als die berechnete Menge titrierter Kalilauge und setzt den Kugelkühler an. Dann gibt man die Substanz, 0,2 — 0,4 g, je nach der Anzahl der Acetylgruppen, in den grösseren Kolben, lässt 3 ccm Schwefelsäure 2 : 1, eventuell noch 3 ccm Wasser zufliessen, fügt den Apparat zusammen und erwärmt, nachdem die beiden Kühler in Tätigkeit gesetzt sind, das Wasserbad, in dem der grössere Kolben sich befindet, bis die Verseifung vollendet ist. Nun ersetzt man das heisse Wasser durch kaltes, heizt inzwischen das Becherglas unter dem kleinen Kolben an, lässt durch den Tropftrichter 20 ccm einer Lösung, welche im Liter 100 g Metaphosphorsäure und 450 g kristallisiertes primäres Natriumphosphat enthält, zufliessen, verbindet die Kapillare mit dem Wasserstoffapparate, die Druckflasche mit der Pumpe und destilliert im Vakuum zur Trockne, indem man den Kolben, wenn keine Flüssigkeit mehr übergeht, noch etwa 10 Minuten im kochenden Wasserbade lässt, bis die trockene Salzmasse vom Glase abzuspringen beginnt. Um den Apparat noch nachzuwaschen, schliesst man den Hahn, der zur Pumpe führt, entfernt das heisse Wasserbad unter dem grösseren Kolben, lässt durch den Tropftrichter 20 ccm ausgekochtes Wasser nachfliessen, ohne dass dabei Luft eindringt, und destilliert abermals im Vakuum. Ist dies geschehen, so schliesst man den Hahn, der die Verbindung mit der Pumpe herstellt, öffnet vorsichtig den Quetschhahn an der Kapillare und füllt den Apparat mit Wasserstoff. Nunmehr lüftet man den Kautschukstöpsel oben am Kühler, entfernt diesen mit der Druckflasche, spritzt die Kühlröhre innen und aussen ab und geht ans Titrieren.

Man benutzt $^1/_{10}$ normale Lösungen und als Indikator Lakmus oder Phenolphtalein. In ersterem Falle kann man in der Druckflasche selbst die Essigsäure bestimmen und dann sogleich nach dem Ansäuern und Versetzen mit Stärkekleister mit $^1/_{10}$ Normal-Jodlösung die eventuell gebildete schweflige Säure titrieren. Phenolphtalein dagegen addiert selbst Jod, man muss daher bei Benutzung dieses Indikators das Filtrat teilen.

Wenn sich bei der Verseifung leicht flüchtige Phenole bilden, so ist natürlich der Jodverbrauch kein Beweis für die Anwesenheit von schwefliger Säure. In solchen Fällen wird ein Teil des Destillates mit Bromwasser oxydiert, angesäuert, eventuell filtriert und mit Chlorbaryum versetzt.

Über einen Fall, wo die Methode durch mitgebildete Isobuttersäure unanwendbar wurde, berichten Brauchbar und Kohn[1]).

Auch mit Jodwasserstoffsäure hat Ciamician[2]) Verseifung von Acetylprodukten erzielt.

b) Additionsmethode.

Diese bildet gewissermassen die Umkehrung der von Liebermann angegebenen, auf pag. 18 angeführten sogenannten Restmethode.

Ist das Acetylprodukt in kaltem Wasser unlöslich, und kann man sich davon überzeugen, dass der Reaktionsverlauf ein quantitativer war, so kann man durch Kontrolle der Ausbeute des aus einer gewogenen Menge der hydroxylhaltigen Substanz erhaltenen Acetylproduktes die Anzahl der eingeführten Acetyle ermitteln[3]).

Auf diese Weise hat auch H. Schiff[4]) die aus Gerbsäure dargestellten Acetylprodukte untersucht.

c) Wägung des Kaliumacetats[5]).

Ist das Kaliumsalz des Verseifungsproduktes in absolutem Alkohol unlöslich, so kann man folgendes Verfahren anwenden:

1—2 g des Acetylproduktes werden mit verdünnter Lauge in geringem Überschusse bis zur vollständigen Verseifung unter Ersatz des Wassers am Rückflusskühler gekocht, das freie Kali mit Kohlensäure neutralisiert, die Flüssigkeit im Wasserbade möglichst zur Trockne gebracht und der Rückstand vollständig mit absolutem Alkohol erschöpft. Die alkoholische Lösung wird wieder zur Trockne verdampft und noch einmal in absolutem Alkohol gelöst. Von einem geringen Rückstande durch Filtration und genaues Auswaschen mit absolutem Alkohol getrennt, bleibt nach dem Verdunsten in einem gewogenen Platinschälchen reines Kaliumacetat zurück, das vorsichtig geschmolzen und, nach dem Erkalten über Schwefelsäure, rasch gewogen wird.

---

1) M. **19**, 22 (1898).
2) B. **27**, 421, 1630 (1894).
3) Wislicenus, Ann. **129**, 181 (1864). — Goldschmiedt und Hemmelmayr, M. **15**, 821 (1894).
4) Ch.-Ztg. **20**, 865 (1897).
5) Wislicenus, Ann. **129**, 175 (1864). — Skraup, M. **14**, 477 (1893).

d) Destillationsverfahren.

Die schon von Fresenius[1]) angegebene Methode, Essigsäure in Acetaten durch Destillation der mit Phosphorsäure angesäuerten Lösung ohne oder mit[2]) Zuhilfenahme von Wasserdampf zu isolieren und zu bestimmen, haben zuerst in weniger guter Modifizierung (Anwendung von Schwefelsäure statt Phosphorsäure) Erdmann und Schultz[3]), dann ebenso Buchka und Erk[4]) und Schall[5]) für die Bestimmung der aus Acetylderivaten durch Verseifung abgespaltenen Essigsäure benutzt.

Herzig hat[6]) bald nach dem Erscheinen der Arbeit von Erdmann und Schultz Phosphorsäure zur Bestimmung der Essigsäure verwendet, und wird daher dieses Verfahren irrtümlicherweise als „Herzigsche Methode" bezeichnet[7]).

Das Acetylprodukt wird mit Lauge oder Barythydrat verseift, in der Kälte mit Phosphorsäure angesäuert, filtriert und gut gewaschen. Das Filtrat wird in eine Retorte umgefüllt und dann die Essigsäure unter öfterer Erneuerung des Wassers so lange abdestilliert, bis das Destillat absolut keine saure Reaktion mehr zeigt.

Anfangs destilliert man über freiem Feuer, dann im Ölbade, wobei die Temperatur auf 140—150° gesteigert werden kann, oder im Vakuum auf dem kochenden Wasserbade[8]). Beim Apparate sind Korke zu vermeiden, um das Aufsaugen von Essigsäure zu verhindern, alle Verbindungen und Verschlüsse sind mittelst Kautschuk zu bewerkstelligen.

Die verwendete Phosphorsäure und das Kali müssen frei von salpetriger und Salpetersäure sein. Ein Gehalt des Kalis an Chlorid ist nicht schädlich, da die wässerige Phosphorsäure keine Salzsäure daraus freimacht; aus diesem Grunde hingegen, unter anderen, ist die Anwendung von Schwefelsäure zu vermeiden.

Das Destillat wird in einer Platinschale unter Zusatz von Barythydrat konzentriert, das überschüssige Baryum mittelst Kohlensäure ausgefällt, das Filtrat vom kohlensauren Baryum ganz abgedampft,

---

1) Z. anal. **5**, 315 (1866).

2) Z. anal. **14**, 172 (1875).

3) Ann. **216**, 232 (1882).

4) B. **18**, 1142 (1885).

5) B. **22**, 1561 (1889).

6) M. **5**, 90 (1884).

7) H. A. Michael, B. **27**, 2686 (1894). — Ciamician, B. **28**, 1395 (1895).

8) Eventuell im Wenzelschen Apparate (pag. 20). — Dieser Vorschlag stammt von H. A. Michael, B. **27**, 2686· (1894).

mit Wasser wieder aufgenommen, filtriert, gut gewaschen und dann schliesslich das Baryum mittelst Schwefelsäure gefällt und quantitativ bestimmt.

1 Gewichtsteil Baryumsulfat entspricht

0,5064 Gewichtsteilen $C_2H_3O_2$ oder

0,5070 Gewichtsteilen Essigsäure.

Zur Bestimmung der Acetylgruppen in acetylierten Gallussäuren verseift P. Sisley[1] drei bis vier Gramm derselben, nach Zugabe von 5 ccm reinem Alkohol und 2 bis 3 gr Ätznatron, welches in ca. 15 ccm Wasser gelöst war. Nach beendeter Verseifung verdampft man den Alkohol. Die gebildete Essigsäure wird aus der mit Phosphorsäure angesäuerten Lösung mit Wasserdampf übergetrieben und das Destillat unter Benutzung von Phenolphtalein als Indikator mit Natronlauge titriert.

Da die aus dem Ätznatron stammende und die bei der Verseifung häufig mitgebildete Kohlensäure zum Teile mit den Wasserdämpfen übergeht, so wird dieselbe auch mittitriert. Den dadurch entstehenden Fehler korrigiert Sisley in der Weise, dass er das neutralisierte Destillat zum Kochen erhitzt, mit einer geringen Menge Normalsäure ansäuert, wiederum kocht und alsdann neutralisiert, eventuell diese Operationen wiederholt, bis die neutralisierte Flüssigkeit beim weiteren Kochen nicht mehr röter wird. Nunmehr ist auch alle Kohlensäure entfernt, ohne dass Verlust an Essigsäure stattgefunden hätte.

Zweckmässiger wird man nach P. Dobriner[2] nach vollzogener Verseifung und Vertreibung des Alkohols der alkalischen Lösung die nötige Menge Phosphorsäure zufügen und zunächst am Rückflusskühler so lange kochen, bis sicher alle Kohlensäure entfernt ist. Alsdann kann die Bestimmung wie gewöhnlich vollzogen werden.

Bemerkenswert sind auch die Erfahrungen von Goldschmiedt, Jahoda und Hemmelmayr über diese Methode[3].

Eine ausführliche Beschreibung einer Acetylbestimmung nach diesem Verfahren gibt Zölffel[4].

Über die Methode von Wenzel siehe pag. 18.

B. Benzoylierungsmethoden.

1. Verfahren zur Benzoylierung.

Um den Rest der Benzoesäure etc. in hydroxylhaltige Körper einzuführen, verwendet man nachfolgende Reagentien:

---

[1] Bull. (3) 11, 562 (1894). — Z. anal. 34, 466 (1895).
[2] Z. anal. 34, 466, Anm. (1895).
[3] M. 13, 53 (1892). — M. 14, 214 (1893). — M. 15, 319 (1894).
[4] Arch. 229, 149 (1891).

Benzoylchlorid,
Benzoesäure-Anhydrid, Natriumbenzoat,
o-Brombenzoylchlorid,
p-Brombenzoylchlorid, p-Brombenzoesäure-Anhydrid,
m- und p-Nitrobenzoylchlorid, ferner noch
Benzolsulfochlorid.

a) Benzoylieren mittelst Benzoylchlorid.

Zur „saueren Benzoylierung" mit Benzoylchlorid erhitzt man mehrere Stunden am Rückflusskühler auf 180°.

Im Einschmelzrohre empfiehlt es sich nur dann zu arbeiten, wenn man sicher sein kann, dass die entstehende Salzsäure zu keinerlei sekundären Reaktionen Veranlassung geben kann, oder wenn sie, bei stickstoffhaltigen Verbindungen, unter Chlorhydratbildung unwirksam gemacht wird[1]). In solchen Fällen werden die berechneten Mengen etwa 4 Stunden lang auf 100—110° erhitzt.

Beim Dicyanmethyl und Dicyanäthyl wird übrigens nach Burns[2]) durch Erhitzen der Substanz mit Benzoylchlorid der direkt am Kohlenstoff befindliche Wasserstoff durch Benzoyl substituiert.

Während diese Art des Benzoylierens nur relativ selten angewendet wird, ist die Methode des Acylierens in wässerig-alkalischer Lösung eine sehr häufig und fast immer mit Erfolg geübte Operation. Diese von Lossen aufgefundene[3]), von Baumann[4]) verallgemeinerte Methode ist unter dem Namen der Schotten-Baumannschen bekannt. Die Substanz wird im allgemeinen mit überschüssiger 10%oiger Natronlauge und Benzoylchlorid geschüttelt, bis der Geruch nach Benzoylchlorid verschwunden ist (Baumann). Soll die Benzoylierung möglichst vollständig sein, so muss man indessen nach Panormow[5]) etwas stärkere Lauge verwenden. Man schüttelt z. B. die Substanz mit 50 Teilen 20%oiger Natronlauge und 6 Teilen Benzoylchlorid in geschlossenem Kolben, bis der heftige Geruch des Säurechlorids verschwunden ist. Die Temperatur soll nicht über 25° steigen (v. Pechmann[6]).

---

1) Dankworth, Arch. **228**, 581 (1890).
2) J. pr. (2) **44**, 568 (1891).
3) Ann. **161**, 348 (1872). — **175**, 274, 319 (1875). — **205**, 282 (1880). — **217**, 16 (1883). — **265**, 148, Anm. (1891).
4) B. **19**, 3218 (1886).
5) B. **24**, R. 971 (1891). — Siehe auch Schunk u. Marchlewski Soc. **65**, 187 (1894).
6) B. **25**, 1045 (1892).

Skraup[1]) empfiehlt, bei der Reaktion die Mengenverhältnisse stets so zu wählen, dass auf ein Hydroxyl immer sieben Moleküle Natronlauge und fünf Moleküle Benzoylchlorid in Anwendung kommen. Das Ätznatron wird in der acht- bis zehnfachen Menge Wasser gelöst. Man schüttelt unter mässiger Kühlung 10—15 Minuten.

Beim Pyrogallol war es nötig, die Schüttelflasche mit Leuchtgas zu füllen. Bei derartigen, gegen Alkali empfindlichen Körpern kann man auch in Sodalösung[2]) oder nach Bamberger[3]) unter Verwendung von Alkalibikarbonat oder Natriumacetat arbeiten; oft genügt es übrigens, die Lauge stark (auf 0,25 %) zu verdünnen[4]).

Die ausgeschiedenen Benzoylprodukte bilden gewöhnlich weisse, halbfeste Massen, die bei längerem Stehen mit Wasser hart und kristallinisch werden, aber häufig hartnäckig Benzoylchlorid oder Benzoesäure resp. Benzoesäureanhydrid zurückhalten.

Zur Reinigung des Traubenzuckerderivates löst Skraup[5]) das Reaktionsprodukt in Äther, destilliert letzteren ab und nimmt den Rückstand mit Alkohol auf, wodurch die anhaftenden Reste von Benzoylchlorid zerstört werden, welche selbst andauerndes Schütteln der ätherischen Lösung mit konzentrierter Lauge nicht hatte entfernen können. Die alkoholische Lösung wird mit etwas überschüssiger Soda vermischt, mit Wasser ausgefällt, Alkohol und Äthylbenzoat mit Wasserdampf verjagt und der Rückstand durch oftmaliges Umkristallisieren aus Alkohol, dann Eisessig, gereinigt. In Äther ist die reine Substanz nicht löslich, während das Rohprodukt sich in der Regel schon in wenig Äther vollständig löst.

Anhaftende Benzoesäure kann man eventuell im Vakuum absublimieren, oder mit Wasserdampf abtreiben, oder wenn angängig, durch Auskochen mit Schwefelkohlenstoff[6]), Ligroin etc. entfernen. Ist das Benzoylprodukt in Äther löslich[7]), so führt gewöhnlich schon wiederholtes Ausschütteln mit Lauge zum Ziel, kann aber partielle Verseifung bewirken, auch Waschen des Rohproduktes mit verdünntem Ammoniak kann empfehlenswert sein.

Als bestes Kristallisationsmittel hat Kueny[8]) Essigsäureanhydrid empfohlen. So wird z. B. Pentabenzoyltraubenzucker mit überschüssigem

---

1) M. **10**, 390 (1891).

2) Lossen, Ann. **265**, 148 (1891).

3) V. Meyer u. Jacobson, Lehrb. II, 546. — Auch E. Fischer B. **32**, 2454 (1899).

4) B. **31**, 1598 (1898).

5) M. **10**, 395 (1889).

6) Barth und Schreder, M. **3**, 800 (1882).

7) Über die Reinigung in Äther unlöslicher Derivate durch Ersteren siehe auch noch Jaffe, B. **35**, 2899 (1902).

8) Z. physiol. **14**, 337 (1890).

Anhydrid im Einschlussrohre 6 Stunden lang auf 112° erwärmt. Beim Erkalten kristallisiert die Substanz alsdann in schönen Nadeln aus. — Diese Methode schliesst indes immer die Gefahr einer Verdrängung von Benzoyl- durch Acetylgruppen in sich.

Das Dioxymethylenkreatinin kann nur auf folgende Weise in ein reines und einheitliches Dibenzoylderivat übergeführt werden[1].

Die mit einem kleinen Überschusse von Lauge und Benzoylchlorid versetzte Lösung wird nur so lange geschüttelt, bis die erste kristallinische Ausscheidung bei noch vorhandener, event. wieder hergestellter alkalischer Reaktion erfolgt. Der Überschuss des Benzoylchlorids und etwa vorhandenes Benzoësäureanhydrid wird nun mittelst Äther entfernt, filtriert und der Filterrückstand nach dem Waschen mit Wasser aus Alkohol umkristallisiert. — Aus dem Filtrate können in analoger Weise weitere Mengen des Benzoylproduktes gewonnen werden.

Nach Viktor Meyer[2] und Goldschmiedt[3] enthält das Benzoyl- chlorid des Handels oft Chlorbenzoylchlorid. Da die gechlorten Benzoylverbindungen schwerer löslich sind als die entsprechenden Derivate der Benzoesäure, so lassen sich die erhaltenen Benzoylderivate durch Um- kristallisieren nicht von Chlor befreien.

Übrigens scheint auch reines Benzoylchlorid gelegentlich zur Bildung chlorhaltiger Produkte Veranlassung zu geben[4].

War das Benzoylchlorid aus Benzotrichlorid und Bleioxyd oder Zink- oxyd dargestellt, so kann aus beigemischtem Benzalchlorid durch die Behandlung mit den Metalloxyden Benzaldehyd entstehen, der zu Stö- rungen Anlass geben kann[5].

Laktone geben alkalilösliche benzoylierte Säuren. Man säuert an und destilliert aus dem ausgefallenen Gemische des Produktes mit Benzoesäure letztere mit Wasserdampf ab[6].

Die Schotten-Baumannsche Methode ist auch analog für Acetylierung verwendbar, hat indessen wegen der leichteren Zersetz- lichkeit des Acetylchlorids weniger Bedeutung.

Claisen[7] empfiehlt, die Benzoylierung in ätherischer oder Benzollösung mit trockenem Alkalikarbonat vor- zunehmen (siehe bei Acetylchlorid, pag. 6).

Von demselben Forscher[7] stammt auch die Methode, die Um- setzung des Benzoylchlorids mittelst Natriumalkoholates zu bewirken.

---

1) Jaffe, B. **35**, 2899 (1902).
2) B. **24**, 4251 (1891).
3) M. **13**, 55, Anm. (1892).
4) B. **29**, 2057 (1896).
5) Hoffmann und V. Meyer, B. **25**, 209 (1892).
6) B. **30**, 127 (1897).
7) B. **27**, 3183 (1894).

Feist[1]) konnte nur auf diese Art Benzoylierung des Diacetylacetons erreichen. — Ein Gemenge von einem Molekül Diacetylaceton, 2 Molekülen Benzoylchlorid und 2 Molekülen bei 200° getrockneten Natriumäthylats[2]) wurde 6 Stunden am Rückflusskühler erhitzt, nach dem Erkalten die Lösung vom gebildeten Kochsalze abgesaugt und von Benzol befreit. Zur Reinigung wurde die ätherische Lösung mit verdünnter Sodalösung geschüttelt.

Benzoylieren in Pyridinlösung[3]).

Tertiäre Basen wie Pyridin, Pikolin oder Chinolin wirken als Überträger der Benzoylgruppe, indem dieselben erst Benzoylchlorid addieren und dann das Benzoylradikal unter Übergang in ein Chlorhydrat wieder abspalten:

$$\underset{C_6H_5CO\quad Cl}{\underset{|}{\underset{N}{\bighexagon}}} + R{-}OH = \underset{H\quad Cl}{\underset{|}{\underset{N}{\bighexagon}}} + RO\,OCC_6H_5$$

Es ist notwendig, zu den Versuchen reine Basen (Pyridin aus dem Zinksalze, von Erkner) zu verwenden. Die Ausführung der Benzoylierung erfolgt wie pag. 6 beschrieben.

Man braucht auch nicht überschüssiges Pyridin zu nehmen und kann die Reaktion fast immer in der Kälte zu Ende führen.

Chinolin wirkt ebenso, nur weniger energisch, bietet dafür aber die Möglichkeit, falls es notwendig ist, höher zu erhitzen.

Bei mehrwertigen Phenolen und Alkoholen ist nach diesem Verfahren meist keine erschöpfende Acylierung zu erzielen.

b) Benzoylieren mit Benzoesäureanhydrid.

Mit Benzoesäureanhydrid erhitzt man die hydroxylhaltige Substanz im offenen Kölbchen 1—2 Stunden lang auf 150° (Liebermann)[4]).

---

[1]) B. **28**, 1824 (1895).

[2]) Natrium aethylatum sicc. von E. Merck, Darmstadt.

[3]) Literatur: Dennstedt u. Zimmermann, B. **19**, 75 (1886). —. Minuni, G. **22**, II, 213 (1892). — Deninger, J. pr. (2) **50**, 479 (1894) — Claisen, Ann. **291**, 106 (1896). — **297**, 64 (1897). — Wislicenus, Ann. **291**, 195 (1896). — Léger, C. r. **125**, 187 (1897). — Erdmann und Huth, J. pr. (2) **56**, 4, 36 (1897). — B. **31**, 356 (1898). — Claisen, B. **31**, 1023 (1898). — Einhorn u. Hollandt, Ann. **301**, 95 (1898). — Erdmann, B. **31**, 356 (1898).

[4]) Ann. **169**, 237 (1873).

Mit Benzoesäureanhydrid und Wasser gelingt die Überführung des Ecgonins in Kokain besonders gut[1]).

Ein Molekül Ecgonin wird in der halben Menge heissen Wassers gelöst und bei Wasserbadhitze mit etwas mehr als einem Molekül Benzoesäureanhydrid, das man allmählich zusetzt, 1 Stunde lang digeriert. Nach dem Abkühlen werden überschüssiges Anhydrid und Benzoesäure durch Ausschütteln mit Äther entfernt. Der ausgeätherte Rückstand wird durch Waschen mit Wasser gereinigt.

In ähnlicher Weise benzoyliert Knick[2]) das p-Nitrophenyl-α-γ-Lutidylalkin. Die stark verdünnte salzsaure Lösung der Substanz wird mehrere Stunden mit Benzoesäureanhydrid auf dem Wasserbade erwärmt, aus der wässerigen Lösung durch Schütteln mit Äther die Benzoesäure entfernt und der Ester mit Natronlauge gefällt.

Nach Goldschmiedt und Hemmelmayr[3]) ist vollständige Benzoylierung manchmal noch besser als nach Schotten-Baumann bei Anwendung von Benzoesäureanhydrid und Natriumbenzoat zu erzielen.

2 g Skoparin, 10 g Benzoesäureanhydrid und 1 g trockenes benzoesaures Natron wurden sechs Stunden im Ölbade auf 190° erhitzt, hierauf die Masse mit 2 %iger Natronlauge übergossen und über Nacht in der Kälte stehen gelassen. Das ausgeschiedene Hexabenzoylderivat wurde aus Alkohol gereinigt.

Auch mit Benzoesäureanhydrid allein sind Erfolge erzielt worden, welche nach den anderen Verfahren nicht erreicht werden konnten (Gorter)[4]).

c) Benzoylieren mittelst substiuierter Benzoesäurederivate und Acylierung durch Benzolsulfochlorid.

F. Loring Jackson und G. W. Rolfe[5]) benzoylieren mittelst p-Brombenzoylchlorid oder p-Brombenzoesäureanhydrid und bestimmen aus dem Bromgehalte in den so gewonnenen Derivaten die Zahl der ursprünglichen Hydroxylgruppen.

Ebenso eignen sich o-Brombenzoylchlorid (Schotten)[6], und m-Nitrobenzoylchlorid (Claisen und Thompson[7]),

---

1) Liebermann und Giesel, B. **21**, 3196 (1888). — D. R. P. Nr. 47602 (1889).

2) B. **35**, 2791 (1902).

3) M. **15**, 327 (1894).

4) Arch. **235**, 313 (1897).

5) Am. **9**, 82 (1887).

6) B. **21**, 2250 (1888).

7) B. **12**, 1943 (1879).

W. Wislicenus[1]), Schotten)[2]) und p-Nitrobenzoylchlorid (W. Wislicenus)[3]) zur Bestimmung von Hydroxylgruppen.

Speziell die mittelst m-Nitrobenzoylchlorid erhältlichen Derivate zeichnen sich durch Schwerlöslichkeit und eminentes Kristallisationsvermögen aus. (V. Meyer und Altschul[4]).

Auch die Verwendung von Phenylsulfochlorid[5])[6]), welche von Hinsberg angegeben ist, sei hier angeführt.

Dasselbe wird, analog der Baumannschen Methode, zur Einwirkung gebracht, oder man setzt der Mischung von Phenol und Benzolsulfochlorid Zinkstaub oder Chlorzink zu und erwärmt[7]).

Alkoholische Lösungen sind möglichst zu vermeiden, da der Alkohol bei Gegenwart von Alkali das Benzolsulfochlorid zu heftig angreift, das dann vor Vollendung der gewünschten Reaktion verbraucht wird. Zur Reinigung werden die Niederschläge mit etwas Alkali angerührt, um sie von einem Reste von Benzolsulfochlorid zu befreien, und aus Alkohol umkristallisiert.

Diese Ester pflegen in heissem Alkohol, Benzol, Chloroform und Schwefelkohlenstoff leicht, in Äther schwer löslich zu sein[8]). Sie besitzen oftmals ein besonderes Kristallisationsvermögen[9]).

Darstellung der substituierten Benzoesäurederivate und des Phenylsulfochlorids.

Parabrombenzoylchlorid. Parabrombenzoesäure wird mit der äquivalenten Menge Phosphorpentachlorid zusammengerieben, das Gemisch erwärmt und nach Austreibung des grössten Teiles des dabei entwickelten Chlorwasserstoffs im Vakuum fraktioniert. Smp. 42°, Sdp. 174° bei 102 mm. Leicht löslich in Benzol und Ligroin.

Parabrombenzoesäureanhydrid entsteht bei einstündigem Erhitzen von drei Teilen p-brombenzoesaurem Natron mit zwei Teilen p-Brombenzoylchlorid auf 200°. — Smp. 212°. Fast unlöslich in Äther, Schwefel-

---

1) Ann. **312**, 48 (1900).

2) B. **21**, 2244 (1888). — Soc. **67**, 591 (1895).

3) Ann. **316**, 37 (1901). — **316**, 333 (1901).

4) B. **26**, 2756 (1893).

5) B. **23**, 2962 (1890).

6) Schotten u. Schlömann, B. **24**, 3689 (1891). — Georgesen, B. **24**, 416 (1896).

7) Cesare Schiaparelli, Gazz. **11**, 65 (1881). — Siehe übrigens Krafft und Roos, B. **26**, 2823 (1893). — Heffter, B. **28**, 2261 (1895).

8) B. **24**, 416 (1891).

9) B. **30**, 669 (1897).

kohlenstoff und Eisessig, wenig löslich in Benzol, etwas leichter in Chloroform, woraus es gereinigt wird [1]).

Orthobrombenzoylchlorid [2]) [3]), analog seinem Isomeren dargestellt, lässt sich bei Atmosphärendruck unzersetzt destillieren. Flüssig. Sdp. 241—243 °.

Metanitrobenzoylchlorid erhält man nach Claisen und Thompson [4]) durch Mischen von Nitrobenzoesäure mit der allmählich zuzusetzenden äquivalenten Menge Phosphorpentachlorid, Abdestillieren des gebildeten Phosphoroxychlorids und Fraktionieren des Rückstandes im Vakuum. Sdp. 183—184 ° bei 50—55 mm; Smp. 34 °.

Zur Darstellung von Benzolsulfonsäurechlorid [5]) werden äquivalente Mengen $C_6H_5SO_3Na$ und Phosphorpentachlorid zusammen erwärmt und nach Beendigung der Reaktion in Wasser gegossen. Das sich abscheidende Öl wäscht man mit Wasser und entfärbt es in ätherischer Lösung mit Tierkohle. Sdp. 120 ° bei 10 mm. Smp. 14 °.

Nach dem neuen Verfahren von Hans Meyer [6]) — Darstellung der Säurechloride mittelst Thionylchlorid — sind alle diese Derivate viel bequemer zugänglich geworden. Man ist damit in die Lage gesetzt, sich rasch und bequem die verschiedensten Säurechloride rein darzustellen. So kann es gelegentlich von Wert sein, Versuche statt mit halogensubstituierten Benzoylchloriden, mit Anisylchlorid [7]) oder Veratrylchlorid zu unternehmen, wodurch die Bestimmung der Hydroxylgruppen vermittelst der Methoxylzahl ermöglicht wird.

Zur Bereitung des betreffenden Säurechlorids verfährt man folgendermassen: Die feingepulverte Säure wird in Mengen von 1—5 g in ein oben verengtes Einschmelzrohr (Fig. 2) gebracht und mit der drei- bis fünffachen Menge Thionylchlorid (Siedepunkt 78 ° C.) übergossen. Durch gelindes Anwärmen unterstützt man die Reaktion, die unter stromweisem Entweichen von Salzsäure und schwefliger Säure beginnt, und mit der in wenigen Minuten bis höchstens einer Stunde erfolgten vollständigen Auflösung der Substanz in dem an den senkrecht gestellten Rohrwänden stets wieder kondensierten $SOCl_2$ beendet ist. Durch Verstärken der Hitze wird nun vorsichtig der grösste Teil des überschüssigen Thionylchlorids verjagt, das Rohr oberhalb der Verengung abgesprengt und mit der Pumpe verbunden. Der Rest des Thionylchlorids wird, indem man das Rohr im Wasserbade erwärmt, leicht durch Absaugen vollständig entfernt und in der Röhre bleibt das reine Chlorid zurück, auf welches man direkt die zu untersuchende hydroxylhaltige Substanz — eventuell durch ein passendes indifferentes Lösungsmittel (Chloroform, Äther, Benzol) verdünnt —, wenn nötig unter Kühlung oder nach Zusatz von Lauge, aufgiessen kann.

Fig. 2.

---

[1]) B. **12**, 1943 (1879).

[2]) B. **21**, 2244 (1888). — Soc. **67**, 591 (1895).

[3]) B. **24**, 416 (1891).

[4]) B. **12**, 1943 (1879).

[5]) Otto, Z. f. Ch. (**1866**), 106.

[6]) M. **22**, 109 (1901). — M. **22**, 415 (1901). — M. **22**, 777 (1901).

[7]) Hiefür ein Beispiel B. **29**, 1156 (1896).

2. Analyse der Benzoylderivate.

In manchen Benzoylprodukten kann man schon durch Elementaranalyse die genaue Zusammensetzung ermitteln; in substituierten Derivaten bestimmt man Halogen, resp. Stickstoff, Schwefel oder Methoxyl.

Zur direkten Bestimmung der Benzoesäure hat G. Pum[1]) ein Verfahren ausgearbeitet.

Die Substanz, etwa 0,5 g, wird durch zweistündiges Erhitzen im geschlossenen Rohre mit der zehnfachen Menge konzentrierter, mit Benzoesäure in der Kälte gesättigter Salzsäure verseift. Die Digestion wird im kochenden Wasserbade vorgenommen.

Nach ein- bis zweitägigem Stehen wird der Rohrinhalt vor der Pumpe filtriert, zunächst mit der benzoesäurehaltigen Salzsäure, dann mit einer gesättigten wässerigen Benzoesäurelösung vollständig gewaschen.

Der Filterrückstand wird in überschüssiger $^1/_{10}$-Normalnatronlauge gelöst, dann die Benzoesäure durch Übersättigen mit Säure und Zurücktitrieren mit Lauge bestimmt. Als Indikator wird Phenolphtalein verwendet. Die Normallösungen werden auf reine Benzoesäure gestellt.

Beim Mischen der beiden Waschflüssigkeiten fällt etwas Benzoesäure aus und daher wird immer circa 1 °/o zu viel gefunden. Man kann diesen konstanten Fehler entweder in Rechnung ziehen, oder dadurch eliminieren, dass man in einem blinden Versuche, unter Benutzung einer gleichen Menge der Waschflüssigkeiten, wie beim Hauptversuche, die Menge der ausgefällten Benzoesäure bestimmt.

Allgemeiner anwendbar ist das Verfahren, in der verseiften Substanz, analog der Destillationsmethode bei Acetylbestimmungen, die mit Wasserdampf übergetriebene Benzoesäure zu titrieren (R. und H. Meyer)[2]).

Diese Methode setzt allerdings voraus, dass der zu untersuchende Körper sich durch alkoholische Kalilauge verseifen lässt und dabei ausser Benzoesäure keine sauren, mit Wasserdämpfen flüchtigen Bestandteile abspaltet.

Circa 0,5 g Substanz werden mit 30—32 ccm Alkohol und überschüssigem Ätzkali unter Rückflusskühlung verseift, nach dem

---

1) M. **12**, 438 (1891).
2) B. **28**, 2965 (1895).

Erkalten mit konzentrierter Phosphorsäurelösung oder glasiger Phosphorsäure angesäuert und hierauf nach Fresenius mit Wasserdampf destilliert.

Im Anfang lässt man die Destillation langsam gehen und eventuell noch durch einen Tropftrichter Alkohol zufliessen, damit das Verseifungsprodukt sich allmählich und kristallinisch ausscheidet und keine harzigen Produkte entstehen, welche Benzoesäure einhüllen und ihre Übertreibung erschweren können.

Sobald 1—1$^1/_2$ Liter Wasser übergegangen sind, werden 150 ccm des nun folgenden Destillates gesondert aufgefangen und durch Titration auf Benzoesäure geprüft, und sobald dieselbe nicht mehr nachweisbar ist, die Destillation abgebrochen.

Die vereinigten Destillate werden mit einer gemessenen Menge Lauge alkalisch gemacht, und in einer Platin-, Silber- oder Nickelschale auf 100 bis 150 ccm konzentriert, dann kochend zurücktitriert.

Als Indikator dient Aurin oder Rosolsäure. Erst wenn nach zehn Minuten langem Kochen der Farbstoff sich nicht mehr rot färbt, ist alle Kohlensäure vertrieben und die Titration beendet.

Die zum Titrieren benutzte $^1/_{10}$ Normallauge stellt man auf sublimierte, frisch geschmolzene Benzoesäure.

Das Eindampfen hat auf einer Spiritus- oder Benzin-Kochlampe zu erfolgen, damit keine schweflige oder Schwefelsäure in die Flüssigkeit gelange.

Durch Verseifung und direkte Titration hat Vongerichten[1]) das Benzoylmorphin untersucht.

Die Substanz wurde in Methylalkohol gelöst, mit wenig Wasser und 10 ccm Normallauge am Rückflusskühler 2—3 Stunden gekocht, bis eine Probe beim Verdünnen mit Wasser keine Trübung mehr zeigte. Titration mit n-Salzsäure unter Benutzung von Phenolphtalein als Indikator ergab das Vorliegen des Monobenzoylproduktes.

Auf dieselbe Art wurde das Dibenzoylpseudomorphin und Tribenzoylmethylpseudomorphin analysiert.

Spaltung von Benzoylprodukten durch Natriumäthylatlösung in der Kälte: Kueny, Z. physiol. **14**, 341 (1890).

C. Acylierung durch andere Säurereste.

Da öfters die höheren Homologen der Fettsäuren proportional dem steigenden Kohlenstoffgehalte infolge höheren Siedepunktes leichter in das

---

[1]) Ann. **294**, 215 (1896).

hydroxylhaltende Molekül eintreten oder besser kristallisierende Derivate geben, werden gelegentlch

Propionsäureanhydrid, Propionylchlorid, Valeriansäurechlorid[1]),

Isobuttersäureanhydrid, sowie Stearinsäureanhydrid, Palmitinsäurechlorid,

Opiansäure- und Phenylessigsäurechlorid

zu Acylierungen benutzt.

Um zu propionylieren, erhitzt man die Substanz mit überschüssigem Propionsäureanhydrid zwei Stunden lang in der Druckflasche auf 100°.

Man kann auch in offenen Gefässen arbeiten, und setzt dann zur Einleitung der Reaktion einen Tropfen konzentrierter Schwefelsäure zu[2]).

Mit Propionylchlorid haben Fortner und Skraup[3]), indem sie mit äquimolekularen Mengen arbeiteten, den Schleimsäurediäthylester durch zweistündiges Erhitzen unter Rückfluss am Wasserbade und 24stündiges Stehenlassen bei Zimmertemperatur in das Tetrapropionylderivat verwandelt.

Die Propionylbestimmung wurde nach zwei Methoden durchgeführt.

1. Titration mit Kalilauge. Der Ester wurde mit der zehnfachen Menge absoluten Alkohol übergossen, am Wasserbade unter Rückflusskühlung erwärmt und allmählich etwas mehr als die berechnete Menge $^1/_{10}$ n. KOH zufliessen gelassen. Nach $1\,^1/_2$ stündigem Kochen wurde mit $^1/_{10}$ n. HCl angesäuert und zurücktitriert.

2. Wägung des Kaliumpropionats. Der titrierte Kolbeninhalt wurde zur Trockne gebracht, viermal mit absolutem Alkohol extrahiert, der Extrakt eingedunstet, bei 130° getrocknet und gewogen.

Derivate der Isobuttersäure können in ähnlicher Weise erhalten werden.

Zur Darstellung von Isobutyrylostruthin erhitzte beispielsweise Jassoy[4]) je 3 g Ostruthin mit 10 g Isobuttersäureanhydrid, zwei Stunden im zugeschmolzenen Rohre auf 150°.

Man giesst das Reaktionsprodukt in Wasser, lässt die anfangs ölartige Masse erstarren, wäscht mit warmem Wasser bis zur neutralen Reaktion aus, presst ab und trocknet zwischen Fliesspapier. Dann reinigt man durch Umkristallisieren aus Alkohol.

Stearinsäureanhydrid haben einmal Beckmann und Pleissner[5]), Palmitinsäurechlorid hat Erdmann[6]) zum Acylieren verwendet und der Opiansäure-ψ-ester ist das einzige kristallisierbare Säurederivat des Rhodinols[7]).

---

[1]) Erdmann, B. **31**, 357 (1898). — Brühl, B. **35**, 4037 (1902).

[2]) Arch. **228**, 127 (1890).

[3]) M. **15**, 200 (1894).

[4]) Arch. **228**, 551 (1890).

[5]) Ann. **262**, 5 (1891).

[6]) B. **31**, 356 (1898).

[7]) E. Erdmann, B. **31**, 358 (1898).

Eine allgemein anwendbare Methode, um Säurereste in hydroxylhaltige Substanzen einzuführen, haben Einhorn und Hollandt[1]) angegeben. Ihre Methode fusst auf der Beobachtung von Kempf[2]), dass durch Einwirkung von Phosgen auf Essigsäure Acetylchlorid entsteht. Diese Reaktion vollzieht sich unter Vermittelung von Pyridin schon in der Kälte und lässt sich verallgemeinern. Es entstehen dabei die Säurechloridadditionsprodukte des Pyridins, die in Gegenwart von Phenolen etc. Acylderivate liefern. Man löst den hydroxylhaltigen Körper in Pyridin auf, welches die berechnete Menge derjenigen Säure enthält, deren Alkylverbindung man darstellen will, und fügt zu der kalt gehaltenen Flüssigkeit die berechnete Menge gasförmigen oder in Toluol gelösten Phosgens. Beim Eintropfen in Wasser scheidet sich das Acylierungsprodukt dann entweder direkt ab oder es bleibt im Toluol gelöst.

Auf diese Art wurden Propionyl-, i-Butyryl und i-Valeryl-β-Naphtol dargestellt. — Natürlich kann man auch die fertigen Säurechloride in Pyridinlösung reagieren lassen[3])[8]).

Auch mit Chlorkohlensäureester kann man nach diesem Verfahren acylieren.

Kohlensäureester kann man übrigens[4]) auch durch Erhitzen der in Benzol gelösten Substanz mit Chlorkohlensäureester in Gegenwart von Calciumkarbonat darstellen. In diesen Derivaten macht man dann eine Methoxylbestimmung.

Mit Phenylessigsäurechlorid[5]) arbeitet man nach Art der Schotten-Baumann'schen Reaktion, indem man die in verdünnter Kalilauge gelöste Substanz mit überschüssigem Phenylacetylchlorid schüttelt.

Die Darstellung erfolgt am besten mittelst Thionylchlorid[6]).

D. Darstellung von Karbamaten mittelst Harnstoffchlorid.

Mit Harnstoffchlorid reagieren nach Gattermann[7]) hydroxylhaltige Körper nach der Gleichung:

$$NH_2COCl + ROH = HCl + NH_2COOR$$

unter Bildung der schön kristallisierenden Karbamate.

Man lässt am besten molekulare Mengen der Komponenten in ätherischer Lösung aufeinander einwirken. Die Reaktion verläuft meist schon beim Stehen bei Zimmertemperatur quantitativ, nur bei mehrwertigen Phenolen ist schwaches Erwärmen nötig.

In dem Reaktionsprodukte wird der Stickstoff bestimmt.

---

1) Ann. 301, 100 (1898). — Einhorn u. Mettler, B. 35, 3639 (1902).
2) J. pr. (2) 1, 414 (1870).
3) Erdmann, J. pr. (2) 56, 43 (1897).
4) Syniewski, B. 28, 1875 (1895).
5) Hinsberg, B. 23, 2962 (1890).
6) Hans Meyer, M. 22, 427 (1901).
7) Ann. 244, 38 (1888). — Siehe auch Erdmann, B. 35, 1860 (1902).
8) Erdmann, B. 31, 356 (1898).

Ein grösserer Überschuss an Säurechlorid ist zu vermeiden, weil er zur Bildung von Allophansäureestern

$$NH_2CO\,NH\,COO\,R$$

führen könnte.

Darstellung von Harnstoffchlorid[1]).

30 g Salmiak werden in einem 4 cm weiten, 60 cm langen Glasrohre im Luftbade auf etwa 400° erhitzt und ein kräftiger Strom durch Schwefelsäure getrockneten Phosgens darübergeleitet. Das Harnstoffchlorid destilliert dann als farblose Flüssigkeit von sehr stechendem Geruche über, die zuweilen zu zollangen, breiten Nadeln vom Schmelzpunkt 50° erstarrt. Das Chlorid verflüchtigt sich schon bei 61—62° und polymerisiert sich bei längerem Stehen unter Abspaltung von Salzsäure zu Cyamelid, aus welch letzterem Grunde es sich empfiehlt, dasselbe nach seiner Darstellung unmittelbar weiter zu verarbeiten. An feuchter Luft, sowie mit Wasser setzt es sich zu Kohlensäure und Salmiak um. Direktes Sonnenlicht ist bei der Darstellung auszuschliessen.

Auch substituierte Harnstoffchloride haben in einzelnen Fällen gute Dienste geleistet. So ist nach Erdmann und Huth[2]) das Diphenylharnstoffchlorid:

$$\begin{array}{c} C_6H_5\diagdown \\ \diagup \end{array}NCOCl$$

$$C_6H_5$$

speziell für Rhodinolbestimmungen sehr geeignet. Ebenso bewährt sich dasselbe für die Charakterisierung des Furfuralkohols (Erdmann[3])). Man erhitzt 5 g Furfuralkohol mit 11,5 g Diphenylharnstoffchlorid und 6,5 g Pyridin 1 Stunde lang im kochenden Wasserbade, trägt in heisses Wasser ein und lässt erkalten. Die ausgeschiedene Kristallmasse wird aus Alkohol und Ligroin gereinigt.

Darstellung des Diphenylharnstoffchlorids: 250 g Diphenylamin werden in 700 ccm Chloroform gelöst und 120 ccm wasserfreies Pyridin zugegeben. Diese Mischung kühlt man in einem Kolben auf 0° ab und leitet 147 g Phosgen ein. Nach 5—6 stündigem Stehen destilliert man das Chloroform aus dem Wasserbade ab und kristallisiert den Rückstand aus 1500 ccm Weingeist um. Man erhält 300 g kristallisiertes Karbaminchlorid, in der Mutterlauge bleibt hiebei salzsaures Pyridin. Nach nochmaligem Umkristallisieren aus einem Liter Weingeist ist das Diphenylkarbaminchlorid rein und zeigt den Smp. 84°.

E. Alkylierung der Hydroxylgruppe[4]).

Der Hydroxylwasserstoff der Phenole und primären Alkohole lässt sich alkylieren und in den so entstehenden Äthern kann

---

[1]) Gattermann und G. Schmidt, B. **20**, 858 (1887). — Gattermann, Ann. **244**, 30 (1888).

[2]) J. pr. (2) **53**, 45 (1896). — (2) **56**, 7 (1897).

[3]) B. **35**, 1851 (1902).

[4]) Siehe auch pag. 59 ff.

man nach Zeisel[1]) die Zahl der eingetretenen Alkylgruppen ermitteln.

Im allgemeinen lassen sich Phenoläther durch „saure Esterifikation" nicht gewinnen, wenn aber durch Häufung von negativierenden Gruppen die OH-Gruppe reaktionsfähiger wird, kann sie auch durch Säuren und Alkohol esterifizierbar werden.

So liefert Phloroglucin mit Salzsäure und Alkohol den Dimethyl-[2]) und bei energischer Durchführung dieser Operation sogar einen Trimethyläther[3]), Anthrol sowie α- und β-Naphtol zeigen analoges Verhalten[4]) und mit Schwefelsäure kann man sowohl die Naphtole[5]) als auch sogar das p-Bromphenol und das Phenol selbst (bis zu 25 $^0/_0$) ätherifizieren[6]). Auch das phenolische Hydroxyl des p-Oxytriphenylkarbinols lässt sich mittelst Salzsäure und Alkohol esterifizieren[7]) und ebenso entsteht beim Kochen von p-Oxybenzaldehyd mit Methylalkohol und Schwefelsäure Anisaldehyd in kleinen Mengen (Hans Meyer).

Sehr interessant ist ferner die Bildung von Tetrabrommorinäther bei der Bromierung von Morin in alkoholischer Lösung[8]), und analog ist wahrscheinlich die Bildung von Spriteosin beim Erhitzen von Fluorescein mit Alkohol und Brom unter Druck zu erklären.

Derartig reaktives Hydroxyl besitzt aber trotzdem keine „sauren" Eigenschaften: ja es sind vereinzelte Fälle bekannt, wo sich sogar „alkoholisches" Hydroxyl — allerdings in Verbindung mit lauter negativen Gruppen — durch alkoholische Salzsäure esterifizierbar erwies, z. B. in der von Geisenheimer und Anschütz[9]) studierten Substanz:

$$
\begin{array}{ll}
\begin{array}{c}
\mathrm{COO\,Alk} \\
|\\
\mathrm{HO-C-NH} \\
|\quad\quad| \\
\quad\;\;\mathrm{CO,} \\
|\quad\quad| \\
\mathrm{HO-C-NH} \\
|\\
\mathrm{COO\,Alk}
\end{array}
&
\text{welche leicht den Diäthyläther:}
\end{array}
\qquad
\begin{array}{c}
\mathrm{COO\,Alk} \\
\mathrm{C_2H_5O}\diagdown\;| \\
\quad\mathrm{C-NH} \\
|\quad\quad| \\
|\quad\quad\mathrm{CO} \\
|\quad\quad| \\
\quad\mathrm{C-NH} \\
\mathrm{C_2H_5O}\diagup\;| \\
\mathrm{COO\,Alk}
\end{array}
$$

---

[1]) Vide Methoxylbestimmung.

[2]) Will, B. **17**, 2106 (1884). — B. **21**, 603 (1888).

[3]) Herzig u. Kaserer, M. **21**, 875 (1900).

[4]) Liebermann u. Hagen, B. **15**, 1427 (1882).

[5]) Henriques, Ann. **244**, 72 (1887).

[6]) Armstrong und Panisset, Soc. **77**, 44 (1900).

[7]) Bistrzycki u. Herbst, B. **35**, 3134 (1902).

[8]) Benedikt u. Hazura, M. **5**, 667 (1884). — Herzig, M. **18**, 706 (1897).

[9]) Ann. **306**, 41, 54 (1899).

liefert. Ebenso leicht lassen sich die Karbinole des Bittermandelölgrüns[1]), Kristallvioletts[2]) und Triphenylkarbinols[3]) esterifizieren.

Die allgemein übliche Ätherifizierungsart für Phenole ist das Behandeln ihrer Metallverbindungen, namentlich der Silber-, Natrium- und Kaliumphenolate mit Jod- oder Bromalkyl in alkoholischer oder wässerig - alkoholischer Lösung. Diesem altbewährten Verfahren schliessen sich zwei moderne, ausserordentlich wertvolle Methoden an [4]).

Die Methylierung mittelst Diazomethan hat v. Pechmann[5]) eingeführt. Sie wird bei der Besprechung der Esterifikation von Karbonsäuren erörtert werden.

Dimethylsulfat als Alkylierungsmittel, auch bei Phenolen anzuwenden, haben Ullmann und Wenner[6]) gelehrt (Näheres pag. 62).

Nach den Untersuchungen von Herzig und Zeisel[7]) vermögen alle 1.3 Dioxybenzole bei der Ätherifizierung mit Kali und Jodalkyl Alkylgruppen am Kohlenstoff zu fixieren, falls keine anderen Gruppen hinderlich sind.

In der Phloroglucinreihe werden hiebei ausschliesslich bisekundäre und gänzlich sekundäre Verbindungen gewonnen[8]). — Ein Einfluss der schon vorhandenen Methylgruppen macht sich dabei insoferne geltend, als das symmetrische Trimethylphloroglucin, ausschliesslich das gleichfalls symmetrisch konstituierte Hexamethylphloroglucin, das Dimethylphloroglucin, in welchem die Methylgruppen an zwei verschiedenen C-Atomen haften, Tetra-

---

1) O. Fischer, Ann. **206**, 132 (1880). — B. **33**, 3356 (1900).

2) Rosenstiehl, C. r. **120**, 192, 264, 331 (1895).

3) Herzig u. Wengraf, M. **22**, 610 (1901). — Mamontoff, Z. russ. **29**, 220 (1897).

4) Weitere Ätherifizierungsarten Krafft u. Roos D. R. P. 76574 und Moureu, Bull. (3) **19**, 403 (1898).

5) B. **28**, 856 (1895). — B. **31**, 64 (1898). — B. **31**, 501 (1898). — Ch. Ztg. (**1898**) 142.

6) B. **33**, 2476 (1900). — D. R. P. 122851 (1900). — Graebe u. Aders, Ann. **318**, 365 (1901).

7) Herzig u. Zeisel, M. **9**, 217 (1888). — **9**, 882 (1888). — **10**, 144, 435 (1889). — **11**, 291, 311, 413 (1890). — **14**, 376 (1893). — Margulies, M. **9**, 1045 (1888). — **10**, 459 (1889). — Spitzer, M. **11**, 104, 287 (1890), — Ulrich, M. **13**, 245 (1892). — Reisch, M. **20**, 488 (1899). — Henrich, M. **20**, 540 (1899). — Pollak, M. **18**, 745 (1897). — Kraus, M. **12**, 191, 368 (1891). — Ciamician und Silber Gazz. **22** (2), 53 (1892). — Hostmann, Inaug.-Diss. Rostock, pag. 30 (1895). — A. W. Hofmann, B. **11**, 800 (1878). — Březina, M. **22**, 346, 590 (1901). — Hirschel, M. **23**, 181 (1902). —

8) Soweit Methyl- und Äthylgruppen in Frage kommen. Über die Einwirkung höherer homologer Alkyle: Kaufler, M. **21**, 993 (1900).

und Hexamethylphloroglucin liefert, während das Monomethylphloroglucin analog dem Phloroglucin selbst, alle drei Ketoformen nebeneinander bildet.

Bei der Alkylierung der echten Dialkyläther entstehen die wahren Trialkyläther[2], in den Monoalkyläthern hingegen bleibt wohl die Alkyloxydgruppe erhalten, die neu eintretenden Alkyle dagegen gehen an den Kohlenstoff[3].

Bei den Phloroglucinkarbonsäurederivaten[4] zeigt sich die bei den Phloroglucinhomologen konstatierte Herabsetzung der Alkylierungsfähigkeit in noch weit höherem Masse, indem weder mittelst Salzsäure und Alkohol, noch mittelst Natrium und Jodalkyl eine Alkylierung derselben (auch nicht der Methyläthersäuren) stattfindet.

Dieselbe gelingt indessen leicht mittelst Diazomethan.

Auch bei der Acetylierung macht sich hier diese Abnahme der Reaktionsfähigkeit bemerkbar.

Zur Theorie dieser Vorgänge siehe Herzig und Zeisel a. a. O. und ferner Henrich, M. **20**, 540 (1899). — Kaufler, M. **21**, 1002 (1900).

Andererseits ist Hydroxyl, das sich zu einem Karbonylsauerstoff in Orthostellung befindet, nach den Erfahrungen von Herzig[5], Schunk und Marchlewsky[6], Konstanecki[7] und Perkin[8] zwar durch Acylierung, nicht aber durch Alkylierung nachweisbar.

Die Phenoläther sind im Gegensatze zu den Säureestern meist sehr schwer und zwar nur durch Säuren bei höherer Temparatur (Jodwasserstoffsäure bei 127°, Salzsäure bei 150°, kochende Schwefelsäure) oder durch wasserfreies Aluminiumchlorid verseifbar, während sie von Alkalien noch viel schwerer angegriffen werden.

Es gibt indessen auch Ausnahmen von dieser Regel.

So zerfällt Methylpikrat schon beim Kochen mit starker Kalilauge in Methylalkohol und Kaliumpikrat (Cahours[9]), Salkowsky[10]

---

1) Will u. Albrecht, B. **17**, 2107 (1884). — Will, B. **21**, 603 (1888). — Herzig u. Theuer, M. **21**, 852 (1900).

2) Pollak, M. **18**, 745 (1897). — Reisch, M. **20**, 488 (1899). — Weidel, M. **19**, 223 (1898). — Weidel u. Wenzel, M. **19**, 236, 249 (1898). — Pollak, M. **18**, 745 (1897). — Herzig u. Hauser, M. **21**, 866 (1900). — Herzig u. Kaserer, M. **21**, 866 (1900).

3) Herzig u. Wenzel, B. **32**, 3541 (1899). — M. **22**, 215 (1901). — M. **23**, 215 (1902).

4) Weidel u. Wenzel, M. **21**, 62 (1900).

5) M. **5**, 72 (1884).

6) Soc. **65**, 185 (1894).

7) B. **26**, 71, 2901 (1893).

8) Soc. **67**, 995 (1895). — **69**, 801 (1896).

9) Ann. **69**, 237 (1849).

10) Ann. **174**, 259 (1874).

und analog wird Methylanthrol durch alkoholisches Kali zersetzt (Liebermann und Hagen[1]). — Über Kumarinsäureäther siehe B. **22**, 1710 (1889). — Beim 15 stündigen Erhitzen mit der doppelten Menge Kali und der vierfachen Menge Alkohol auf $180-200^0$ werden übrigens selbst Veratrol[2], Anisol, Anetol und Phenetol entalkyliert[3].

Ester, welche gegen Säuren sehr empfindlich sind, kristallisiert man aus Methylalkohol, der ca. 0,1 %/o Ätzkali enthält[4].

Den angeführten Alkylierungsmethoden ist noch die speziell auch für alkoholisches Hydroxyl und für Oxysäuren verwertbare Methode von Purdie und Lander[5] anzureihen: die zu alkylierende Substanz wird mit trockenem Silberoxyd und Jodalkyl mehrere Stunden lang, eventuell im Einschmelzrohre, erhitzt.

In manchen Fällen kann dabei auch Oxydation eintreten. So wird z. B. bei der Alkylierung von Benzoin ein Teil zu Benzaldehyd und Benzoesäure oxydiert, und letztere dann esterifiziert.

Über die Alkylierung von Karbinolverbindungen: Herzig und Wengraf M. **22**, 601 (1901).

Benzylierung der Phenole.

Um Phenole zu benzylieren, erhitzt man dieselben in alkoholischer Lösung mit der berechneten Menge Natriumalkoholates und Benzylchlorid mehrere Stunden unter Rückflusskühlung am Wasserbade und filtriert dann noch heiss vom ausgeschiedenen Kochsalze[6] oder giesst in Wasser und kristallisiert um.

Die Silberphenolate reagieren besser als mit Benzylchlorid mit dem auch sonst zu Benzylierungen empfohlenen Benzyljodid[7].

Das Silbersalz wird mit einer benzolischen Lösung der äquivalenten Menge Benzyljodid auf dem Wasserbade unter Rückfluss so lange gekocht, bis die stechenden Dämpfe des Jodids verschwunden sind. Man filtriert, dampft zur Trockne und kristallisiert (etwa aus

---

1) B. **15**, 1427 (1884).

2) Bouveault, Bull. **19**, 75 (1898).

3) Störmer u. Kahlert, B. **34**, 1812 (1901). — Kahlert, Dissertation, Rostock **1902**, pag. 74.

4) Herzig u. Wengraf, M. **22**, 608 (1901).

5) Wurtz, Ann. Chim. (3) **46**, 222 (1856). — Erlenmeyer, Ann. **126**, 306 (1863). — Linnemann, Ann. **161**, 37 (1872). — Purdie und Pitkeathly, Soc. **75**, 157 (1899). — Purdie und Irvine, Soc. **75**, 485 (1899). — Mc. Kenzie, Soc. **75**, 754 (1899). — Druce Lander, Proc. **16**, 6, 90 (1900). — Soc. **77**, 729 (1900). — Liebermann und Lindenbaum, B. **35**, 2913 (1902).

6) Haller u. Guyot, C. r. **116**, 43 (1893).

7) Auwers u. Walker, B. **31**, 3040 (1898).

Ligroin) um. — Auch mit Nitrobenzylchlorid kann man benzylieren. Über die Darstellung von Benzyljodid siehe Ann. **224**, 126 (1884).

F. Bestimmung der Hydroxylgruppe durch Phenylisocyanat[1]).

Durch Einwirkung molekularer Mengen von Phenylisocyanat auf Hydroxylderivate entstehen Phenylkarbaminsäureäther[2]) nach der Gleichung:

$$ROH + CO . N . C_6H_5 = RO\, CO\, NH\, C_6H_5.$$

Oft findet die Reaktion schon bei gewöhnlicher Temperatur statt, in der Regel aber erhitzt man die berechneten Mengen der Komponenten im Kölbchen auf vorgewärmtem Sandbade rasch zum Sieden. Die eingetretene Reaktion wird unter Schütteln und geringem Erwärmen zu Ende geführt[3]).

Mehrwertige Phenole werden 10—16 Stunden im Einschlussrohre erhitzt (Snape)[4]). Körper, welche bei dieser Temperatur Wasser abspalten, zersetzen das Phenylisocyanat in Kohlendioxyd und Karbanilid[5]) [6]).

Auch beim Kochen im offenen Kölbchen ist, zur Vermeidung der Bildung grösserer Mengen von Diphenylharnstoff, die Dauer des Erhitzens tunlichst abzukürzen. Aus der zu einem weissen Brei erstarrten Masse entfernt man durch wenig absoluten Äther — gewöhnlich noch besser durch Benzol — etwas unangegriffenes Phenylisocyanat, wäscht nach dem Verjagen des Äthers oder Benzols mit kaltem Wasser und kristallisiert aus Alkohol, Essigäther oder Äther-Petroleumäther um, wobei der schwerlösliche Diphenylharnstoff zurückbleibt.

Manche Urethane vertragen weder Erhitzung noch Umkristallisieren aus hydroxylhaltigen Medien. So wird das von Knorr beschriebene Urethan:

$$CH_3 - C = CH - C = C\!\!\begin{array}{l} ^{\diagup CH_3} \\ _{\diagdown OCONHC_6H_5} \end{array}$$
$$\quad\;\; |\qquad\qquad\; | $$
$$\quad\;\; O \text{———} CO$$

sowohl beim Schmelzen, als auch beim Kochen mit Alkohol gespalten,

---

[1]) Hofmann, Ann. **74**, 3 (1850). — B. **18**, 518 (1885). — Snape, B. **18**, 2428 (1885).

[2]) Knorr, Ann. **303**, 141 (1898). — W. Wislicenus, Ann. **308**, 233 (1899).

[3]) Tessmer, B. **18**, 969 (1885).

[4]) B. **18**, 2428 (1885).

[5]) Tessmer, B. **18**, 969 (1885).

[6]) Beckmann, Ann. **292**, 16 (1896).

wird aber unverändert aus siedendem B e n z o l oder Ä t h e r zurückerhalten[1]).

Treten elektronegative Gruppen substituierend in den Hydroxylkörper
ein, so nimmt die Reaktionsfähigkeit ab oder erlischt ganz.

Pikrinsäure gibt selbst bei 180° unter Druck keinen Karbaminsäure-
äther[2]) und ebensowenig reagiert Triphenylkarbinol[3]).

Über Einwirkung von Phenylisocyanat auf P y r i d o n e : B. **23**,
272 (1890).

Über einen Fall von anormaler Wirkung: E c k a r t , Arch. **229**,
369 (1891).

Bei der Untersuchung schwefelhaltiger Substanzen ist zu berücksichtigen, dass die SH-Gruppe sich dem Reagens gegenüber ebenso verhält,
wie Hydroxyl[4]).

D a r s t e l l u n g v o n P h e n y l i s o c y a n a t (H. G o l d s c h m i d t)[5])

Je 15 g käuflichen Phenylurethans werden in kleinen Retorten mit
dem doppelten Gewichte Phosphorpentoxyd gemengt. Die Mischung wird
mit der leuchtenden Flamme des Bunsenbrenners erhitzt und das Destillat
mehrerer Portionen in einem Fraktionierkolben aufgefangen. Einmaliges
Destillieren genügt, um ein reines Präparat zu erzielen.

Die Ausbeute beträgt 52—53 %.

Nach einem patentierten Verfahren[6]) kann man zweckmässig auch
folgendermassen vorgehen: 13 Teile trockenes Anilinchlorhydrat werden
mit 11 Teilen Phosgen, welche in 40 Teilen Benzol gelöst sind, unter Druck
auf 120° erhitzt. Man bläst die nach der Gleichung:

$$C_6H_5NH_2 \cdot HCl + COCl_2 = C_6H_5NCO + 3\,HCl$$

entstandene Salzsäure ab und destilliert dann.

Zunächst geht das Benzol mit noch viel Salzsäure und überschüssigem
Phosgen über, dann steigt das Thermometer rasch, worauf bei 166° das
Phenylisocyanat überdestilliert, welches durch nochmalige Destillation vollkommen rein gewonnen wird. Aus salzsaurem p-Phenetidin und Phosgen
erhält man auf ähnliche Weise das p-Äthoxykarbanil $C_2H_5O \cdot C_6H_4 \cdot NCO$.

G. Bestimmung der Phenole mittelst Natriumamid.

Natriumamid wird durch Phenole nach der Gleichung
$$R.OH + NaNH_2 = RONa + NH_3$$
zersetzt.

S c h r y v e r[7]) benutzt diese Reaktion zur quantitativen Bestimmung
des phenolischen Hydroxyls („H y d r o x y l z a h l").

---

[1]) Ann. **303**, 141 (1899).

[2]) G u m p e r t , J. pr. Ch. (2) **31**, 119 (1885). — (2) **32**, 278 (1885).

[3]) K n o e v e n a g e l , Ann. **297**, 141 (1897), vgl. B. **32**, 692 (1899).

[4]) G o l d s c h m i d t u. M e i s s l e r , B. **23**, 272 (1890).

[5]) B. **25**, 2578 Anm. (1892).

[6]) D. R. P. 133760.

[7]) Soc. Ind. **18**, 533 (1899).

Ungefähr ein Gramm feingepulvertes Natriumamid[1]) wird ein paarmal mit kleinen Quantitäten thiophenfreien Benzols gewaschen und dann in ein Kölbchen von 200 ccm Inhalt gebracht, dessen doppelt durchbohrter Kork einen Scheidetrichter und einen Rückflusskühler trägt. Letzterer ist wieder mit einem Absorptionsgefässe für das Ammoniak und mit einem Aspirator verbunden.

In das Kölbchen werden 60 ccm Benzol gebracht und 10 Minuten lang auf dem Wasserbade gekocht, während ein Strom von kohlensäurefreier trockener Luft durchgesaugt wird, um durch eventuellen Wassergehalt des Benzols gebildetes Ammoniak zu entfernen. Nun werden in den Absorptionsapparat 20 ccm Normalschwefelsäure gebracht und die Lösung des Phenols in reinem Benzol, die durch längeres Stehen über geschmolzenem Natriumacetat vollständig getrocknet sein muss, durch den Scheidetrichter eingesaugt und weiter gekocht. Schliesslich wird das Ammoniak unter Verwendung von Methylorange als Indikator titriert.

Die Methode ist auf ± 2 % genau.

H. Bestimmung der Phenole als Oxyazokörper.

Mit Diazokörpern geben Phenole, in denen die Parastellung oder eine der beiden Orthostellungen unbesetzt ist[2]), Oxyazokörper von meist intensiv roter oder rotgelber Farbe. Als Diazokomponente verwendet man zweckmässig entweder diazotierte Sulfanilsäure[3]) oder Diazoparanitroanilin.

Letzteres Reagens verwendet Bader[4]), um Phenole quantitativ als Azofarbstoffe zu fällen.

Die Reaktion verläuft nach der Gleichung:

$$C_6H_4NO_2N : NCl + C_6H_5OH + 2\,NaOH = C_6H_4NO_2N : NC_6H_4ONa + NaCl + 2\,H_2O.$$

50 ccm einer wässerigen Lösung des zu untersuchenden Phenols, die nicht mehr als 0,1 g Phenol enthalten darf, werden mit 10 ccm einer 5 %igen Sodalösung versetzt, 20 ccm der Diazolösung zugefügt und unter Kühlen und starkem Umschütteln tropfenweise 1:5 verdünnte Schwefelsäure zugesetzt, bis Entfärbung der Lösung und vollständige Abscheidung des Farbstoffes eingetreten ist. Alsdann muss die Lösung stark sauer reagieren. Man lässt einige Stunden stehen, filtriert durch ein bei 100° getrocknetes gewogenes Filterröhrchen, wäscht aus bis zum Verschwinden der Schwefelsäurereaktion

---

1) Eine bequeme Darstellungsweise desselben siehe Chem. News **69**, 143 (1894).

2) Nölting u. Kohn, B. **17**, 358, Anm. (1884).

3) Ehrlich, Z. f. kl. Med. **5**, 285 (1885).

4) Buletin. societ. de sciente din Bucuresci **8**, 51 (1899).

und wägt nach dem Trocknen bei 100⁰. Die Phenollösung darf weder Ammoniak noch Ammonsalze oder Amine enthalten.

Darstellung der p-Diazonitroanilinlösung. 5 g Paranitranilin werden in einer $^1/_2$ l fassenden Stöpselflasche mit 25 ccm Wasser und 6 ccm konzentrierter Schwefelsäure versetzt, nach dem Schütteln noch 100 ccm Wasser und eine Lösung von 3 g Natriumnitrit in 25 ccm Wasser zugesetzt und auf 500 ccm aufgefüllt. Man hebt das Reagens im Dunkeln auf, nachdem man ev. Ungelöstes abfiltriert hat.

Die Resultate sind eine Kleinigkeit zu niedrig.

F. Während bei der Baderschen Methode die Bestimmung des Phenols auf die Abscheidung eines unlöslichen Azofarbstoffs mittelst diazotierten Paranitroanilins gegründet ist, wendet man in der Praxis der Farbenchemie, namentlich zu der häufig auszuführenden Bestimmung von Phenolsulfosäuren, Metanitroanilin an, welches einheitliche, leicht lösliche Azofarbstoffe bildet und ein sehr allgemeines Kuppelungsvermögen besitzt.

Die zu untersuchende Substanz wird in wässeriger Lösung in eine Porzellanschale gebracht, mit viel gesättigter Kochsalzlösung vermischt und nun die diazotierte Metanitroanilinlösung unter gutem Rühren solange eintropfen lassen, bis die Tüpfelprobe beim Auslaufenlassen eines Tropfens auf Filtrierpapier gegen einen Tropfen Diazolösung die Beendigung der Farbstoffbildung anzeigt. Es ist also diese Reaktion eine Umkehrung der Aminbestimmungsmethode von Hirsch.

K. Darstellung von Dinitrophenyläthern (Willgerodt)[1]).

Die leichte Beweglichkeit des Chlors im 1. Chlor 2.4 Dinitrobenzol ermöglicht die Bildung der verschiedensten Dinitrophenyläther. Man löst das Chlordinitrobenzol in der betreffenden Alkoholart auf, setzt auf je 1 g desselben 0,25 g Ätzkali (in dem gleichen Alkohol gelöst) zu und erwärmt, falls notwendig, zur Beendigung der Reaktion. Die Kalilösung bereitet man so, dass man das Ätzkali zuerst in Wasser löst und dann mit der gleichen Alkoholmenge versetzt. Auch Phenolkalium reagiert mit Dinitrochlorbenzol.

---

[1]) Ber. **12**, 762 (1879), siehe auch Vongerichten, Ann. **294**, 215 (1896). — Werner, B. **29**, 1151, 1156 (1896). — D. R. P. 75071. — D. R. P. 76504.

II.

Bestimmung der Karboxylgruppe.

Zur quantitativen Bestimmung der Basicität organischer Säuren dienen folgende Methoden:

A. Analyse der Metallsalze der Säure;

B. Titration;

C. Die indirekten Methoden, und zwar:
1. die Karbonatmethode,
2. die Ammoniakmethode,
3. die Schwefelwasserstoffmethode

D. die Baumann-Kuxsche Jodmethode;

E. Untersuchung der Ester;

F. Bestimmung der elektrischen Leitfähigkeit des Natriumsalzes der Säure.

A. Bestimmung der Karboxylgruppe durch Analyse der Metallsalze der Säure.

In vielen Fällen lässt sich die Zahl der Karboxylgruppen in einer organischen Verbindung durch Analyse ihrer neutralen Salze ermitteln.

Namentlich sind Silbersalze für diesen Zweck verwendbar, weil sie fast immer wasserfrei und neutral erhalten werden.

Immerhin sind Ausnahmen bekannt. So kristallisiert das kantharidinsaure Silber mit einem[1]), das Silbersalz der Kamphoglyk-

---

[1]) Homolka, B. **19**, 1083 (1886).

uronsäure mit drei[1]), das metachinaldinakrylsaure Silber mit vier[2]), Molekülen Kristallwasser.

Auch saure Silbersalze sind, wenngleich selten, beobachtet worden[3]) und Oxysäuren, die stark mit negativen Gruppen beladen sind[4]), wie o . o - Dibrompara-oxybenzoesäure, 3 . 5 - Dinitrohydrokumarsäure, 1 . 5 - Dinitroparaoxybenzoesäure und 2 . 6 - Dinitro - 5 - oxy- 3 . 4 - dimethylbenzoesäure nehmen zwei Atome Silber auf.

Viele Silbersalze sind licht- und luftempfindlich, manche auch explosiv, wie das Silberoxalat[5]), das Salz der Lutidonkarbonsäure[6]) der Apophyllensäure[7]) und der Chinolintrikarbonsäure[8]), welch letzteres ausserdem sehr hygroskopisch ist.

Derartige Substanzen werden zur Silberbestimmung im Wasserstoffstrome geglüht, oder mit Salzsäure gekocht[4]), während man sonst gewöhnlich einfach im Porzellantiegel verascht.

Hierbei erhält man oft infolge eines kleinen Kohlegehaltes des Silbers ein wenig zu hohe Zahlen, dann ist das Silber gewöhnlich nicht weiss und glänzend, sondern gelb und matt; man kann in solchen Fällen das Silber wieder in Salpetersäure lösen und nochmals vorsichtig abrauchen und glühen, gewöhnlich genügt einfaches Abrauchen mit Schwefelsäure.

Schwefelhaltige Silbersalze verlangen sehr intensives und anhaltendes Glühen[7]). (Siehe das Register unter „Thiosemikarbazone".)

Silbersalze von halogenhaltigen Substanzen[8]) analysiert man nach der Methode von Vanino[9]), oder man fällt das Silber als Halogensilber auf nassem Wege aus.

Methode von Vanino.

Man versetzt eine gewogene Menge des veraschten Silbersalzes, also ein Gemisch von Silber und Halogensilber, mit konzentrierter Ätznatron- oder Ätzkalilösung und setzt Formaldehyd zu. Die Reaktion vollzieht sich in wenigen Minuten, das Silber scheidet sich in schwammiger Form ab und kann mit Leichtigkeit von anhaftendem Alkali durch Waschen mit Wasser und Alkohol befreit werden. Natürlich wird die Reduktion in einer Porzellanschale vorgenommen. Bei Bromsilber gelingt die Reaktion nur in der Wärme, bei Jodsilber nur bei wiederholtem Aufkochen und erneutem Zusatze von Formaldehyd.

---

[1]) Schmiedeberg u. Meyer, Z. physiol. **3**, 433 (1879).
[2]) Eckhardt, B. **22**, 276 (1889).
[3]) Eine Zusammenstellung findet sich bei Lassar-Cohn, S. 484.
[4]) Perkin, Soc. **75**, 176 (1899).
[5]) B. **16**, 1809 (1883).
[6]) Soc. **67**, 407 (1895).
[7]) Roser, Ann. **234**, 118 (1888).
[8]) B. **16**, 1809 (1883).
[9]) B. **31**, 1763, 3136 (1898).

Kupfersalze sind namentlich in der Pyridin- und Chinolinreihe, Zinksalze in der Fettreihe und zur Charakterisierung von aromatischen Sulfosäuren mit Vorteil angewendet worden. Die Amidosäuren pflegen ebenfalls charakteristische Kupfer- und Nickelsalze zu geben.

Auch Na-, K-, Ca-, Ba- und Mg-Salze, seltener NH_4-, Cd- und Pb-Salze sind zur Basicitätsbestimmung von organischen Säuren herangezogen worden.

Dabei sei erwähnt, dass sich oftmals gerade die sauren Salze von Polykarbonsäuren durch besondere Beständigkeit oder Schwerlöslichkeit auszeichnen. So lässt sich das saure chinolinsaure Kupfer aus Salpetersäure[1]), das saure dipicolinsaure Kalium aus Salzsäure[2]) unverändert umkristallisieren.

Die Kupfersalze mancher Säuren sind etwas flüchtig, das isovaleriansaure Kupfer sogar unzersetzt flüchtig[3]).

In solchen Substanzen muss die Bestimmung des Metalls als Sulfür vorgenommen werden. Siehe Walker, B. **22**, 3246 (1889).

Da übrigens von vielen Säuren gut definierte, neutrale Salze überhaupt nicht darstellbar sind, andererseits auch andere Atomgruppen Metall zu fixieren vermögen, hat diese Methode nur beschränkte Anwendbarkeit.

B. Titration der Säuren.

Ist das Molekulargewicht eines karboxylhaltigen Körpers bekannt, so kann oftmals durch Titration seine Basicität bestimmt werden.

Man kann mit wässeriger oder alkoholischer $^1/_{10}$ Normal-Kali- oder Natronlauge, oder mit wässeriger $^1/_{10}$ Normal-Barythydratlösung arbeiten. Titration mit $^1/_2$ Normal-Ammoniak haben Haitinger und Lieben[4]) sowie Kehrer und Hofacker[5]) vorgenommen.

Von Säuren werden in der Regel Salzsäure oder Schwefelsäure verwendet.

Titrationen in Pyridinlösung mit Natronlauge und Phenolphtalein: Anschütz und Schmidt, B. **35**, 3467 (1902).

Die zum Auflösen der Substanz benutzten Flüssigkeiten (Alkohol, Äther etc.) müssen säurefrei sein oder vorher mit $^1/_{10}$ normaler Lauge genau neutralisiert werden.

---

1) Boeseken, Rec. **12**, 253 (1893).
2) Pinner, B. **33**, 1229 (1900).
3) Kinzel, Pharm. Zentralh. **43**, 37 (1902).
4) M. **6**, 292 (1895).
5) Ann. **294**, 171 (1896).

Als Indikatoren werden Phenolphtalein, Methylorange, Lakmoïd, seltener Rosolsäure, Kurkuma oder Lakmus verwendet. Auf Kohlensäure ist immer entsprechend Rücksicht zu nehmen. Bei dunkel gefärbten Flüssigkeiten ist oft Alkaliblau[1]) mit Vorteil anwendbar.

Als Kuriosum sei auch der Versuch von Richards[2]) erwähnt, den Neutralisationspunkt durch den Geschmackssinn zu bestimmen.

Aber nicht nur Karbonsäuren, sondern auch gewisse Phenole, wie Pikrinsäure[3]), Oxymethylenverbindungen, wie z. B. Acetyldibenzoylmethan[4]), Oxymethylenacetessigester[5]), Oxylaktone wie Tetrinsäure[4]) und Tetronsäure[6]), Hydroresorcine[7]), 1-Phenyl-3-methyl-5-pyrazolon[4]) und endlich Saccharin[10]) lassen sich glatt in wässeriger oder alkoholischer Lösung titrieren.

Ebenso reagieren manche Aldehyde, wie Glyoxal, Salicylaldehyd, p-Oxybenzaldehyd und Vanilin, ferner substituierte Ketone, wie Monochloraceton und Bromacetophenon mit Phenolphtalein als Indikator wie einbasische Säuren[9]).

Andererseits zeigen[10]) gewisse Aminosäuren infolge intramolekularer Kompensation eine Abschwächung des sauren Charakters, die bis zur vollständigen Neutralität gehen kann[11]).

---

[1]) Marke II OLA der Höchster Farbwerke, siehe Freundlich, Öst. Ch. Ztg. **4**, 441 (1901).

[2]) Am. **20**, 125 (1898). — Siehe auch Kastle, Am. **20**, 466 (1898).

[3]) Küster, B. **27**, 1102 (1894). — Küster hat die Titrierbarkeit der Pikrinsäure zu einer quantitativen Bestimmungsmethode für die Additionsprodukte derselben mit Kohlenwasserstoffen, Phenolen etc. ausgearbeitet.

[4]) Knorr, Ann. **293**, 70 (1896).

[5]) Claisen, Ann. **297**, 14 (1897).

[6]) Wolff, Ann. **291**, 226 (1896).

[7]) Schilling u. Vorländer, Ann. **308**, 184 (1899).

[8]) Hans Meyer, M. **21**, 945 (1900). — Glücksmann, Pharm. Post **34**, 234 (1901).

[9]) Astruc u. Murco, C. r. **131**, 943 (1901). — Welmans, Pharm. Ztg. (**1898**) 634. — Die Angabe von Astruc und Murco, dass auch das Piperonal sich titrieren lasse, ist irrtümlich; dasselbe reagiert vielmehr gegen Phenolphtalein vollkommen neutral. — Hans Meyer, Anz. Kais. Ak. d. Wiss. Wien 9. Juli 1903.

[10]) Hans Meyer, M. **21**, 913 (1900). — M. **23**, 942 (1902).

[11]) Über die Acidimetrie organischer Säuren siehe auch noch Degener, Festschrift der Herzogl. Techn. Hochschule in Braunschweig, Friedr. Vieweg u. S. (1897), pag. 451 ff. Imbert u. Astruc, C. r. **130**, 35 (1900). — Astruc, C. r. **130**, 253 (1900).

C. Indirekte Methoden.

Die indirekten Methoden zur Basicitätsbestimmung organischer Säuren lassen sich nach der Art der durch die Säure verdrängten Substanz unterscheiden als

1. Karbonatmethode,
2. Ammoniakmethode,
3. Schwefelwasserstoffmethode,
4, Jod - Sauerstoffmethode.

1. Karbonatmethode (Goldschmiedt und Hemmelmayr)[1])

Eine gewogene Menge Substanz (0,5 bis 1 g) wird in Lösung in ein Kölbchen mit dreifach durchbohrtem Stopfen gebracht. Durch eine Bohrung geht ein bis knapp unter den Stopfen reichendes, aufsteigendes Kugelrohr, durch die zweite ein bis an den Boden des Kölbchens reichendes, ausgezogenes und am unteren Ende hakenförmig nach aufwärts gebogenes Glasrohr; die dritte Bohrung trägt einen kleinen Tropftrichter mit Hahn, dessen unteres Ende ebenfalls ausgezogen und hakenförmig aufgebogen ist und unter das Niveau der Flüssigkeit taucht.

Durch diesen kleinen Trichter lässt man in siedendem Wasser aufgeschwemmten kohlensauren Baryt zu der schwach kochenden Lösung successive hinzutreten.

Die entbundene Kohlensäure wird durch einen langsamen Strom kohlensäurefreier Luft durch zwei Chlorcalciumröhren in einen gewogenen Absorptionsapparat überführt.

Man lässt erkalten, kocht nochmals auf und wägt das Absorptionsrohr nach dem Erkalten im Luftstrome [2]).

2. Ammoniakmethode (Parker C. Mc. Ilhiney[3]).

Die Säure (ca. 1 g) wird in überschüssiger alkoholischer Kalilauge gelöst (der Alkoholgehalt der Lösung soll gegen 93 % betragen) und auf 550 ccm gebracht. Man leitet eine Stunde lang Kohlensäure durch die Flüssigkeit, bis alles freie Alkali als Karbonat und Bikarbonat gefällt ist, filtriert, wäscht mit 50 ccm 93%igem Alkohol, destilliert das Lösungsmittel ab und versetzt den Rückstand mit 100 ccm einer 10%igen Salmiaklösung.

---

1 M. **14**, 210 (1893).

2) Über ein auf der Zersetzung von $NaHCO_3$ beruhendes Verfahren siehe Vohl, B. **10**, 1807 (1877) und C. Jehn, B. **10**, 2108 (1877).

3) Am. **16**, 408 (1894).

Das Kalisalz der Säure zersetzt das Chlorammonium unter Entbindung der äquivalenten Menge Ammoniak, welches abdestilliert und in gewöhnlicher Weise titriert wird.

Da 100 ccm 93%igen Alkohols soviel Alkalikarbonat lösen, als 0,34 ccm Normalsäure entspricht, muss bei der Berechnung eine entsprechende Korrektur angebracht werden.

Auch muss man, durch eine blinde Probe, bei der man 100 ccm der NH_4Cl-Lösung ebenso lange kochen lässt wie bei dem Versuche (etwa 1 bis 2 Stunden), konstatieren, wieviel Ammoniak durch Dissoziation des Salmiaks mit den Wasserdämpfen flüchtig ist, und dies in Rechnung ziehen.

Die Methode gibt bei den schwächeren Fettsäuren gute Resultate und wird namentlich bei dunkel gefärbten Lösungen, welche keine Titration gestatten, mit Vorteil angewandt.

F. Jean[1]) bestimmt in ähnlicher Weise die Acidität bezw. Alkalinität gefärbter Substanzen. Bei alkalischer Reaktion wird eine bekannte Menge Substanzlösung mit überschüssigem Ammonsulfat destilliert und das übergehende Ammoniak mit Salzsäure titriert. Säuren werden mit gemessener überschüssiger Kalilauge versetzt, Ammonsulfat zugesetzt und das bei der Destillation übergehende Ammoniak in Rechnung gestellt.

3. Schwefelwasserstoffmethode (Fritz Fuchs)[2]).

Bringt man einen karboxylhaltigen Körper mit einer in Schwefelwasserstoffatmosphäre befindlichen Sulfhydratlösung zusammen, so entwickelt derselbe nach der Gleichung:

$$NaSH + xH_2S + RCOOH = RCOONa + xH_2S + H_2S$$

für jedes Volum durch Metall ersetzbaren Wasserstoffs zwei Volumina Schwefelwasserstoff.

Phenolisches und alkoholisches Hydroxyl, sowie **Hydroxyl der Oxysäuren** reagiert nicht mit den Sulfhydraten.

Laktone (Phtalid, Phenolphtalein) sind im allgemeinen ohne Einwirkung. Alkalilösliche **Laktonsäuren** (Kantharsäure) können aber partiell aufgespalten werden (**Hans Meyer** und **Krczmař**)[3]).

Bereitung der Lösung.

Die zu benutzende Lauge darf nicht konzentriert sein, weil die meisten Alkalisalze in konzentrierter Sulfhydratlösung schwer löslich sind, und so die vollständige und schnelle Einwirkung verhindert würde.

[1]) Annal. chim. anal. appl. (**1897**), II, 445.
[2]) M. **9**, 1132, 1143 (1888). — M. **11**, 363 (1890).
[3]) M. **19**, 715 (1898).

Man benutzt daher eine höchstens 10 %ige Kalilauge, welche
vor Anstellung des Versuches zur Entfernung von Kohlensäure mit
Barytwasser aufgekocht wird. Man lässt in geschlossener Flasche
das Baryumkarbonat sich absetzen und giesst nun die erkaltete, klare
Lösung in das Kölbchen, welches zum Versuche dienen soll. Nun
leitet man Schwefelwasserstoff im Überschusse ein, wodurch auch
das in Lösung befindliche Barythydrat in Hydrosulfid verwandelt
wird und daher auf den Gang der Analyse keinen Einfluss ausübt.

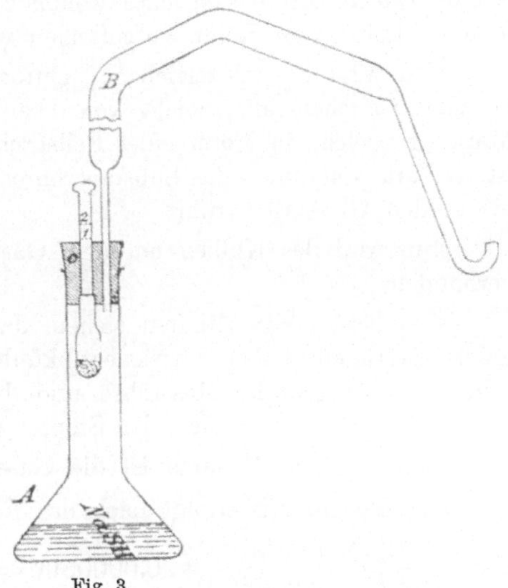

Fig. 3.

Ausführung der Analyse.

Die Bestimmung des entwickelten Schwefelwasserstoffs kann

    a) volumetrisch

    b) titrimetrisch

erfolgen. Bequemer und daher in den meisten Fällen empfehlens-
werter ist die erstere Methode.

a) Volumetrische Bestimmung.

Die Analyse erfolgt nach dem Prinzipe der Viktor Meyer-
schen Dampfdichtebestimmung.

Der Apparat (Fig. 3) besteht aus einem langhalsigen
Kölbchen A, aus dickwandigem Glase und dem erweiterten Gasent-

4*

wickelungsrohre B. Die Verbindung ist durch den Kautschukstopfen C hergestellt, dessen eine Bohrung das Rohr B aufnimmt. In der zweiten befindet sich das Röhrchen mit der Substanz und darüber ein gleichkalibriger Glasstab. Vor Beginn des Versuches ist das Kölbchen zum grössten Teile mit Schwefelwasserstoffgas gefüllt, im oberen Teile des Halses befindet sich etwas Luft.

Das Gasentwickelungsrohr B ist mit trockener Luft gefüllt. Geht die Gasentwickelung vor sich, so verdrängt der entbundene Schwefelwasserstoff ein gleiches Volumen Luft, welches über Wasser in einer kubizierten Röhre aufgefangen wird.

Man wägt die feinzerriebene, getrocknete Substanz (ca. 0,5 g) in dem Röhrchen ab, schiebt von oben den Glasstab ein bis zur Marke 1, welche in Form eines Feilstriches an letzterem angebracht ist, sodann von unten das Substanzröhrchen so weit in die Öffnung, bis es den Glasstab berührt.

Nun wird der Kolben mit dem Gasentwickelungsrohre gasdicht verbunden.

Man lässt einige Minuten stehen, damit die durch das Anfassen etwas erwärmten Stellen sich wieder abkühlen, bringt dann das Kapillarrohr unter die gefüllte Messröhre und drückt den Glasstab bis zur Marke 2 herab, wobei man den Stöpsel und nicht das Glas festhält.

Nach wenigen Minuten ist die Gasentwickelung beendet.

Die Berechnung erfolgt nach der Formel:

$$G = \frac{{}^{1}/_{2} \; V \; (b-w)}{760 \; (1 + 0{,}00366 \; t)} \cdot 0{,}0000896 = \frac{V \cdot (b-w) \cdot 0{,}00000005895}{1 + 0{,}00366 \; t}$$

in welcher

      G das Gewicht an ersetzbarem Wasserstoff,

      V das abgelesene Volumen,

      b den Barometerstand,

      w die der Temperatur t entsprechende Tension des Wasserdampfes, 0,0000896 das Gewicht eines Kubikcentimeters Wasserstoff bei 0^{0} und 760 mm

darstellt.

Für einen zweiten oder dritten Versuch kann dieselbe Lösung benutzt werden, es ist nnr nötig, vor jedem neuen Versuche das Gasentwickelungsrohr mit frischer, getrockneter Luft zu füllen.

b) Titrimetrische Bestimmung.

Zur jodometrischen Bestimmung des Schwefelwasserstoffs wird man einen kurzhalsigen Kolben und ein kurzes Gasentwickelungsrohr benutzen, um den Apparat leicht mit Schwefelwasserstoff füllen zu können (Fig. 4).

Wenn die Substanz in den Stopfen justiert ist, wirft man in das Kölbchen ein Stückchen Weinsäure oder Oxalsäure — ca. $^1/_4$ g — und verschliesst mit dem Kautschukstopfen. Der sich entwickelnde reine Schwefelwasserstoff verdrängt die Luft vollkommen aus dem Apparate.

Nach beendigter Gasentwickelung legt man ein kleines Becherglas vor, welches mit konzentrierter Kalilauge gefüllt ist. Da die Lauge den Schwefelwasserstoff stark absorbiert, so steigt sie im Entwickelungsrohre etwas empor; es ist dies jedoch ein Fehler, der sich im Verlaufe des Versuches von selbst korrigiert.

Man lässt nun die Substanz in die Sulfhydratlösung fallen und den entwickelten Schwefelwasserstoff von der Lauge absorbieren.

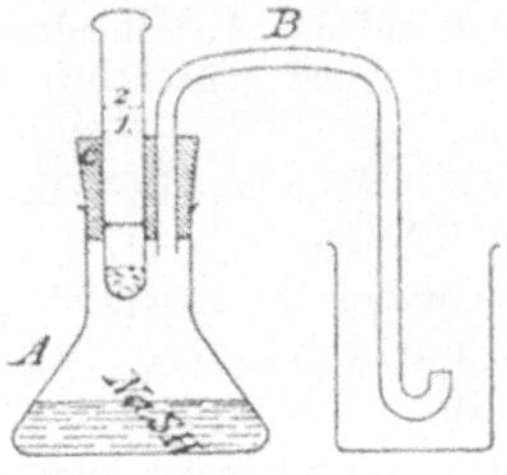

Fig. 4.

Nach Beendigung der Gasentwickelung (1 bis 5 Minuten) senkt man langsam das Becherglas mit der Lauge, um das Gas wieder unter den ursprünglichen Druck zu stellen. Man spült die Lauge in einen geräumigen Kolben, spült auch das aus dem Apparate gezogene Entwickelungsrohr ab, verdünnt mit Wasser auf ca. $^1/_2$ Liter, neutralisiert mit Essigsäure und titriert nach Zusatz von etwas Stärkelösung mit Jodlösung.

Es entspricht:

$$1 \text{ H} = 1 \text{ H}_2\text{S} = 2 \text{ J}.$$

Man hat daher blos das Gewicht des verbrauchten Jodes durch 253 zu dividieren, um das Gewicht des ersetzbaren Wasserstoffs zu erhalten.

Der Fehler, der durch das Hinabdrücken des Glasstabes entsteht, kann durch eine blinde Probe bestimmt werden, ist aber so klein, dass er meistens vernachlässigt werden kann.

Nach einer späteren Mitteilung von Fuchs[1] über das Verhalten der substituierten Phenole etc. gegen Alkalisulfhydrat lassen sich folgende Regeln aufstellen:

---

[1] M. 11, 363 (1890).

1. Einatomige, halogensubstituierte Phenole wirken gar nicht, zweiatomige mit **einem** Hydroxyl auf die NaSH-Lösung.

2. Beim Eintritte einer Nitrogruppe in ein Phenol ermöglicht nur die Besetzung der Parastellung zum Hydroxyl eine Einwirkung.

3. Unter gewissen Umständen kann auch durch den Eintritt von Karbonylgruppen der Phenolhydroxylwasserstoff Säurecharakter erlangen (Methylphloroglucine).

Von diesen Fällen abgesehen, gibt die Methode ein Mittel an die Hand, Phenol- resp. Alkohol-Hydroxyl von Karboxyl zu unterscheiden, was durch die beiden vorhergenannten Methoden nicht mit Bestimmtheit erreicht wird.

c) Jod-Sauerstoffmethode (Baumann-Kux[1]).

Diese Methode beruht auf der Ausscheidung von Jod aus Jodkalium und jodsaurem Kalium durch selbst ganz schwache organische Säuren nach der Gleichung:

$$6\,RCOOH + 5\,JK + JO_3K = 6\,RCOOK + 6\,J + 3\,H_2O.$$

Das ausgeschiedene Jod wird mit alkalischer Wasserstoffsuperoxydlösung gemischt und der entwickelte Sauerstoff gemessen.

$$J_2 + K_2O = JOK + JK$$
$$JOK + JK + H_2O_2 = 2\,JK + H_2O + O_2.$$

Man benutzt zu den gasvolumetrischen Bestimmungen ein etwas modifiziertes Wagner-Knopsches Azotometer[2]). (Fig. 5).

Der **Apparat** besteht aus einem Zersetzungsgefässe, auf dessen Boden in der Mitte ein kleiner, ca. 20 ccm fassender Glaszylinder aufgeschmolzen ist, und einem grossen, mit Wasser gefüllten Glaszylinder, in dessen Deckel zwei kommunizierende Büretten befestigt sind. Ausser den letzteren befindet sich in dem grossen Zylinder noch ein Thermometer. Die Füllung der Büretten mit Wasser geschieht durch Luftdruck, welchen man durch Kompression eines Kautschukballes erzeugt und auf ein mit Wasser gefülltes, durch einen Schlauch mit den Büretten in Verbindung stehendes Gefäss einwirken lässt. Der Gummischlauch ist mit einem Quetschhahne versehen, welchen man beim Füllen und Ablassen des Wassers öffnet. Das Zersetzungsgefäss ist mit einem Kautschukstopfen verschliessbar, durch dessen Mitte eine Glasröhre geht, welche durch einen Gummischlauch mit der graduierten Bürette in Verbindung steht. An der graduierten Röhre ist ein Hahn angebracht[3]), und zwar so, dass unterhalb des Hahnes an der Röhre, welche durch einen Kautschukstöpsel in die Bürette geht, eine Glasröhre angeschmolzen ist, welche mittelst des Kautschuckschlauches

---

1) Z. anal. **32**, 129 (1893).
2) Z. anal. **13**, 389 (1874).
3) Auf der Zeichnung nicht zu sehen.

die Verbindung der Bürette mit dem Zersetzungsgefässe herstellt, während
die Röhre oberhalb des Hahnes offen bleibt, also durch Öffnen und Schliessen
des Hahnes der Temperaturausgleich vollzogen werden kann.

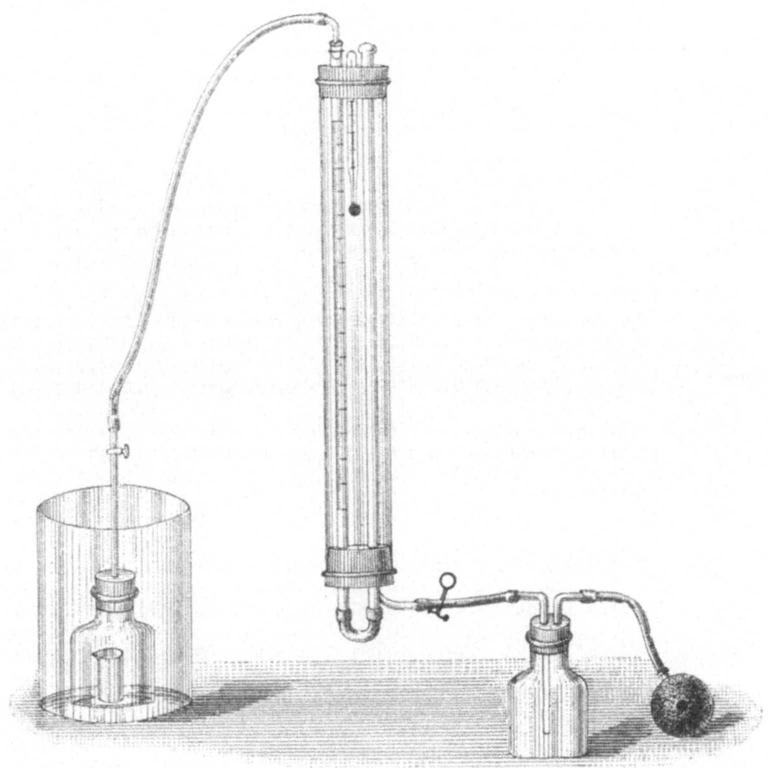

Fig. 5.

Vor und nach der Bestimmung wird das Zersetzungsgefäss in einen
Behälter mit Wasser gestellt, welches dieselbe Temperatur haben muss wie
das Wasser in dem grossen Glaszylinder.

Als Reagentien dienen:
1. Jodkalium, welches ebenso wie das
2. jodsaure Kalium absolut säurefrei sein muss,
3. Wasserstoffsuperoxyd in 2 bis 3%iger Lösung,
4. Kalilauge, aus gleichen Teilen Kalihydrat und Wasser bereitet,
5. frisch ausgekochtes (kohlensäurefreies) destilliertes Wasser.

Karboxylgruppe.

Gewicht eines Kubikzentimeters Wasserstoff in Milligramm für einen Baro-

$\left(\text{Werte von}\right.$

Nach Anton

Man bringe — zur Reduktion der Quecksilbersäule auf 0° — von dem Barometerstand

Barometer-stand mm	10° C. mg	11° C. mg	12° C. mg	13° C. mg	14° C. mg	15° C. mg	16° C. mg	17° C. mg
700	0,07851	0,07816	0,07781	0,07746	0,07711	0,07675	0,07639	0,07603
702	0,07874	0,07839	0,07804	0,07769	0,07713	0,07696	0,07661	0,07625
704	0,07896	0,07861	0,07826	0,07791	0,07756	0,07720	0,07684	0,07647
706	0,07919	0,07884	0,07848	0,07813	0,07778	0,07742	0,07706	0,07670
708	0,07942	0,07907	0,07871	0,07836	0,07800	0,07774	0,07729	0,07692
710	0,07964	0,07929	0,07893	0,57858	0,07823	0,07787	0,07750	0,07714
712	0,07987	0,07952	0,07917	0,07881	0,07845	0,07809	0,07772	0,07736
714	0,08009	0,07975	0,07939	0,07903	0,07868	0,07832	0,07795	0,07759
716	0,08032	0,07997	0,07961	0,07924	0,07890	0,07854	0,07817	0,07781
718	0,08055	0,08019	0,07984	0,07948	0,07912	0,07876	0,07840	0,07803
720	0,08078	0,08043	0,08007	0,07971	0,07935	0,07899	0,07862	0,07825
722	0,08101	0,08065	0,08029	0,07993	0,07957	0,07921	0,07884	0,07847
724	0,08123	0,08087	0,08052	0,08016	0,07979	0,07943	0,07907	0,07869
726	0,08146	0,08110	0,08074	0,08038	0,08002	0,07965	0,07929	0,07891
728	0,08169	0,08133	0,08097	0,08061	0,08024	0,07987	0,07951	0,07913
730	0,08191	0,08156	0,08120	0,08083	0,08047	0,08010	0,07973	0,07936
732	0,08215	0,08179	0,08142	0,08106	0,08069	0,08032	0,07995	0,07958
734	0,08237	0,08201	0,08164	0,08129	0,08091	0,08055	0,08018	0,07980
736	0,08259	0,08224	0,08187	0,08151	0,08114	0,08077	0,08040	0,08002
738	0,08282	0,08246	0,08209	0,08173	0,08136	0,08099	0,08062	0,08024
740	0,08305	0,08269	0,08233	0,08196	0,08158	0,08122	0,08084	0,08047
742	0,08328	0,08291	0,08255	0,08218	0,08181	0,08144	0,08106	0,08069
744	0,08351	0,08314	0,08277	0,08240	0,08203	0,08166	0,08129	0,08091
746	0,08373	0,08337	0,08300	0,08265	0,08226	0,08189	0,08151	0,08113
748	0,08396	0,08360	0,08322	0,08283	0,08248	0,08211	0,08173	0,08135
750	0,08419	0,08382	0,08344	0,08303	0,08270	0,08234	0,08195	0,08158
752	0,08441	0,08404	0,08368	0,08331	0,08293	0,08256	0,08218	0,08180
754	0,08464	0,08428	0,08390	0,08353	0,08315	0,08278	0,08240	0,08202
756	0,08487	0,08450	0,08413	0,08376	0,08338	0,08301	0,08262	0,08224
758	0,08510	0,08472	0,08435	0,08393	0,08360	0,08323	0,08285	0,08246
760	0,08533	0,08496	0,08454	0,08420	0,08382	0,08345	0,08307	0,08269
762	0,08555	0,08518	0,08481	0,08443	0,08405	0,08367	0,08329	0,08291
764	0,08578	0,08541	0,08503	0,08465	0,08428	0,08389	0,08352	0,08313
766	0,08601	0,08563	0,08525	0,08487	0,08450	0,08412	0,08374	0,08335
768	0,08624	0,08586	0,08549	0,08511	0,08473	0,08434	0,08396	0,08357
770	0,08646	0,08608	0,08571	0,08533	0,08495	0,08466	0,08418	0,08380

meterstand von 700 bis 770 mm und für eine Temperatur von 10 bis 25⁰ C.

$$\left.\frac{(b - \omega)\ 0{,}089523)}{760\ (1 + 0{,}00366\ t)}\right).$$

Baumann.

für T = 10–12⁰ C. 1 mm, für T = 13–19⁰ C. 2 mm, für T = 20–25⁰ C. mm in Abzug.

18⁰ C.	19⁰ C.	20⁰ C.	21⁰ C.	22⁰ C.	23⁰ C.	24⁰ C.	25⁰ C.	Barometer-stand
mg	mg	mg	mg	mg	mg	mg	mg	mm
0,07557	0,07529	0,07493	0,07455	0,07417	0,07380	0,07340	0,07300	700
0,07588	0,07552	0,07515	0,07477	0,07439	0,07401	0,07362	0,07322	702
0,07610	0,07574	0,07537	0,07499	0,07461	0,07422	0,07383	0,07344	704
0,07633	0,07595	0,07558	0,07521	0,07483	0,07444	0,07405	0,07366	706
0,07655	0,07618	0,07581	0,07543	0,07505	0,07466	0,07427	0,07387	708
0,07677	0,07640	0,07603	0,07565	0,07527	0,07487	0,07449	0,07401	710
0,07699	0,07662	0,07625	0,07587	0,07548	0,07509	0,07470	0,07432	712
0,07722	0,07684	0,07646	0,07608	0,07570	0,07531	0,07492	0,07453	714
0,07743	0,07706	0,07668	0,07630	0,07592	0,07553	0,07513	0,07473	716
0,07765	0,07728	0,07690	0,07652	0,07614	0,07574	0,07535	0,07495	718
0,07788	0,07749	0,07712	0,07674	0,07635	0,07596	0,07557	0,07516	720
0,07809	0,07772	0,07734	0,07696	0,07657	0,07618	0,07579	0,07538	722
0,07831	0,07794	0,07756	0,07718	0,07679	0,07640	0,07600	0,07560	724
0,07854	0,07816	0,07778	0,07740	0,07701	0,07661	0,07621	0,07582	726
0,07876	0,07838	0,07800	0,07762	0,07723	0,07683	0,07643	0,07604	728
0,07908	0,07860	0,07822	0,07784	0,07744	0,07705	0,07665	0,07624	730
0,07920	0,07882	0,07844	0,07805	0,07766	0,07727	0,07687	0,07646	732
0,07942	0,07904	0,07866	0,07827	0,07780	0,07748	0,07708	0,07668	734
0,07964	0,07926	0,07888	0,07849	0,07810	0,07770	0,07730	0,07689	736
0,07986	0,07948	0,07910	0,07871	0,07831	0,07792	0,07752	0,07711	738
0,08009	0,07970	0,07932	0,07893	0,07853	0,07813	0,07774	0,07732	740
0,08030	0,07992	0,07954	0,07915	0,07875	0,07835	0,07795	0,07754	742
0,08053	0,08014	0,07976	0,07937	0,07897	0,07857	0,07817	0,07776	744
0,08075	0,08036	0,07998	0,07959	0,07919	0,07879	0,07838	0,07797	746
0,08097	0,08058	0,08020	0,07981	0,07940	0,07900	0,07860	0,07819	748
0,08119	0,08080	0,08042	0,08002	0,07962	0,07922	0,07881	0,07840	750
0,08141	0,08102	0,08063	0,08024	0,07984	0,07944	0,07903	0,07862	752
0,08163	0,08124	0,08085	0,08046	0,08006	0,07966	0,07925	0,07883	754
0,08185	0,08146	0,08107	0,08068	0,08028	0,07987	0,07947	0,07905	756
0,08207	0,08168	0,08129	0,08090	0,08050	0,08009	0,07968	0,07927	758
0,08229	0,08190	0,08151	0,08112	0,08071	0,08031	0,07990	0,07949	760
0,08251	0,08212	0,08173	0,08134	0,08093	0,08052	0,08012	0,07970	762
0,08273	0,08234	0,08195	0,08155	0,08115	0,08074	0,08033	0,07992	764
0,08295	0,08256	0,08217	0,08177	0,08177	0,08096	0,08055	0,08013	766
0,08318	0,08278	0,08239	0,08199	0,08199	0,08118	0,08076	0,08034	768
0,08341	0,08301	0,08261	0,08221	0,08221	0,08139	0,08098	0,08056	770

Ausführung des Versuches.

Ca. 0,2 g fein gepulvertes Kaliumjodat und 2 g Jodkalium werden mit etwa 0,1 bis 0,2 g der Säure und 40 ccm Wasser in ein gut schliessendes Stöpselglas gebracht und entweder zwölf Stunden in der Kälte oder $^1/_2$ Stunde bei 70—80° stehen gelassen, bis das Jod vollständig ausgeschieden ist. Hierauf spült man den Inhalt des Stöpselglases mit höchstens 10 ccm Wasser in den äusseren Raum des Entwickelungsgefässes.

Alsdann stellt man eine Mischung von 2 ccm Wasserstoffsuperoxydlösung und 4 ccm Kalilauge her, wobei schwache Erwärmung des Gemisches eintritt, welche man durch Einstellen der Mischung in kaltes Wasser annulliert.

Das Wasserstoffsuperoxyd darf erst kurz vor der Analyse alkalisch gemacht werden, da sich das alkalische H_2O_2 bei längerem Stehen unter Sauerstoffentwickelung zersetzt. Die alkalische Lösung wird mittelst eines Glastrichters in den kleinen Glaszylinder des Entwickelungsgefässes gegossen, derselbe fest mit dem Kautschukstopfen verschlossen und in das Kühlwasser gehängt, welches dieselbe Temperatur besitzt, wie das Wasser des Gasmessapparates.

Nach etwa zehn Minuten, während welcher Zeit der oberhalb der Bürette befindliche Glashahn geöffnet war, verschliesst man denselben und beobachtet nach weiteren fünf Minuten, ob sich der Flüssigkeitsspiegel in den Büretten, welche vorher auf 0 eingestellt wurden, verändert.

Eventuell wäre der Gashahn nochmals fünf Minuten offen zu halten.

Nach Ausgleich der Temperatur lässt man durch Öffnen des Quetschhahnes ungefähr 30—40 ccm Wasser aus den Büretten abfliessen, nimmt das Entwickelungsgefäss aus dem Wasser, fasst dasselbe mittelst eines kleinen Handtuches an dem oberen Rande, ohne die Wandungen mit der Hand zu berühren, und bringt die Flüssigkeit in eine drehende Bewegung, ohne jedoch Wasserstoffsuperoxyd aus dem Glaszylinder treten zu lassen.

Nun mischt man, ohne die drehende Bewegung zu unterbrechen, plötzlich die beiden Flüssigkeiten miteinander, schüttelt das Gefäss noch einige Male kräftig durch und setzt dasselbe in das Kühlwasser zurück.

Die Entwickelung des Sauerstoffs findet sofort statt und ist in wenigen Sekunden beendet. Nachdem das Gefäss etwa zehn Minuten in dem Kühlwasser gestanden, bringt man den Flüssigkeitsstand in den beiden Büretten auf gleiche Höhe und liest ab.

Die Anzahl der gefundenen Kubikcentimeter multipliziert man mit der betreffenden Zahl der Baumannschen[1]) Tabelle (siehe pag. 56 und 57) und erhält so direkt das Gewicht des Karboxylwasserstoffs.

Eine jodometrische Methode zur Bestimmung von Säuren hat Gröger ausgearbeitet, es wird diesbezüglich ein Hinweis auf die Originalarbeit genügen[2]).

---

[1]) Z. ang. **1891**, 328.
[2]) Z. ang. **1890**, S. 353 und 385.

D. Bestimmung der Karboxylgruppen durch Esterifikation.

In sehr vielen Fällen kann man die Unterscheidung von Phenol-
und Karboxylwasserstoff durch Esterifikation der Substanz mit Salzsäure oder Schwefelsäure und Alkohol bewirken.

Nach Viktor Meyer[1]) bilden indessen Säuren, welche die
Gruppierung

$$\text{COOH} \\ | \\ C_t \\ \diagup \diagdown \\ C_t \quad C_t$$

enthalten, mit Alkohol und Salzsäure keinen Ester, wenn sich an
den tertiären äusseren Kohlenstoffatomen die Gruppen

$$Cl, NO_2, Br \text{ oder } J$$

befinden, während die Gruppen mit kleinerem Molekular-
gewichte

$$CH_3, OH, Fl$$

die Esterifikation stark verzögern und erschweren.

Diese „sterischen Hinderungen" können zu Konstitutionsbestim-
mungen verwertet werden.

Zur Esterifizierung mittelst Salzsäure oder Schwefelsäure[2]) und Alkohol empfiehlt sich in vielen Fällen die Vorschrift von E. Fischer und Speier[3]) wonach die zu veresternde
Säure mit der zwei- bis sechsfachen Menge absolutem Alkohol, der
einige Prozente (1—5) Salzsäuregas[4]) oder vielfach noch besser
Schwefelsäure enthält, etwa vier Stunden lang am Rückflusskühler
gekocht wird.

---

1) Die betr. Literatur ist im Lehrbuche von Meyer-Jacobson Bd.
II, 1, pag. 543 Anm. zusammengestellt.

2) Esterifizieren mit Salpetersäure: Bertram, D. R. P. 80711.
— Wolffenstein, B. **25**, 2780 (1892), mit Kaliumbisulfat: D. R. P.
23775. — Benzol-(Naphtalin-)sulfosäure: Krafft u. Roos, B. **26**,
2823 (1893). — D. R. P. 69115. — D. R. P. 76574.

3) Ber. **28**, 1150, 3252 (1895). — Vgl. Markownikoff, B. **6**, 1177
(1873).

4) Zur Darstellung des salzsäurehaltigen Alkohols leitet man in eine
mit absolutem Alkohol beschickte Stöpselflasche, deren Tara und Brutto-
gewicht man kennt, einige Zeit lang trockenen Chlorwasserstoff ein, und
bestimmt durch nochmalige Wägung die Menge der aufgenommenen Salzsäure. Durch Verdünnung kann man dann leicht einen Alkohol von ge-
wünschtem HClgehalte darstellen.

Schwer lösliche Säuren, die beim Kochen stossen, erhitzt man im Einschlussrohre auf 100°.

In manchen Fällen empfiehlt sich auch, die Säure in warmer Schwefelsäure zu lösen und diese Lösung in Alkohol zu giessen (Schleimsäure)[1]. Dieses Verfahren bewährt sich namentlich auch dann, wenn die Säure selbst mittelst konzentrierter Schwefelsäure gewonnen wird; man giesst dann das Reaktionsgemisch direkt unter Kühlung in den Alkohol und erhitzt noch kurze Zeit auf dem Wasserbade (Acetondikarbonsäure[2], Cumalinsäure).

Auch lässt man die Säure auf ein in Alkohol suspendiertes Salz der Säure einwirken[3].

Die Pyridinkarbonsäuren geben beim Einleiten von Salzsäure in ihre alkoholische Lösung zuerst eine Ausscheidung der unlöslichen Chlorhydrate, die sich erst beim andauernden Einleiten von Salzsäuregas in die kochende Flüssigkeit unter Esterbildung lösen.

Auch andere Säuren (Salicylsäuren)[4] erfordern zur vollständigen Esterifizierung andauerndes Kochen unter Einleiten von Salzsäuregas.

Nach Salkowsky[5] gehen die aromatischen Amidosäuren, in Form ihrer mineralsauren Salze (auch Nitrate) beim Kochen mit Alkohol in die Ester über.

Andere Säuren wiederum vertragen keinen Zusatz von Mineralsäure, wie die Brenztraubensäure, deren Ester am besten durch mehrstündiges Kochen äquimolekularer Mengen der Komponenten entsteht[6] und die Furalbrenztraubensäure[7]. Über die kombinierte Wirkung von Schwefelsäure und Salzsäure siehe Einhorn[8].

Um die Ester zu isolieren, destilliert man die Hauptmenge des Alkohols, am besten im Kohlensäurestrome — wenn notwendig

---

[1] Malaguti, Ann. chim. phys. (2), 63, 86.

[2] D. R. P. 32245. — Pechmann, Ann. 261, 155 (1891).

[3] Ann. 52, 283 (1844). — Pierre u. Puchot, Ann. 163, 272 (1872). — Hlasiwetz u. Habermann, Ann. 155, 127 (1870). — Tiemann, B. 27, 127 (1894). — Conrad, Ann. 204, 126 (1880). — Ann. 218, 131 (1883).

[4] V. Meyer u. Sudborough, B. 27, 1581 (1894).

[5] B. 28, 1922 (1895).

[6] L. Simon, Thèses, Paris (1895).

[7] Römer, B. 31, 281 (1898). — Siehe auch Berthelot, Jb. 1858, 419. — Erlenmeyer, Jb. 1874, 572 und ferner pag. 11.

[8] Ann. 311, 43 (1900). — Fortner, M. 22, 939 (1901). — D. R. P 97333.

im Vakuum — ab, versetzt mit verdünnter Sodalösung und schüttelt mit Äther, Chloroform oder Benzol aus. Viele Ester fallen schon auf Wasserzusatz zur Reaktionsflüssigkeit in fester Form aus. Wasserlösliche Ester (der Glykolsäure, Lävulinsäure, Weinsäure) werden nach Fischer und Speier am besten so isoliert, dass die Reaktionsflüssigkeit direkt durch längeres Schütteln mit gepulvertem kohlensaurem Kali neutralisiert, die gelösten Kalisalze durch Zusatz von Äther gefällt, das Filtrat auf dem Wasserbade vorsichtig eingedampft und der Rückstand im Vakuum fraktioniert wird [1]).

Die ebenfalls wasserlöslichen, leicht verseifbaren Ester der Pyridinkarbonsäuren gewinnt man nach Hans Meyer[2]) am besten durch Lösen ihrer Chlorhydrate in Chloroform und Waschen mit sehr verdünnter Sodalösung.

Darstellung der Ester aus den Säurechloriden.

Da nach der bereits beschriebenen [3]) Methode die Säurechloride mittelst Thionylchlorid nunmehr leicht in reinem Zustande erhältlich sind, empfiehlt sich die Esterifikation mittelst derselben in sehr vielen Fällen, da sie ermöglicht, mit einigen Centigrammen sofort den reinen Ester zu gewinnen, was namentlich bei kostbaren Substanzen von Wichtigkeit ist.

Im allgemeinen erfolgt die Umsetzung der Chloride momentan und unter Wärmeentwickelung; feste Chloride bringt man durch kurzes Kochen zur Reaktion. Gewisse diorthosubstituierte aromatische Säurechloride indessen, wie dasjenige der symmetrischen Trichlorbenzoesäure[4]), lassen sich nur sehr schwer oder — wie das Chlorid der 2.3.4.6-Tetrabrombenzoesäure[5]) — überhaupt nicht durch Kochen mit Alkohol in den Ester verwandeln.

Mittelst schwefliger Säure und Alkohol ist zuerst der ψ-Ester der Opiansäure gewonnen worden [6]).

Esterifizierungen mittelst äthylschwefelsauren Kalis haben in der Pyridinreihe gute Dienste geleistet [7]).

---

[1]) Isolieren von Aminosäureestern: Curtius, J. pr. (3) 37, 150 (1888). — E. Fischer, B. 34, 433 (1901).

[2]) M. 22, 112 Anm. (1901).

[3]) pag. 31.

[4]) Sudborough, B. 27, 3155 Anm. (1894). — Soc. 65, 1030 (1894).

[5]) Sudborough, Soc. 67, 599 (1895).

[6]) Wöhler, Ann. 50, 1 (1844). — Anderson, Ann. 86, 194 (1853).

[7]) Hans Meyer, M. 15, 164 (1894).

Noch weit aussichtsvoller erscheint die Anwendung des Dimethylsulfats[1]), das indessen wegen seiner grossen Giftigkeit[2]) mit aller Vorsicht zu verwenden ist.

Mittelst desselben haben schon im Jahre 1835 Dumas und Peligot[3]) Benzoesäureester erhalten. Es erlaubt infolge seines hohen Siedepunktes (188°) stets das Arbeiten in offenen Gefässen und reagiert weit energischer als Halogenalkyl, nicht nur mit Hydroxyl-[4]) und Aminogruppen[5]), sondern unter Umständen auch mit Laktonen, welche aufgespalten werden[6]).

Die Umsetzung erfolgt nach der Gleichung:

$$SO_2 {\diagup OCH_3 \atop \diagdown OCH_3} + R.COOK = SO_2 {\diagup OK \atop \diagdown OCH_3} + R.COO CH_3$$

unter Bildung von methylschwefelsaurem Salz.

Es genügt gewöhnlich kurzes Schütteln der alkalischen Lösung der Säure (Phenol etc.) mit ungefähr der berechneten Menge Dimethylsulfat, um in den meisten Fällen eine fast quantitative Alkylierung zu bewirken. Es werden sowohl mit 10 %iger als auch mit 30 — 40 %iger Lauge gleich gute Resultate erhalten. Die Umsetzung erfolgt in letzterem Falle weit rascher.

In manchen Fällen ist Erhitzen bis auf 180°, oder Arbeiten in einem hochsiedenden Lösungsmittel (Nitrobenzol) erforderlich. Siehe Böck, M. 23, 1009 (1902).

Esterifizierungen mittelst Halogenalkyl.

Zumeist wird Jodalkyl, seltener Bromalkyl auf die Silber-, Blei- oder Alkalisalze einwirken gelassen. Als Verdünnungsmittel empfehlen sich Chloroform, Äther und namentlich Aceton[7]), nicht aber

---

[1]) Ullmann u. Wenner, B. 33, 2476 (1900). — Ullmann, Ann. 327, 104 (1903).

[2]) Chem. Industrie 23, 559 (1900). — Wenner, Dissert. Basel 1902 pag. 37.

[3]) C. 1835, 279.

[4]) Nef, Ann. 309, 186 (1899). — Baeyer u. Villiger, B. 33, 3388 (1900). — Kostanecki u. Lampe, B. 35, 1667 (1902). — Bülow u. Riess, B. 35, 3901 (1902). — Werner, Ann. 321, 269 (1902).

[5]) Claesson u. Lundvall, B. 13, 1700 (1880). — D. R. P. 102634 (1898). — Siehe auch Kaufler u. Pomeranz, M. 22, 494 (1901).

[6]) Französisches Patent 291690 (1889), E. P. 16068 (1899), Alkylierung von Dialkylrhodaminen.

[7]) Busse und Kraut, Ann. 177, 272 (1875). — Stohmann, J. pr. (2) 40, 352 (1889).

die Alkohole. Die Ester der **Phloroglucinkarbonsäure** können nur durch Einwirkenlassen von Jodalkyl **ohne** Verdünnungsmittel auf phloroglucinkarbonsaures Silber erhalten werden (**Herzig** und **Wenzel**)[1]).

Die Reaktion erfolgt oft schon beim Kochen unter Rückflusskühlung, besser unter Druck bei 100^0, auch bei noch höherer Temperatur.

Zur Reinigung der gebildeten Ester löst man dieselben in Äther oder Chloroform und wäscht zuerst mit verdünnter Sodalösung, der man etwas Bisulfit zugefügt hat, dann mit reinem Wasser, trocknet mit Pottasche oder Natriumsulfat und destilliert das Lösungsmittel ab.

Nach Hans Meyer[2]) gehen alle Pyridinkarbonsäuren, welche nicht in beiden α-Stellungen zum Stickstoff substituiert sind, glatt und ausschliesslich in die zugehörigen Betaine, bezw. Jodalkylate über, wenn man sie längere Zeit mit überschüssiger wässeriger Sodalösung und Jodalkyl auf den Siedepunkt des letzteren erwärmt, oder andauernd bei Zimmertemperatur schüttelt.

$\alpha\alpha'$-substituierte Pyridinkarbonsäuren dagegen werden unter diesen Umständen nicht angegriffen, lässt man aber ihre trockenen Kalium- oder Silbersalze längere Zeit mit Jodmethyl in Berührung, so werden sie quantitativ in die Methylester verwandelt.

Die Methode ist ebenso bei **Aminosäuren** im allgemeinen nicht verwertbar[3]) und führt auch sonst (bei Oxysäuren etc.) öfters zu zweideutigen Resultaten; man kann sich indes gewöhnlich durch Verseifung des gebildeten Produktes, oder Behandeln desselben mit Ammoniak davon überzeugen, ob die veresterte Gruppe ein Karboxyl war.

Über Alkylierung mit Jodmethyl und trockenem Silberoxyd siehe pag. 37.

Bei der **Einwirkung von Jodalkyl auf die Silbersalze** mancher Säuren (**Phloroglucinkarbonsäure**, β-**Resorcylsäure**, **Malonsäure**) findet auch z. T. **Kernmethylierung** statt[4]), jedoch stets nur in untergeordneter Menge.

---

1) B. **32**, 3541 (1899). — M. **22**, 215 (1901).
2) B. **36**, 616 (1903). — M. **24**, 195 (1903).
3) **Hans Meyer**, M. **21**, 913 (1900).
4) **Herzig** u. **Wenzel**, Anzeig. K. Akad. d. Wiss. Wien **1902**, 301.

— **Altmann**, M. **22**, 217 (1901). — **Graetz**, M. **23**, 106 (1902). — **Batscha**, M. **24**, 114 (1903).

Esterifizierung mit Diazomethan. (v. Pechmann).[1]

Von den gebräuchlichen Methoden der Methylierung unterscheidet sich diese Reaktion dadurch, dass sie in Abwesenheit dritter Körper, meist bei gewöhnlicher Temperatur, und in der Regel quantitativ vor sich geht. Eine praktische Bedeutung wird sie in solchen Fällen haben, wo andere Methoden versagen oder wo es sich um Operationen im kleinsten Massstabe handelt. — Das Diazomethan ist ungemein giftig.

Darstellung der Diazomethanlösung.

I. Nach v. Pechmann.

Käufliches Methylurethan wird mit dem gleichen Volum trockenen Äthers verdünnt und die aus Arsenik und Salpetersäure entwickelten roten Dämpfe so lange durchgeleitet — wobei sehr gut gekühlt werden muss —, bis die Flüssigkeit eine schmutzig-graue Farbe angenommen hat. Dann wird mit Wasser und Soda gewaschen und mit Natriumsulfat getrocknet.

1—5 ccm der Nitrosomethylurethanlösung werden hierauf in einem mit absteigendem Kühler verbundenen Kölbchen mit 30—50 ccm Äther und 1.2 Raumteilen 25%iger methylalkoholischer Kalilösung auf dem Wasserbade erwärmt. Alsbald färbt sich die Flüssigkeit gelb und Kölbchen und Kühler füllen sich mit gelben Dämpfen, während ebenfalls gelb gefärbter Äther überzugehen beginnt. Man destilliert so lange, bis der Destillationsrückstand und der abtropfende Äther wieder farblos sind. 1 ccm Nitrosoäther liefert 0,18 bis 0,2 g Diazomethan.

Wertbestimmung der Lösung mit Jod[3]) siehe pag.

II. Methode von Bamberger und Renauld: Ber. **28**, 1682 (1895).

Zur Ausführung der Alkylierung wird man etwa nach Herzig und Wenzel[4]) verfahren. 5 g Karbonsäure werden fein

---

[1]) B. **27**, 1888 (1894). — B. **28**, 856, 1624 (1895). — B. **31**, 64, 501 (1898). — Ch. Ztg. **22**, 142 (1898). — D. R. P. Nr. 92789 Kl. 12 (1897).

[2]) Nach Hantzsch und Lehmann, B. **35**, 901 (1902) ist indessen die Anwendung des Alkohols zu vermeiden. Es empfiehlt sich vielmehr die ätherische Nitrosourethanlösung bei 0° mit konzentrierter wässeriger Kalilauge zu versetzen und durch tropfenweisen Wasserzusatz im Kältegemische das entstandene methylazosaure Kalium zu zersetzen, wodurch man sofort eine fast quantitative Ausbeute an ätherischer Diazomethanlösung erhält.

[3]) Nach Wegscheider und Gehringer, M. **24**, 364 (1903) wird durch die Titration mit Jod stets ein viel geringerer Gehalt der Lösungen an Diazomethan angezeigt als der beim Esterifizieren faktisch erhältlichen Estermenge entspricht. Möglicherweise enthält die Diazomethanlösung noch eine andere Alkyl liefernde, aber gegen Jod indifferente Substanz.

[4]) M. **22**, 229 (1901).

zerrieben und getrocknet, in 100 ccm trockenen Äthers verteilt, eine verdünnte ätherische Lösung von Diazomethan (1 g in 100 ccm) allmählich zugefügt, so lange bei weiterer Zugabe noch stürmische Stickstoffentwickelung erfolgt, und schliesslich ein etwaiger kleiner Überschuss von Diazomethan durch Zugabe von etwas Karbonsäure beseitigt. Aus der ätherischen Lösung werden dann kleine Quantitäten unveresterter Säure durch Ausschütteln mit Bikarbonat[1] entfernt.

Über die Bestimmung der Alkylgruppen siehe unter Methoxylbestimmung.

E. Bestimmung der Basicität der Säuren aus der elektrischen Leitfähigkeit ihrer Natriumsalze.

Nach Ostwald[2] ist die Messung der Leitfähigkeit des Natriumsalzes ein sicheres Mittel, um über die Basicität einer Säure zu entscheiden.

Da die meisten Natriumsalze in Wasser löslich sind, auch wenn den freien Säuren diese Eigenschaft abgeht, so ist die Methode sehr

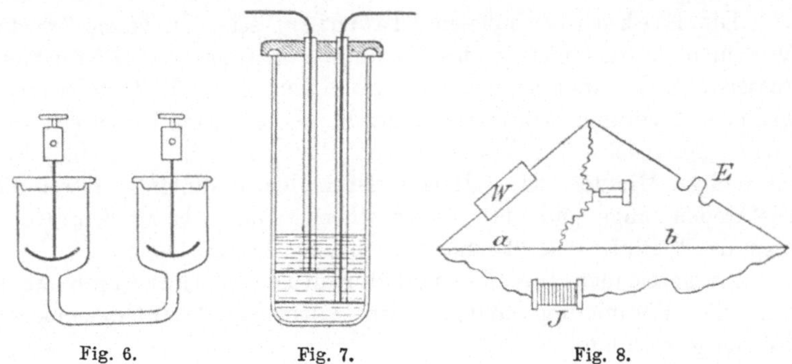

Fig. 6.   Fig. 7.   Fig. 8.

allgemein. Sie versagt nur in dem Falle, dass die Säure zu schwach ist, um ein neutral reagierendes, durch Wasser nicht erheblich spaltbares Salz zu liefern.

Zur Ausführung der Messungen bedarf man der folgenden Apparate:

---

[1] Besser als Soda, wie es a. a. O. heisst. (Privatmitteilung von Herzig.)

[2] Z. phys. **2**, 901 (1888), vgl. Z. phys. **1**, 74 (1887). — Valden, Z. phys. **1**, 529 (1887). — **2**, 49 (1888).

1. Eines kleinen Induktionsapparates, wie sie zu medizinischen Zwecken fabriziert werden, zu dessen Betriebe ein oder zwei galvanische Elemente auch auf lange Zeit ausreichen.

Man muss dafür sorgen, dass die Feder des Unterbrechers recht schnelle Schwingungen macht. Dadurch entstehen im Telephon hohe Töne, welche besser als tiefe beobachtet werden können.

2. Einer Messbrücke. Dieselbe besteht aus einem 100 cm langen, über einen in Millimeter geteilten Massstab ausgespannten Platin- oder Neusilber- (Nickelin-) Draht, über welchen ein Schlittenkontakt geführt werden kann.

Zum Kalibrieren des Rheochords bedient man sich der Methode von Strouhal und Barus[1]) oder bequemer eines Stöpselrheostaten.

3. Eines Rheostaten als Vergleichswiderstand.

4. Eines Widerstandsgefässes für den Elektrolyten, für besser leitende Flüssigkeiten in der von Kohlrausch angegebenen Form (Fig. 6), für grosse Widerstände, wie sie stark verdünnte Lösungen bilden, am besten in der Arrheniusschen Form (Fig. 7).

Die Elektroden müssen platiniert sein. Zu diesem Zwecke füllt man in das Gefäss eine verdünnte Lösung von Platinchlorwasserstoffsäure und leitet einen Strom von 4—5 Volt unter zeitweiligem Richtungswechsel so lange durch, bis beide Elektroden mit einem sammtschwarzen Überzuge von Platinmohr bedeckt sind, was in wenigen Minuten der Fall ist. Nach dem Platinieren müssen die Elektroden lange und gut ausgewaschen werden, da an dem Überzuge die Platinierungsflüssigkeit hartnäckig haften bleibt.

Ausgezeichnete Tonminima erhält man nach Kohlrausch, wenn man die Platinierung mittelst der Lummer-Kurlbaumschen Lösung vornimmt.

Dieselbe besteht aus 1 Teil Platinchlorid und 0,008 Teilen Bleiacetat in 30 Teilen Wasser. Man elektrolysiert unter häufigem Polwechsel mit einer Stromdichte von 0,03 Am./cm^2 so lange, bis jede Elektrode eine gute Viertelstunde lang Kathode gewesen ist.

5. Eines Telephons. Nach Ostwald sind die empfindlichsten Instrumente jene von Ericsson in Stockholm. Für gewöhnlich

---

[1]) Wied. **10**, 326 (1881).

[2]) Sehr empfehlenswert ist die Benutzung eines Saitenunterbrechers an Stelle des Neefschen Hammers: Melde, Wied. **24**, 461 (1884). — M. Wien, Wied. **42**, 593 (1891). — **44**, 681 (1891). — Nernst, Z. phys. **14**, 622 (1894). — Rubens, Wied. **56**, 27 (1895).

genügt ein Bellsches Telephon vollständig. Um nicht durch das Geräusch der Umgebung gestört zu werden, verstopft man das freie Ohr mit Watte oder einem Antiphon.

6. Eines Wasserbades mit Rührer und Thermometer oder eines Thermostaten[1]).

Die Anordnung der Apparate geschieht nach der Kirchhoffschen Modifikation der Wheatstoneschen Brücke. Die Verbindungen der Apparate bestehen aus starkem Kupferdraht. (Siehe Fig. 8.)

Das Induktorium stellt man in ein vollständig auswattiertes Kästchen oder bringt es ins Nebenzimmer auf eine Filzplatte[2]).

An Stelle von Telephon und Induktorium kann man auch nach Cahart und Patterson („Electrical Measurements" pag. 109) einen Doppelkommutator und ein Galvanometer benutzen.

Der kommutierende Apparat, ein sogenanntes Secohmmeter, ist so eingerichtet, dass ein Kommutator in den Batteriestromkreis, der andere in den Galvanometerstromkreis eingeschaltet ist. Der Strom wechselt seine Richtung in der Flüssigkeit so oft, dass die Polarisation annulliert wird.

Ausführung der Messung.

Wenn es sich um die Untersuchung desselben Stoffes in wechselnden Verdünnungen handelt, so stellt man letztere am einfachsten in dem Widerstandsgefäss selbst her, indem man genau bekannte Mengen der vorhandenen Lösung herauspipettiert und durch Wasser, welches im Thermostat auf die Versuchstemperatur vorgewärmt worden ist, ersetzt.

Das Telephon zeigt gewöhnlich kein absolut scharfes Minimum an einem bestimmten Punkte, wohl aber kann man sehr leicht zwei nahe (0,5—2 mm) beisammen liegende Punkte ermitteln, an welchen der Ton gleich deutlich anzusteigen beginnt. Die Mitte zwischen diesen Punkten ist der gesuchte Ort.

Bei einiger Übung lässt sich so die Leitfähigkeit auf 0,1 °/o genau ermitteln.

Sollte einmal das Minimum undeutlicher werden, so sind die Elektroden neu zu platinieren.

---

1) Ostwald, Z. phys. 2, 564 (1888), wo auch über alle anderen Apparate ausführliche Angaben zu finden sind. — Vergl. vor allem auch Kohlrausch: Wied. 1897, S. 315: „Über platinierte Elektroden und Widerstandsbestimmung", ferner Cohen, Z. phys. 25, 15 (1898). — Kohlrausch u. Holborn, Leitvermögen der Elektrolyse, Teubner 1898.

2) Die Anwendung eines Saitenunterbrechers macht diese Vorsichtsmassregel unnötig.

Die Berechnung der Messungen geschieht nach der Formel:

$$\mu = k \cdot \frac{v \cdot a}{w \cdot b}$$

Hierin ist:

    μ die molekulare Leitfähigkeit,

    v das Volum der Lösung, welches ein Grammmolekulargewicht des Elektrolyten enthält, in Litern,

    w der eingeschaltete Vergleichswiderstand,

    a die linke,

    b die rechte Drahtlänge der Messbrücke bis zur Kontaktschneide,

    k die Widerstandskapazität des Messgefässes.

Um k zu bestimmen, benutzt man[1]) eine $^1/_{50}$ normale Chlorkaliumlösung, welche nach Kohlrausch die molekulare Leitfähigkeit

$$\mu = 112{,}2 \text{ bei } 18^0 \text{ und}$$
$$129{,}7 \text{ bei } 25^0$$

besitzt.

Die Verhältniszahlen $\dfrac{b}{a}$ für einen Draht von 1000 mm hat Obach berechnet; eine abgekürzte Tabelle ist auf der folgenden Seite mitgeteilt.

Die Leitfähigkeit des benutzten Wassers bestimmt man in gleicher Weise, wie die der Lösung, und berechnet nach der Formel den Wert, den sie für jedes v der Lösungen annimmt. Die so erhaltenen Korrektionszahlen müssen von dem unmittelbar gefundenen μ der Lösungen subtrahiert werden.

Zur Basizitätsbestimmung der Säuren bestimmt man nun ihre Leitfähigkeit bei den Verdünnungen von 32 Litern und 1024 Litern.

Der Unterschied $\varDelta$ der beiden Leitfähigkeiten beträgt dann im Mittel:

$$
\begin{array}{lllll}
\text{für einbasische Säuren} & \varDelta = & 10{,}4 = & 1 \times & 10{,}4 \\
\text{zwei} \quad \text{,,} & \text{,,} & 19{,}0 = & 2 \times & 9{,}5 \\
\text{drei} \quad \text{,,} & \text{,,} & 30{,}2 = & 3 \times & 10{,}1 \\
\text{vier} \quad \text{,,} & \text{,,} & 41{,}1 = & 4 \times & 10{,}3 \\
\text{fünf} \quad \text{,,} & \text{,,} & 50{,}1 = & 5 \times & 10{,}0 \\
\end{array}
$$

   ·) Über andere brauchbare Flüssigkeiten von bekannter Leitfähigkeit siehe Wiedemann-Ebert, Physik. Praktikum, S. 389.

Über eine Methode der Basizitätsbestimmungen von Säuren auf Grund der Änderung ihrer Leitfähigkeit durch Alkalizusatz siehe Daniel Berthelot, C. r. **112**, 287 (1890).

$$\text{Tabelle der Werte von } \frac{a}{1000-a} \text{ für } a = 1 \text{ bis } a = 999.$$

Nach Obach.

a	0	1	2	3	4	5	6	7	8	9
00	0,0000	010	020	030	040	050	060	071	081	091
01	101	111	122	132	142	152	163	173	183	194
02	204	215	225	235	246	256	267	278	288	299
03	309	320	331	341	352	363	373	384	395	406
04	417	428	438	449	460	471	482	493	504	515
05	526	537	549	560	571	582	593	605	616	627
06	638	650	661	672	684	695	707	718	730	741
07	753	764	776	788	799	811	823	834	846	858
08	870	881	893	905	917	929	941	953	965	977
09	989	*001	*012	*025	*938	*050	*062	*074	*087	*099
10	0,1111	124	136	148	151	173	186	198	211	223
11	236	249	261	274	287	299	312	325	338	351
12	364	377	390	403	416	429	442	455	468	481
13	494	508	528	534	547	564	574	588	601	614
14	628	641	655	669	682	696	710	723	737	751
15	765	779	793	806	820	834	848	862	877	891
16	905	919	933	947	962	976	990	*005	*019	*034
17	0,2048	083	077	092	107	121	136	151	166	180
18	195	210	225	240	255	270	285	300	315	331
19	346	361	376	392	407	422	438	453	469	484
20	0,2500	516	531	547	563	579	595	610	626	642
21	658	674	690	707	723	739	755	771	788	804
22	821	837	854	870	887	903	920	937	953	970
23	988	*004	*021	*038	*055	*072	*089	*106	*123	*141
24	0,3158	175	193	210	228	245	263	280	298	316
25	333	351	369	387	405	423	441	459	477	495
26	514	532	550	569	587	605	624	643	661	680
27	699	717	736	755	774	793	812	831	850	870
28	889	908	928	947	967	986	*006	*025	*045	*065
29	0,4085	104	124	144	164	184	205	225	245	265

a	0	1	2	3	4	5	6	7	8	9
30	286	306	327	347	365	389	409	430	451	472
31	493	514	535	556	577	599	620	641	663	684
32	706	728	749	571	793	815	837	859	881	903
33	927	948	970	993	*015	*038	*060	*083	*106	*129
34	0,5152	175	198	221	244	267	291	314	337	361
35	385	408	432	456	480	504	528	552	576	601
36	625	650	674	699	721	748	773	798	813	848
37	873	898	924	949	974	*000	*026	*051	*077	*163
38	0,6129	155	181	208	234	260	287	313	340	367
39	393	420	447	475	502	529	556	584	611	639
40	667	695	772	750	779	807	835	863	892	921
41	949	978	*007	*036	*065	*094	*123	*153	*182	*212
42	0,7241	271	301	331	361	391	422	452	483	513
43	544	575	606	637	668	699	731	762	794	825
44	857	889	921	953	986	*018	*051	*083	*116	*149
45	0,8182	215	248	282	315	349	382	416	450	484
46	519	553	587	622	657	692	727	762	797	832
47	868	904	939	975	*011	*048	*084	*121	*157	*194
48	0,9231	268	305	342	380	418	455	493	531	570
49	608	646	685	724	763	802	841	881	920	960
50	1,000	004	008	012	016	020	024	028	033	037
51	041	045	049	053	058	062	066	070	075	079
52	083	088	092	096	101	105	110	114	119	123
53	128	132	137	141	146	151	155	160	165	169
54	174	179	183	188	193	198	203	208	212	217
55	222	227	232	237	242	247	252	257	262	268
56	273	278	283	288	294	299	304	309	315	320
57	326	331	336	342	347	353	358	364	370	375
58	381	387	392	398	404	410	415	421	427	433
59	439	445	451	457	463	469	475	484	488	494
60	1,500	506	513	519	525	532	538	545	551	556
61	564	571	577	584	591	597	604	611	618	625
62	632	639	646	653	660	667	674	681	688	695
63	703	710	717	725	732	740	747	755	762	770
64	778	786	793	801	809	817	825	833	841	849
65	857	865	874	882	890	899	907	915	924	933
66	941	950	959	967	976	985	994	*003	*012	*021
67	2,030	040	049	058	067	077	086	096	106	115
68	125	135	145	155	165	175	185	195	205	215
69	226	236	247	257	268	279	289	300	311	322

a	0	1	2	3	4	5	6	7	8	9
70	333	344	356	367	378	390	401	413	425	436
71	448	460	472	484	497	509	521	534	546	559
72	571	584	597	610	623	636	650	663	676	690
73	704	717	731	745	759	774	788	802	817	831
74	846	861	876	891	906	922	937	953	968	984
75	3,000	016	032	049	065	082	098	115	132	149
76	167	184	202	219	237	255	274	292	310	329
77	348	367	386	405	425	444	464	484	505	525
78	545	566	587	608	630	651	673	695	717	739
79	762	785	808	831	854	878	902	926	950	975
80	4,000	025	051	076	102	128	155	181	208	236
81	263	291	319	348	376	405	435	465	495	525
82	556	587	618	650	682	714	747	780	814	848
83	882	917	952	988	*024	*061	*098	*135	*173	*211
84	5,250	289	329	369	410	452	494	536	579	623
85	667	711	757	803	849	897	944	993	*042	*092
86	6,143	194	246	299	353	407	463	519	576	654
87	692	752	813	874	937	*000	*065	*130	*197	*264
88	7,333	403	475	547	621	696	772	850	929	*009
89	8,091	174	259	346	434	524	615	769	804	901
90	9,000	101	204	309	417	526	638	753	870	989
91	10,11	10,33	10,36	10,49	10,63	10,77	10,90	11,05	11,20	11,35
92	11,50	11,66	11,82	11,99	12,16	12,33	12,51	12,70	12,89	13,08
93	13,29	13,49	13,71	13,93	14,15	14,38	14,63	14,87	15,13	15,39
94	15,67	15,95	16,24	16,54	16,86	17,18	17,52	17,87	18,23	18,61
95	19,00	19,41	19,83	20,28	20,74	21,22	21,73	22,26	22,81	23,39
96	24,00	24,64	25,32	26,03	26,78	27,57	28,41	29,30	30,25	31,26
97	32,33	33,48	34,71	36,04	37,46	39,00	40,67	42,48	44,45	46,7
98	49,00	51,6	54,6	57,8	61,5	65,7	70,4	75,9	82,3	89,9
99	99,0	110	124	142	166	199	249	332	499	999

Quantitative Bestimmung acyklischer Säureanhydride nach Menschutkin und Wasiljew[1]).

Das betreffende Anhydrid wird nach dem Verdünnen mit einem indifferenten Lösungsmittel mit einer gewogenen Anilinmenge versetzt. Es werden genau $50\,{}^0\!/_0$ des Anhydrids in Anilid verwandelt:

$$\begin{array}{c}RCO \\ \\ RCO\end{array}\!\!\!\Big\rangle O + 2\,C_6H_5NH_2 = \begin{array}{c}RCOOHNH_2C_6H_5 \\ \\ RCONHC_6H_5\end{array}$$

In dem nebenbei gebildeten Anilinsalze lässt sich die Säure mittelst Barythydrat titrieren. Man kann auf diese Art z. B. Essigsäureanhydrid neben freier Essigsäure bestimmen.

------

[1]) Z. russ. **21**, 192 (1889).

III.

Bestimmung der Karbonylgruppe.

Zur quantitativen Ermittelung der Karbonylgruppe stellt man Derivate der Aldehyde, Ketone etc. nach folgenden Methoden dar:

mittelst Phenylhydrazin,
      „   Hydroxylamin,
      „   Semikarbazid,
      „   Thiosemikarbazid,
      „   Amidoguanidin,
      „   Benzhydrazid und Nitrobenzhydraziden,
      „   Semioxamazid,
      „   Paraamidodimethylanilin.

A. Karbonylbestimmung mittelst Phenylhydrazin.

Zur Karbonylbestimmung mittelst Phenylhydrazin dienen folgende Verfahren:

    1. Darstellung von Hydrazonen mittelst Phenylhydrazin,
    2. Darstellung substituierter Hydrazone,
    3. Indirekte Methode von H. Strache.

1. Darstellung von Phenylhydrazonen (E. Fischer).

Karbonylhaltige Substanzen verbinden sich im allgemeinen [1]) mit Phenylhydrazin unter Wasseraustritt zu Hydrazonen der Formel

$$C_6H_5NHN = CR_1R_2.$$

---

    [1]) Nicht auf alle die Gruppe C—CO—C enthaltende Körper wirkt Phenylhydrazin in gleicher Weise ein. So reagieren die Säurecyanide nach der Gleichung:

$$C_6H_5NHNH_2 + R.CO.CN = C_6H_5NHNHCOR + HCN$$

(Pechmann u. Wehsarg, B. **21**, 2999 [1888]).

Die Reaktion erfolgt in der Regel am leichtesten in schwach essigsaurer Lösung, oft schon in der Kälte, fast immer in kurzer Zeit beim Erhitzen auf Wasserbadtemperatur, oft auch am besten beim Stehen mit konzentrierter Essigsäure in der Kälte (Overton)[1].

Nach E. Fischer[2] wird die Substanz in Wasser gelöst resp. suspendiert, oder wird eine alkoholische Lösung mit überschüssigem salzsaurem Phenylhydrazin versetzt, das mit der anderthalbfachen Menge kristallisierten essigsauren Natrons in 8 bis 10 Teilen Wasser gelöst wurde, oder man benutzt eine Mischung aus gleichen Vol. freier Base und 50 %iger Essigsäure verdünnt mit etwa der dreifachen Menge Wasser, die für jeden Versuch frisch bereitet wird.

Bei kleineren Proben fügt man zu der zu prüfenden Flüssigkeit einfach die gleiche Anzahl Tropfen Base und 50 %ige Essigsäure.

Freie Mineralsäuren, welche die Reaktion verzögern oder ganz verhindern können, müssen vorher durch Natronlauge oder Soda neutralisiert werden. Aldehyde und α-Diketone[3], nicht aber die einfachen Ketone, reagieren auch mit salzsaurem Phenylhydrazin.

Besonders schädlich ist die Anwesenheit von salpetriger Säure, welche mit dem Hydrazin Diazobenzolimid und andere ölige Produkte erzeugt. Sie muss durch Harnstoff zerstört werden.

Besonders empfindliche Hydrazone werden auch schon durch überschüssiges Phenylhydrazin angegriffen[4].

Auch überschüssige verdünnte Essigsäure kann durch Bildung von Acetylphenylhydrazin zu Irrtümern Anlass geben (Anderlini)[5].

Nach einigem Stehen oder nach dem Abkühlen der Lösung pflegt sich das Kondensationsprodukt ölig oder kristallinisch abzuscheiden. In letzterem Falle wird es aus Wasser, Alkohol oder Benzol gereinigt. Für viele Fälle ist es angebracht, die Hydrazone (Osazone) zu ihrer Reinigung in Pyridin zu lösen und durch Benzol,

---

[1] B. **26**, 20 (1893). Die günstige Wirkung des Eisessigs beruht jedenfalls auf seiner Wasserentziehung und der Schwerlöslichkeit der Hydrazone in demselben.

[2] B. **16**, 661 Anm., 2241 (1883). — B. **17**, 572 (1884). — B. **22**, 90 Anm. (1889).

[3] Petrenko-Kritschenko u. Eltschaninoff, B. **34**, 1699 (1901).

[4] B. **35**, 1166 (1902).

[5] B. **24**, 1993 Anm. (1891).

Ligroin oder Äther zu fällen. (Neuberg[1])). Zur Extraktion von Hydrazonen aus komplexen Mischungen ist Essigäther sehr empfehlenswert. (Tanret[2])).

Manchmal empfiehlt es sich, den zu untersuchenden Körper mit Phenylhydrazinbase ohne Verdünnungsmittel zu erhitzen[3]), selbst unter Druck[4]), wenn keine Gefahr der Hydrazidbildung vorliegt.

Man giesst danach in Wasser und presst das ausgeschiedene Hydrazon ab, wäscht mit verdünnter Salzsäure, um den Überschuss an Phenylhydrazin zu entfernen, und kristallisiert um.

Oder man wäscht das Reaktionsprodukt mit Glycerin und verdrängt das letztere mit Wasser[5]).

Die Ketone der Fettreihe reagieren auch leicht in ätherischer Lösung. Das gebildete Wasser entfernt man durch frisch geglühte Pottasche.

In Ketophenolen und Ketoalkoholen empfiehlt es sich, die Hydroxylgruppen zu acetylieren, Säuren gelangen als Ester oder nach Bamberger[6]) als Natronsalze zur Verwendung, lassen sich auch öfters unter Zusatz von Mineralsäuren kondensieren (Elbers[7])).

Zur Darstellung von Hydrazonen aus Oximen erhitzt man das Oxim in alkoholischer Lösung mit freiem Phenylhydrazin, eventuell auch ohne Lösungsmittel bis auf 150 °.

Auch das Karbonyl mancher Laktone und Säureanhydride vermag mit Phenylhydrazin unter Wasserabspaltung zu reagieren[8]), ein Verhalten, welches diese Verbindungen gegen Hydroxylamin nicht zeigen[9]).

---

1) B. **32**, 3384 (1899).
2) Bull. (**3**) **27**, 392 (1902).
3) Ciamician u. Silber, B. **24**, 2985 (1891). — Baeyer, B. **27**, 813 (1894).
4) M. **14**, 395 (1893).
5) Thoms, B. **29**, 2988 (1896).
6) B. **19**, 1430 (1886).
7) Ann. **227**, 353 (1885).
8) Just, B. **19**, 1205 (1886). — v. Pechmann, B. **20**, 2543 (1887). — Minnuni u. Caberti, Gazz. **21**, 136 (1891). — Minnuni u. Corselli, Gazz. **22** (II), 149 (1892). — Auwers u. Siegfried, B. **25**, 2598 (1892). — Minnuni u. Ortoleva, Gazz. **22**, II, 183 (1892). — Auwers, B. **26**, 790 (1893). — Kolb, Ann. **291**, 288 (1896). — Minnuni, Gazz. **29** (2), 397 (1899). — Zink, M. **22**, 831 (1901). — Fulda, M. **23**, 907 (1902).
9) R. Meyer u. E. Saul, B. **26**, 1271 (1893). — Hemmelmayr, M. **13**, 667 (1892). — Ephraim, B. **26**, 1376 (1893).

Dagegen sind manche Chinone teils indifferent gegen Phenylhydrazin, wie das Anthrachinon (sterische Behinderung), oder reagieren nur mit einem Molekül Phenylhydrazin, wie die Naphtochinone und das Phenanthrenchinon[1]) oder sie wirken oxydierend auf das Reagens unter Bildung von Benzol (p-Chinone der Benzolreihe). Auch orthodisubstituierte Ketone reagieren oft nicht mit Phenylhydrazin (Baum[2]), V. Meyer[3]) und gewisse ungesättigte Ketonalkohole geben Phenylhydrazide, während die Ketongruppe unangegriffen bleibt.[5]).

Durch einen eigentümlichen Oxydationsvorgang hingegen, wobei aus einem Teile des verwendeten Phenylhydrazins Ammoniak und Anilin entstehen, werden aus den α-Oxyketonen und Oxyaldehyden der Fettreihe Osazone gebildet (E. Fischer und Tafel[7]).

Über Reinigung des käuflichen Phenylhydrazins s. B. Overton[8]).

Schmelzpunktsbestimmung von Phenylhydrazonen[9]). Der Schmelzpunkt dieser Derivate wird im allgemeinen je nach der Schnelligkeit des Erhitzens verschieden hoch gefunden. Vergleichbare Werte erhält man nur dann, wenn die Schnelligkeit der Temperatursteigerung angegeben wird. Am zweckmässigsten ist es, nach einem Vorversuche die Heizflüssigkeit auf eine wenig unter dem erwarteten Schmelzpunkte befindliche Temperatur zu bringen und dann erst die Substanz einzuführen und den Versuch zu beendigen. Der Schmelzpunktsangabe ist stets auch die Badtemperatur beizufügen.

Phenylhydrazinsulfosäure bildet mit aromatischen Aldehyden ausschliesslich Additionsprodukte[10]).

2. Darstellung substituierter Hydrazone.

In vielen Fällen sind substituierte Hydrazone, welche besonders gut kristallisierende Derivate liefern, zum Nachweise der CO-Gruppe empfehlenswert. Es kommen hier hauptsächlich die folgenden Substanzen in Betracht:

[1]) V. Meyer u. Münchmeyer, B. **19**, 1706 (1886). — Hötte, J. pr. Ch. **2** (**33**), 99 (1886).

[2]) Zincke, B. **18**, 786 Anm. (1885).

[3]) Zincke u. Bindewald, B. **17**, 3026 (1884).

[4]) B. **28**, 3209 (1895).

[5]) B. **29**, 830, 836 (1896).

[6]) Nef, Ann. **266**, 52 (1891). — Bishop Tingle, Am. **20**, 339 (1898). — A. und B. Tingle, Am. **21**, 258 (1899).

[7]) B. **20**, 3386 (1887). — B. **17**, 579 (1884).

[8]) B. **26**, 19 (1893).

[9]) E. Fischer, B. **23**, 1583 (1890). — Beythien u. Tollens, Ann. **255**, 217 (1890). — Franke u. Kohn, M. **20**, 888 Anm. (1899). — Siehe auch M. **6**, 987 (1885) und Ann. **231**, 32 (1885).

[10]) Biltz, Maué und Sieden, B. **35**, 2000 (1902).

Parabromphenylhydrazin,
Meta- und Paranitrophenylhydrazin,
Methylphenylhydrazin,
Benzylphenylhydrazin,
Diphenylhydrazin,
Naphtylphenylhydrazin.

Parabromphenylhydrazin.

Dieses Reagens ist namentlich zur Erkennung einzelner Zucker-arten (Ribose, Arabinose) sehr geeignet (E. Fischer)[1].

Von Tiemann und Krüger[2] ist dasselbe speziell zur Dar-stellung des Ionon- und Ironhydrazons benutzt worden.

Das p - Bromphenylhydrazin wird in essigsaurer Lösung zur Einwirkung gebracht, wobei Temperaturerhöhung durch Kochen zu vermeiden ist, zur Hintanhaltung der Bildung von Acet - p - Brom-phenylhydrazin[3].

Zum Umkristallisieren der gebildeten Hydrazone wird zweck-mässig etwas verdünnter Methylalkohol, weniger gut Ligroin (bei Luftabschluss) verwendet. Die anderen Lösungsmittel verändern die Hydrazone unter Rotfärbung.

Neuberg[4] empfiehlt, die ursprüngliche Fischersche Vorschrift der Hydrazonbereitung anzuwenden. Das p-Bromphenylhydrazon der Glu-kuronsäure erhielt er folgendermassen:

Fügt man zu 250 ccm wässeriger Glukuronsäurelösung eine zuvor zum Sieden erhitzte Lösung von 5 g salzsaurem p-Bromphenylhydrazin und 6 g Natriumacetat, so trübt sich die Flüssigkeit, wird aber beim Erwärmen im Wasserbade wieder klar. Nach 5—10 Minuten beginnt die Ausscheidung hell-gelber Nadeln. Man entfernt das Wasserbad und erhält beim Abkühlen eine reichliche Kristallmenge. Man saugt dieselbe ab, erhitzt das klare Filtrat von neuem im Wasserbad bis zur Kristallabscheidung, lässt erkalten, saugt ab u. s. w. Durch 4—5malige Wiederholung dieser Operation gelingt es in 2—3 Stunden, fast die gesamte Glukuronsäuremenge als Hydrazin-verbindung zu fällen.

Die verschiedenen, auf einem Filter gesammelten Niederschläge der Hydrazinverbindung wäscht man an der Saugpumpe (am besten auf einer Porzellannutsche mit grosser Oberfläche) gründlich mit warmem Wasser und dann mit absolutem Alkohol, bis dieser ganz schwach gelb gefärbt abläuft. Hierdurch entfernt man eine anhaftende dunkle Substanz und erhält die Verbindung als hellgelbe Kristallmasse[5].

---

1) B. **24**, 4221 Anm. (1891).

2) B. **28**, 1755 (1895).

3) B. **26**, 2190 (1893).

4) B. **32**, 2395 (1899).

5) Andere p-Bromphenylhydrazone: B. **28**, 2191, 2491 (1895). — B. **33**, 2996 (1900). — B. **33**, 3229 (1900). — Z. physiol. **29**, 256 (1900).

Darstellung von Parabromphenylhydrazin (Michaelis).

20 g Phenylhydrazin werden in 200 g Salzsäure vom spez. Gew. 1,19 eingegossen und das abgeschiedene Salz in der Flüssigkeit gleichmässig verteilt.

Man kühlt nun auf $0°$ ab und lässt unter starkem Schütteln in 10 bis 15 Minuten 22,5 g Brom eintropfen. Nach 24stündigem Stehen saugt man ab und wäscht mit wenig kalter Salzsäure, löst in Wasser und zersetzt mit Natronlauge.

Die Base scheidet sich dabei in festen, kristallinischen Flocken ab, welche mit Äther extrahiert und nach dem Verdampfen des letzteren aus heissem Wasser umkristallisiert werden. Die salzsaure Mutterlauge enthält Bromdiazobenzolchlorid, zu dessen Reduktion man 60 g Zinnchlorür einträgt. Den entstandenen Niederschlag versetzt man — nach dem Absaugen und Waschen mit starker Säure — mit Wasser und überschüssigem Alkali und reinigt die Base, wie oben angegeben.

Ausbeute 80%.

Das p-Bromphenylhydrazin ist möglichst vor Licht und Luft geschützt, also in gut schliessenden, gefärbten Flaschen, aus denen man die Luft zweckmässsig durch Kohlensäure oder Leuchtgas verdrängt hat, aufzubewahren.

Gut kristallisierte und ausreichend trockene Präparate halten sich jahrelang unverändert. Verfärbte Präparate lassen sich durch Umkristallisieren aus Wasser unschwer reinigen. Es empfiehlt sich, der erkaltenden Flüssigkeit einige Tropfen Sodalösung hinzuzusetzen.

Reines p-Bromphenylhydrazin schmilzt bei $107—109°$,
Acet-p-Bromphenylhydrazin bei $167°$.

Metanitrophenylhydrazin[1]).

Darstellung. 10 g m-Nitroanilin werden durch Erwärmen in 100 g konzentrierter Salzsäure gelöst; beim Erkalten scheidet sich das salzsaure Nitroanilin teilweise aus. Diese Lösung wird bei niederer Temperatur mit 5 g Natriumnitrit — gelöst in 35 g Wasser — diazotiert. Die braun gewordene Flüssigkeit lässt man unter zeitweiligem Umrühren so lange ohne Kühlung stehen, bis das auskristallisierte salzsaure Nitroanilin verschwindet. Zu der Diazolösung werden 32 g Zinnchlorür, in dem gleichen Gewichte konzentrierter Salzsäure gelöst, tropfenweise hinzugegeben; die Temperatur soll dabei nicht viel über $0°$ steigen, da sich sonst der Diazokörper unter Stickstoffentwickelung zersetzt. Jeder Tropfen der Zinnchlorürlösung bringt eine rötliche Ausscheidung hervor.

Nach beendigter Reduktion wird der Niederschlag abgesaugt, ausgewaschen, in viel heissem Wasser gelöst und durch die warme, braune Flüssigkeit Schwefelwasserstoff geleitet. Die vom Schwefelzinn abfiltrierte hellgelbe Lösung scheidet beim Erkalten das salzsaure m-Nitrophenylhydrazin in losen, kurzen, durchsichtigen, gelb gefärbten Tafeln aus.

---

[1]) Bischler u. Brodsky, B. **22**, 2809 (1889).

Die Base gewinnt man aus dem salzsauren m-Nitrophenylhydrazin, indem man dasselbe mit Natriumacetat zersetzt. Aus Alkohol kristallisiert. bildet sie feine, kanariengelbe, faserige Nädelchen vom Schmelzpunkt 93°.

Wichtiger als dieses, nur gelegentlich[1]) verwendete Produkt, ist das namentlich von Bamberger empfohlene

Paranitrophenylhydrazin.

Darstellung[2]): 10 g p-Nitroanilin werden mit Wasser befeuchtet, mit 21 g Salzsäure (37%), etwas Eis und 6 g Natriumnitrit in 10 g Wasser diazotiert; die eventuell filtrierte Lösung wird, nachdem sie mittelst gesättigter Sodalösung abgestumpft und auf 100 ccm verdünnt ist, langsam und unter Rühren in die auf 0° abgekühlte Sulfitlauge (50 ccm), zu welcher noch 10 g festes Kaliumkarbonat zuvor hinzugefügt sind, einlaufen gelassen. Die Flüssigkeit ist alsbald in einen Kristallbrei des Salzes $NO_2 . C_6H_4NSO_3KNHSO_3K$ verwandelt. Dasselbe wird scharf abgenutscht, mit wenig kaltem Wasser gewaschen, filterfeucht in einer Schale mit 40 ccm Salzsäure (37%) + 40 ccm Wasser übergossen und etwa 5 Minuten auf dem Wasserbade erwärmt. Das nach dem Abkühlen ausgeschiedene Gemenge von Chlorkalium und salzsaurem Nitrophenylhydrazin wird abgesaugt und in konz. wässeriger Lösung zuerst unter Kühlung mit gesättigter Sodalösung, zum Schlusse mit Natriumacetat versetzt; die alsdann ausgeschiedene Hydrazinbase ist ohne weiteres rein. Aus der Mutterlauge erhält man durch Neutralisieren noch weitere Mengen derselben.

Zum Nachweise von Aldehyden und Ketonen[3]) fügt man in der Regel die wässerige Lösung des Chlorhydrates der wenn möglich ebenfalls wässerigen Lösung des Untersuchungsobjektes hinzu; ist dieses Verfahren nicht angängig, so kommt die freie Base in alkoholischer, essigsaurer etc. Lösung zur Anwendung.

Das Paranitrophenylhydrazin liefert Derivate, die sich nicht nur durch grosse Beständigkeit und ausserordentliches Kristallisationsvermögen, sondern auch durch bequeme Löslichkeitsverhältnisse auszeichnen. Zur Reinigung der Hydrazone empfiehlt sich Lösen in Pyridin und Ausfällen mit Äther[4]).

Manche p-Nitrophenylhydrazone sind so stark sauer, dass sie sich in wässerigen Ätzlaugen auflösen; derartige Salzlösungen sind immer

---

[1]) Bischler u. Brodsky, B. **22**, 2809 (1889).

[2]) B. **29**, 1834 (1896).

[3]) Bamberger, B· **32**, 1804 (1899). — Hyde, B. **32**, 1810 (1899). — Feist, B. **33**, 2098 (1900). — Wohl u. Neuberg, B. **33**, 3095 (1900). — Bamberger u. Grob, B. **34**, 546 Anm. (1901).

[4]) Neuberg, B. **32**, 3385 Anm. (1899).

gefärbt (tiefrot oder tiefblau). Die Färbung tritt namentlich bei Alkoholzusatz hervor [1]).

Dagegen sind die **Phenylhydrazone** vieler **Oxyaldehyde** in Kalilauge unlöslich [2]).

as-Methylphenylhydrazin.

Für die Erkennung und Isolierung der **Ketosen**, welche sonst mangels charakteristischer Reaktionen mit Schwierigkeiten verknüpft ist, sind die sekundären asymmetrischen Hydrazine vom Typus

$$\begin{matrix} C_5H_6 \diagdown \\ \diagup \\ R \end{matrix} N \cdot NH_2$$

speziell das Methylphenylhydrazin nach den Untersuchungen von **Neuberg** [3]) vorzüglich geeignet. Es geben nämlich nur die **Keto-zucker** mit dieser Hydrazinbase ein Methylphenylosazon, während die **Aldosen** und **Aminozucker** vom Typus des Chitosamins dazu nicht befähigt sind. Die beiden letzteren liefern damit ausschliesslich farblose Hydrazone, die in allen Fällen leicht von dem intensiv gefärbten Osazon getrennt bezw. unterschieden werden können.

Bei den Zuckern nimmt die Beständigkeit der **Osazone** mit der Grösse des neben der Phenylgruppe im Hydrazin vorhandenen Radikals ab, während nach **Lobry de Bruyn** und **Ekenstein** [4]) die Schwerlöslichkeit der **Hydrazone** mit der Grösse des Substituenten zu steigen pflegt.

Man wird daher zur Darstellung der Osazone das Methyl-, für Hydrazone das Benzyl- und Diphenylhydrazin vorziehen.

Beispielsweise werden zur Darstellung des d-Fructose-Methylphenyl-osazons 1,8 g Lävulose in 10 ccm Wasser gelöst, 4 g Methylphenylhydrazin und soviel Alkohol zugesetzt, dass eine klare Lösung entsteht. Nach Zusatz von 4 ccm Essigsäure von 50 °/o färbt sich die Flüssigkeit schnell gelb. Man erwärmt noch 5—10 Minuten lang auf dem Wasserbade und lässt dann das Osazon auskristallisieren. Zur Reinigung benutzt man 10 °/o igen Alkohol und dann ein Gemisch von Chloroform und Petroläther.

Darstellung des Methylphenylhydrazins [5]).

Ein Gemisch von 5 Teilen käuflichen Methylphenylnitrosamins und 10 Teilen Eisessig wird in kleinen Portionen unter fortwährendem Um-

[1]) **Bamberger** u. **Djierdjian**, B. **33**, 536 (1900). — **Blumen-thal** u. **Neuberg**, Deutsche med. Woch. **1901**, Nr. 1.

[2]) **Anselmino**, B. **35**, 4099 (1902).

[3]) B. **35**, 959, 2626 (1902). — E. **Fischer**, B. **22**, 91 (1889).

[4]) Rec. **15**, 225 (1896).

[5]) E. **Fischer**, Ann. **190**, 153 (1877). — **236**, 198 (1886).

rühren in ein Gemenge von 35 Teilen Wasser und 20 Teilen Zinkstaub
eingetragen, wobei man die Temperatur der Flüssigkeit durch successiven
Zusatz von 45 Teilen Eis auf 10 bis 20° hält. Nachdem das Gemisch
unter öfterem Umrühren noch einige Stunden bei gewöhnlicher Temperatur
gestanden, wird bis nahe zum Sieden erhitzt, nach einiger Zeit heiss filtriert
und der zurückbleibende Zinkstaub mehrmals mit warmer stark verdünnter
Salzsäure ausgezogen.

Die Base wird am besten in der Wärme durch einen grossen Überschuss sehr konzentrierter Natronlauge abgeschieden und in Äther aufgenommen. Das so erhaltene Rohöl wird mit der berechneten Menge 40%iger
Schwefelsäure versetzt, auf 0° abgekühlt und mit dem gleichen Volumen
absoluten Alkohols verdünnt. Die abgeschiedene Kristallmasse wird mit
Alkohol gewaschen, abgepresst und aus siedendem absolutem Alkohol umkristallisiert. Das so gereinigte Sulfat wird durch konzentrierte Lauge
zerlegt und die in Freiheit gesetzte Base, am besten im Vakuum, destilliert,
Siedepunkt bei 35 mm 131° (corr.), bei Atmosphärendruck 227° C.

Benzylphenylhydrazin[1]). $\begin{matrix} C_6H_5CH_2 \diagdown \\ \quad\quad\quad >N\,.\,NH_2. \\ C_6H_5 \diagup \end{matrix}$

Dasselbe ist namentlich für die Isolierung von Zuckern wertvoll,
da es sehr schwerlösliche Hydrazone bildet.

Darstellung: Zwei Moleküle Phenylhydrazin und ein Molekül
Benzylchlorid werden unter Kühlung gemischt und dann mehrere Stunden
lang auf 115—120° erhitzt. Nach dem Abkühlen wärmt man auf dem
Wasserbade wieder an und setzt Wasser zu. Das salzsaure Phenylhydrazin
geht in Lösung, während das α-Benzylphenylhydrazin als schweres Öl
völlig ungelöst zurückbleibt. Zur Reinigung nimmt man mit Äther auf.
trennt die wässerige Schicht ab, wäscht den Äther mit destilliertem Wasser
und schüttelt dann mit verdünnter Salzsäure, in welcher das Chlorhydrat
des Benzylphenylhydrazins sich löst, während die Verunreinigungen in dem
Äther bleiben. Die Lösung des Chlorhydrates wird auf dem Wasserbade
eingedampft und das Salz durch konzentrierte Salzsäure in Form weisser
Nadeln gefällt. Smp. 166—167°.

Die freie Base, durch Ätzkali abgeschieden, bildet ein schweres,
schwach bräunlich gefärbtes Öl, das sich selbst im Vakuum nicht unzersetzt
destillieren lässt.

Zur Darstellung von Hydrazonen[2]) arbeitet man am
besten in neutraler alkoholischer Lösung.

So kristallisiert z. B. das 1-Xylosebenzylphenylhydrazon aus,
wenn man 3 g Xylose, in 5 ccm Wasser gelöst, mit einer Lösung
von 4 g Benzylphenylhydrazin in 20 ccm absol. Alkohol mischt
und nach gelindem Erwärmen mit Wasser bis zur starken Trübung

---

[1]) Minnuni, Gazz. **22** (2), 219 (1892).
[2]) Lobry de Bruyn u. van Ekenstein, Rec. **15**, 97, 227 (1896).
— Ruff u. Ollendorf, B. **32**, 3235 (1899). — Hilger u. Rothenfusser, B. **35**, 1843 (1902). — Neuberg, B. **35**, 962 (1902).

versetzt. Nach einigen Stunden ist die ganze Masse zu einem Brei seidenglänzender weisser Nadeln erstarrt.

$$\text{Diphenylhydrazin} \quad \begin{matrix} C_6H_5 \\ \\ C_6H_5 \end{matrix}\Big\rangle N \, . \, NH_2$$

ist auch hauptsächlich in der Zuckerreihe mit Vorteil verwendet worden [1]).

Im Gegensatze zum Phenylhydrazin verbindet sich das weniger basische Diphenylhydrazin in der Kälte erst nach längerem Stehen mit den gewöhnlichen Zuckerarten, liefert dann aber beständige, in Wasser schwer lösliche und schön kristallisierende Hydrazone. Rascher erfolgt die Reaktion beim Erwärmen. Da die Base sowohl in Wasser, als auch in verdünnter Essigsäure sehr schwer löslich ist, so benutzt man alkoholische Lösungen.

Darstellung [2]): Zu einer gut gekühlten Lösung von 40 Teilen käuflichen Diphenylamins in 200 Teilen Alkohol und 30 Teilen Salzsäure (spez. Gew. 1,19) werden allmählich 35 Teile salpetrigsaures Natron (28 % N_2O_3 enthaltend) in konzentrierter wässeriger Lösung (2:3) unter gutem Umschütteln eingetragen. Die Flüssigkeit färbt sich anfangs dunkelgrün, gegen Ende der Operation meist dunkelbraun und scheidet neben Chlornatrium reichliche Mengen des Nitrosamins in blätterigen Kristallen ab. Durch starke Abkühlung und vorsichtigen Zusatz von wenig Wasser wird auch der Rest des letzteren ziemlich vollständig ausgefällt, während die dunkelgefärbten öligen, vorzüglich von Verunreinigungen des Diphenylamins herstammenden, Nebenprodukte grösstenteils in Lösung bleiben. Durch Abfiltrieren und Auswaschen mit kleinen Mengen Alkohol erhält man eine hellgelbe Kristallmasse, welche nach Entfernung des beigemengten Kochsalzes durch Waschen mit Wasser aus fast reinem Nitrosamin besteht.

Zur vollständigen Reinigung des Rohproduktes genügt einmaliges Umkristallisieren aus heissem Ligroin (Siedepunkt 70 bis 100°), worin dasselbe in der Wärme ausserordentlich leicht, in der Kälte sehr schwer löslich ist. Zur Umwandlung in die Hydrazinbase wird die Lösung des Nitrosamins in der 5 fachen Menge Alkohol mit überschüssigem Zinkstaub versetzt und allmählich Eisessig in kleinen Mengen zugegeben, wobei gut gekühlt werden muss. Die Reaktion ist beendet, wenn eine abfiltrierte Probe auf Zusatz von konzentrierter Salzsäure nicht mehr die dem Nitrosamin eigentümliche grünblaue Färbung zeigt. Die heiss vom Zinkstaub abfiltrierte Lösung wird auf $^1/_4$ ihres Volums eingedampft und mit einem grossen Überschusse von rauchender Salzsäure allmählich unter Abkühlen und Umrühren versetzt. Das beim Erkalten ausgeschiedene Chlorhydrat wird zur Trennung von zurückbleibendem Diphenylamin dreimal in Wasser gelöst, mit konzentrierter Salzsäure gefällt und schliesslich aus heissem

---

[1]) B. **33**, 2245 (1900).

[2]) E. Fischer, Ann. **190**, 174 (1878). — Stahel, Ann. **258**, 242 (1891). — Overton, B. **26**, 19 (1893).

Alkohol umkristallisiert, worauf es vollkommen farblose feine Nadeln bildet. Die mit Natronlauge abgeschiedene Base erstarrt nach mehrtägigem Stehen in der Kälte, oder wird durch Vakuumdestillation in kristallisierbare Form gebracht. (Siedepunkt gegen 220° bei 40—50 mm.) Die schwach violett gefärbten Kristalle werden mit etwas Ligroin gewaschen und dann aus diesem Lösungsmittel umkristallisiert. Farblose Tafeln, Smp. 34,5°. —

β-Naphtylhydrazin.

Darstellung[1]). 50 g β-Naphtylamin werden mit der gleichen Menge starker Salzsäure sehr fein zerrieben, dann mit 400 g Salzsäure (spez. Gew. 1,10) in eine Flasche gespült, gut abgekühlt und langsam unter energischem Schütteln mit der berechneten Menge Natriumnitrit versetzt. Die filtrierte Flüssigkeit wird nun sofort unter lebhaftem Rühren in eine kalte salzsaure Lösung von 250 g kristallisiertem Zinnchlorid eingetragen. Man erwärmt auf dem Wasserbade, bis der Niederschlag grösstenteils gelöst und die Flüssigkeit fast farblos geworden ist.

Aus der abgekühlten Lösung scheidet sich das salzsaure Hydrazin nahezu vollständig als schwach gefärbter Kristallbrei ab. Man kristallisiert aus Wasser um und fällt aus der heissen Lösung die freie Base mittelst Lauge. Aus Wasser erhält man dann das Hydrazin in farblosen glänzenden Blättchen vom Schmelzpunkt 124—125°. — Das Naphtylhydrazin ebenso wie seine Derivate, ist lichtempfindlich, namentlich in feuchtem Zustande[2]). An der Luft oxydiert es sich langsam unter Rotfärbung. Beständiger sind das Chlorhydrat und das Oxalat.

Die β-Naphtylhydrazone der Zuckerarten[2])[3]) zeichnen sich durch grosse Kristallisationsfähigkeit und Schwerlöslichkeit aus, doch ist zu bemerken, dass man je nach der Darstellungsweise (verdünnt essigsaure oder schwach alkalisch-alkoholische Lösung) verschiedene Produkte erhalten kann, wahrscheinlich entstehen Stereoisomere nach den Formeln:

$$C_5H_{11}O_5-CH \qquad\qquad\qquad C_5H_{11}O_5-CH$$
$$\|\qquad\qquad und \qquad\qquad\quad \|$$
$$N\,.\,NHC_{10}H_7 \qquad\qquad\qquad C_{10}H_7HN\,.\,N$$

Im allgemeinen entstehen in schwach saurer Lösung die Naphtylhydrazone der labileren Form (grössere Löslichkeit, niedrigerer Schmelzpunkt, leichtere Zersetzlichkeit durch Licht und höhere Temperatur). Es empfiehlt sich daher gewöhnlich, statt vom salzsauren Salze auszugehen, das mit der äquivalenten Menge Natriumacetat versetzt, mit der konzentrierten wässerigen Lösung des Zuckers

---

[1]) E. Fischer, Ann. **232**, 242 (1886).— Hanuš, Z. Unters. Nahrungsm. **3**, 351 (1900).

[2]) Hilger u. Rothenfusser, B. **35**, 1841 Anm. (1902). — B. **35**, 4444 (1902).

[3]) Van Ekenstein u. Lobry de Bruyn, Rec. **15**, 97, 225 (1896). — B. **35**, 3082 (1902).

zur Reaktion gebracht wird, (Ekenstein und Lobry de Bruyn) etwa nach dem folgenden, für die Darstellung von Galaktose-, Dextrose- und Arabinose-β-Naphtylhydrazon ausgearbeiteten Verfahren vorzugehen.

1,0 g Zucker wird in 1 ccm Wasser unter Erwärmung gelöst, und andererseits 1,0 g freies β-Naphtylhydrazin in 20 — 40 ccm Alkohol von 96 %. Beide Lösungen werden warm zusammengegossen, filtriert und bis zur Abscheidung des Hydrazons in verschlossener Flasche unter zeitweisem Umschütteln stehen gelassen. Das Hydrazon wird mit Äther gewaschen und aus Alkohol umkristallisiert.

Zur Analyse der Naphtylhydrazone dient ihre Spaltbarkeit vermittelst Formaldehyd oder Benzaldehyd. Man erwärmt mit Benzaldehyd und Salzsäure und wägt das gebildete Benzaldehydnaphtyl-hydrazon.

Über Isomerie bei Hydrazonen siehe noch: B. **24**, 35, 27 (1891), — **26**, 9, 18 (1893), — **29**, 793, Ref. 863 (1896), — **30**, 1240 (1897), — **31**, 1249 (1898), — **34**, 2001 (1901). — Am. **16**, 107, (1894), — C. r. **135**, 630, (1902). — ferner B. **25**, 1939 (1892). — **28**, 64 (1895) (Osazone).

Über Dibromphenylhydrazin, symm. Tribromphenylhydrazin, Tetrabromphenylhydrazin, p-Chlor- und p-Jod- sowie m-Dijodphenylhydrazin und ihre Derivate siehe A. Neufeld. Ann. **248**, 93 (1888).

Über 2.4-Dinitrophenylhydrazone und Pikrilhydrazone: Attilio Purgotti. Gazz. **24** (1), 554 (1894).

Als Lösungsmittel für schwer lösliche Hydrazone und Osazone[1]) haben sich neben Eisessig und Ligroin hauptsächlich Pyridin und Toluol, ferner Mischungen von Methyl-(Amyl-)alkohol mit Chloroform und Benzol, bewährt.

Über Spaltung der Hydrazone:

    Mittelst Salzsäure: E. Fischer, B. **22**, 3218 (1889).

    „   Benzaldehyd: Herzfeld B. **28**, 442 (1895. — E. Fischer, Ann. **288**, 144 (1895) — B. **35** 2000 (1902).

    „   Formaldehyd: Ruff und Ollendorff, B. **32**, 3234 (1899), vgl. Neuberg, B. **33**, 2245 (1900).

3. Indirekte Bestimmung der Karbonylgruppe.

Methode von Hugo Strache[2]).

Diese Methode beruht auf der Einwirkung von überschüssigem Phenylhydrazin auf Aldehyde und Ketone und der quantitativen

---

[1]) Neuberg, B. **32**, 3384 (1899). — Hilger u. Rothenfüsser, B. **35**, 4444 (1902).

[2]) M. **12**, 524 (1891). — M. **13**, 299 (1892). — Benedikt u. Strache, M. **14**, 270 (1893). — Jolles, Öst. Apoth.-Ztg. **30**, 198 (1892). — Kitt, Ch. Ztg. **22**, 338 (1898).

Ermittelung des Überschusses der Base durch Oxydation des Hydrazins mit siedender Fehlingscher Lösung, welche allen Stickstoff, auch aus etwa mitgebildeten Hydraziden, freimacht, das entstandene Hydrazon aber nicht angreift:

$$C_6H_5NHNH_2 + O = C_6H_6 + N_2 + H_2O.$$

Die Fehlingsche Lösung wird durch Mischen gleicher Volume einer Kupfervitriollösung, welche 70 g $CuSO_4 + 5$ aq im Liter enthält, mit alkalischer Seignettesalzlösung (350 g Seignettesalz und 260 g KOH im Liter) hergestellt.

Man hält ausserdem eine 10 %ige Lösung von essigsaurem Natron und eine circa 5 %ige Lösung von salzsaurem Phenylhydrazin vorrätig.

Ausführung des Versuches.

Die zu untersuchende Substanz (0,1 bis 0,5 g) wird in einem mit Marke versehenen 100 ccm-Kolben mit einer genau abgemessenen Menge der Hydrazinlösung und deren $1\,^1/_2$ fachen Menge essigsauren

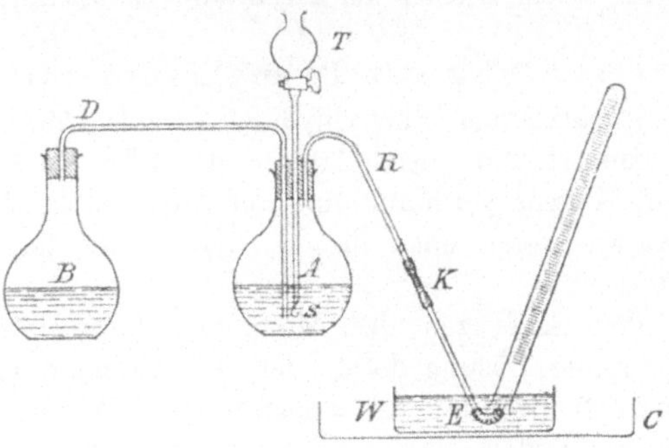

Fig. 9.

Natrons und Wasser auf etwa 50 ccm gebracht und eine Viertel- bis halbe Stunde auf dem Wasserbade erwärmt.

Nach dem Erkalten füllt man bis zur Marke, schüttelt um, hebt 50 ccm der Flüssigkeit heraus und bringt dieselbe in den Hahntrichter des weiter unten beschriebenen Apparates (Fig. 9).

Die Menge des Hydrazinsalzes, welches man in einer Bürette abmisst, ist womöglich so zu wählen, dass 15 — 30 ccm Stickstoff entwickelt werden.

200 ccm der Fehlingschen Lösung werden nun in einem etwa $^3/_4$ bis 1 Liter fassenden Kolben A zum Sieden erhitzt und aus dem Kolben B ein heftiger Strom von Wasserdampf eingeleitet,

um das durch die Ausscheidung des Kupferoxyduls bedingte, lästige Stossen zu vermeiden.

Sobald ein starker Dampfstrom dem Entbindungsrohre entweicht, wird dasselbe, dessen unterer Teil mit dem oberen durcn den kurzen Kautschukschlauch K verbunden ist, unter Wasser in die Wanne W gebracht. Das umgebogene Ende E des Glasrohres ist mit einem Kautschukschlauche überzogen.

Man setzt das Kochen fort, bis alle Luft aus dem Apparate durch Wasserdampf verdrängt ist.

Damit dies rasch geschehe, sollen die Rohre D und R nicht weiter als bis zum Rande in die entsprechenden Pfropfen eingesteckt sein. Trotzdem bleibt es aber unmöglich, in absehbarer Zeit die Luft vollkommen zu verdrängen; wenn daher in einer aufgesetzten Messröhre die aufsteigenden Blasen bis auf einen verschwindend kleinen Rest kondensiert werden, ermittelt man den Wirkungswert der Phenylhydrazinlösung für den Apparat und legt den so gefundenen Wert statt des theoretischen der Rechnung zu Grunde.

Titerstellung der Phenylhydrazinlösung.

Da 1 g salzsaures Phenylhydrazin rund 155 ccm Stickstoff entwickelt, benutzt man hierzu 10 ccm der 5 %/oigen Lösung, die auf 100 ccm mit Wasser verdünnt, und mit Natriumacetatlösung versetzt werden etc., wie weiter oben für die Darstellung des Hydrazons angegeben wurde.

Nach dem Aufsetzen des Messrohres kann nun die Phenylhydrazin haltende Lösung durch den Tropftrichter T, dessen Rohr vor der Zusammenstellung des Apparates mit Wasser gefüllt worden ist, eingelassen werden.

Das Trichterrohr ist am unteren Ende S ausgezogen und hakenförmig gekrümmt, um das Aufsteigen von Gasblasen in dasselbe zu vermeiden.

War die einfliessende Lösung kalt, so darf sie nicht zu rasch eingelassen werden, da sonst durch die plötzliche Abkühlung das Sperrwasser zurücksteigen könnte.

Der Trichter wird zweimal mit heissem Wasser ausgespült.

Bei genügend starkem Kochen erfolgt die Abspaltung und Verdrängung des Stickstoffs bis auf die wieder nicht zum Verschwinden zu bringenden kleinen Bläschen so rasch, dass die ganze Operation nur 2 bis 3 Minuten beansprucht.

Das Messrohr wird nun in kaltes Wasser gebracht. Um es

bequem aus der Wanne nehmen zu können, deren Inhalt sich durch den Dampf beträchtlich erhitzt hat, verdrängt man nach dem Herausheben des Rohres R das Wasser der Wanne durch zugeschüttetes, kaltes. Die flache Tasse C nimmt das überlaufende, warme Wasser auf.

Nach Beendigung der Titerstellung wird sofort der eigentliche Versuch, eventuell noch ein zweiter und dritter durchgeführt.

200 ccm Fehlingscher Lösung reichen vollständig hin, um 150 ccm Stickstoff frei zu machen, also bequem für drei bis vier Karbonylbestimmungen.

In dem Messrohre, auf dessen Wassersäule ein Tröpfchen des durch die Reaktion gebildeten Benzols schwimmt, lässt man nun noch mittelst einer unten umgebogenen Pipette einige Tropfen Benzol aufsteigen und liest nach einiger Zeit in üblicher Weise ab.

Die Reduktion des Volums auf 0^0 und 760 mm geschieht dann unter Berücksichtigung der Tension des Benzoldampfes, vermehrt um die Tension des Wasserdampfes, entsprechend folgender Tabelle:

Temperatur	Tension Benzol + Wasser
15° C.	72,7 mm
16	76,8
17	80,9
18	85,2
19	89,3
20	93,7
21	98,8
22	103,9
23	109,1
24	114,3
25	119,7.

Wegen der hohen Tension des Benzoldampfes und der immerhin nicht absoluten Genauigkeit obiger zum Teil durch Interpolation aus den Regnaultschen Zahlen erhaltenen Tabelle empfiehlt es sich nach Benedikt und Strache[1], das Benzol vor der Messung zu eliminieren. Man bringt zu diesem Zwecke in einen engen, ganz mit Wasser gefüllten Zylinder (s. Fig. 10), welcher nahezu dieselbe Höhe hat, wie das Messrohr, zunächst ein aus einem etwa 5 mm weiten Glasrohr gebogenes U-Rohr. Der kürzere Schenkel desselben ist zu einer Spitze ausgezogen, deren Mündung sich, wenn der Bug des U-Rohres auf dem Boden aufsteht, einige Centimeter unter

---

[1] **M. 14**, 273 (1893).

der Oberfläche des Wassers befindet. Der längere, oben offene Schenkel ragt etwa 40 cm über die Wasseroberfläche hervor und ist mittelst eines Stückchens dickwandigen Kautschukschlauches mit einem Hahntrichter verbunden. Das U-Rohr wird durch den Trichter mit Wasser gefüllt, die Messröhre, welche den zum Ablesen bestimmten Stickstoff enthält, über die Mündung des kürzeren Schenkels geschoben und dann in das Wasser eingesenkt. Man lässt nun etwa 200 ccm Alkohol aus dem Trichter in das U-Rohr fliessen, wobei die Flüssigkeit aus der Spitze des kürzeren Schenkels in kräftigem Strahle herausspritzt, die Benzoldämpfe aufnimmt und die über dem Wasser stehende Benzolschicht aus dem Messrohre verdrängt; dann wäscht man in gleicher Weise mit mindestens 400 ccm Wasser und hebt das Messrohr aus dem engen Zylinder in einen weiteren, ebenfalls mit Wasser gefüllten, in welchem dann die Ablesung erfolgt.

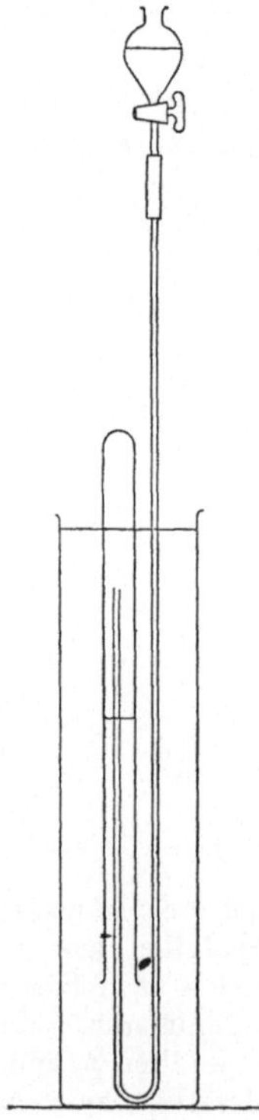

Fig. 10.

Aus dem auf 0^0 und 760 mm reduzierten Volumen V_0 berechnet sich der Gehalt an Karbonylsauerstoff nach der Gleichung:

$$O = (g \cdot V - 2V_0) \cdot 0,0012562 \cdot \frac{16}{28,02} \cdot \frac{100}{s} \,{}^0/_0$$

$$O = (g \cdot V - 2\,V_0) \cdot \frac{0 \cdot 0718}{s} \,{}^0/_0$$

wenn

g das Gewicht des angewandten Hydrazinsalzes,

V das Volum des von 1 g dieses Salzes entwickelten Stickstoffs (theoretisch 154,63 ccm) und

s das Gewicht der angewandten Substanz bedeutet.

Wenn das gebildete Hydrazon in Wasser oder verdünntem Alkohol unlöslich ist, muss man, wo Gefahr vorliegt, dass sich ein Teil des Phenylhydrazins als Hydrazid etc. ausgeschieden hat, das beim Pipettieren der Flüssigkeit zurückbleiben würde, die Digestion in alkoholischer Lösung vornehmen.

Da alsdann der Druck der Flüssigkeitssäule im Tropftrichter nicht genügend stark ist, um die Lösung in den Kolben gelangen zu lassen, setzt man auf die Öffnung des Trichters mittelst eines durchbohrten Kautschukstopfens ein gebogenes Glasröhrchen auf, das einen Schlauch mit Quetschhahn trägt, und bläst, während man den Glashahn vorsichtig öffnet, ein wenig der Flüssigkeit in den Kolben. Da der sich nun plötzlich entwickelnde Alkoholdampf zu einem Zurücksteigen der Flüssigkeit in den ersten Kolben, eventuell selbst zu einer Explosion Anlass geben kann, wenn man das Zufliessenlassen der Lösung nicht sehr langsam bewirkt, andererseits namentlich Ketone bei der Siedetemperatur des Alkohols nicht immer quantitativ mit der Base reagieren, empfiehlt es sich, den Versuch mit reinem, frisch ausgekochtem Amylalkohol vorzunehmen, der ein ausgezeichnetes Lösungsmittel von genügend hohem Siedepunkte bildet.

Der mitübergehende Amylalkohol ist dann natürlich, wie oben angegeben, mit Äthylalkohol und Wasser zu entfernen.

Nach Riegler[1]) kann man bei Zimmertemperatur arbeiten, wenn man an Stelle der Fehlingschen Lösung ein Gemisch gleicher Teile 15 %iger Kupfersulfatlösung und 15 %iger Natronlauge verwendet.

Man nimmt alsdann die Bestimmung im Knop-Wagnerschen Azotometer[2]) vor.

Jodometrische Methode von E. v. Meyer[3]).

Diese bequeme Methode (siehe das Register) lässt sich nicht anwenden, wenn die Hydrazone nach der meist geübten Weise unter Benutzung von essigsaurem Natron dargestellt wurden (Strache[4]), ist aber gut verwendbar, wenn man neben dem Hydrazon nur freies oder salzsaures Phenylhydrazin in der Lösung hat[5]).

Messung der Geschwindigkeit der Hydrazonbildung[6]).

Man löst die zu untersuchenden Karbonylverbindungen in 50 bis 80 %igem Alkohol auf, dann wird eine ganz ebensolche Lösung von Phenylhydrazin hergestellt, welches durch Kristallisation aus dem doppelten Volum Äther bei ca. $-10°$ gereinigt wurde. Das Gewicht der Substanz wird so gewählt, dass nach Mischung mit der berechneten Menge Phenylhydrazin eine ca. $^{1}/_{00}$ normale Lösung erhalten wird. Nach einstündigem Stehen bei einer zwischen 15—17 ° schwankenden Zimmertemperatur wird das Quantum des unverändert gebliebenen Phenylhydrazins nach E. von Meyer oder

---

[1]) Z. anal. **40**, 94 (1901).

[2]) Siehe pag. 54.

[3]) J. pr. (**2**) **36**, 115 (1887).

[4]) M. **12**, 525, (1891).

[5]) Petrenko-Kritschenko u. Eltschaninoff, B. **34**, 1699 (1901).

[6]) Petrenko-Kritschenko u. Lordkipanidze, B. **34**, 1702 (1901).

Strache bestimmt.   Unter den Bedingungen der Titration wirkt das Jod auf das gebildete Hydrazon nicht ein.

Da der Alkohol selbst nach sorgfältiger Reinigung gewisse Mengen Aldehyd enthält, ist stets eine blinde Probe auszuführen.

B. Darstellung von Oximen (V. Meyer[1]).

Zur Bildung von Oximen wird das Hydroxylamin entweder als

Freie Base, oder als

Chlorhydrat, als

Hydroxylaminmonosulfosaures Kali oder als

Zinkchloridbihydroxylamin

verwendet.

Zur Darstellung von **Aldoximen** lässt man auf die Aldehyde (1 Mol.) eine wässerige Lösung von salzsaurem Hydroxylamin (1 Mol.) und Natriumkarbonat ($^1/_2$ Mol.) in der Kälte einwirken.

Manchmal erweist es sich auch als zweckmässig, von dem betreffenden **Aldehydammoniak** auszugehen.

So stellt man nach **Dunstan** und **Dymonds**[2] Acetaldoxim dar, indem man die der Gleichung $CH_3 . CHO, NH_3 + NH_2OH, HCl = NH_4Cl + H_2O + CH_3 . CH : NOH$ entsprechenden Mengen der Materialien trocken zusammen verreibt. Dabei verflüssigt sich die Masse zum Teile. Man extrahiert das entstandene Oxim mittelst Äther, trocknet und fraktioniert. Das Destillat erstarrt in der Kälte zu langen, bei $46,5^0$ schmelzenden Nadeln.

Bei in **Wasser unlöslichen Aldehyden** arbeitet man in wässerig-alkoholischer Lösung.

Man lässt 12 Stunden, eventuell länger (bis zu 8 Tagen) stehen, schüttelt mit Äther aus, trocknet mit Chlorcalcium und rektifiziert.

Leicht oxydable Aldehyde (Benzaldehyd) oximiert man in einer mit Kohlensäure gefüllten Flasche[3].

Bei **Darstellung der Oxime der Zuckerarten**, welche in Wasser so leicht löslich sind, dass sie bei Verwendung von salzsaurem Hydroxylamin und Soda oder Ätznatron nicht von den anorganischen Salzen getrennt werden können, wird die Substanz in der berechneten Menge einer alkoholischen Lösung von freiem

---

[1] V. Meyer u Janny, B. **15**, 1324, 1525 (1882). — Janny, B. **15**, 2778 (1882). — B. **16**. 170 (1883).

[2] Soc. **61**, 473 (1892). — **65**, 209 (1894).

[3] Petraczek, B. **15**, 2783 (1882).

Hydroxylamin aufgelöst. Nach mehrtägigem Stehen kristallisiert das Aldoxim aus[1]).

Die alkoholische Hydroxylaminlösung bereitet man nach Volhard[2]), indem man die berechneten Mengen salzsauren Hydroxylamins und Kalihydrat mit wenig Wasser anrührt und mit absolutem Alkohol übergiesst, dann vom ausgeschiedenen Kaliumchlorid abfiltriert. Die so erhaltene Hydroxylaminlösung färbt sich stets ein wenig gelb, was sich nach Tiemann vermeiden lässt, wenn man statt mit Kalihydrat mit Natriumalkoholat arbeitet[3]).

Ketoxime bilden sich gewöhnlich nicht so leicht.

Man kann zu ihrer Darstellung die Substanz in wässeriger oder alkoholischer Lösung mit der berechneten Menge Natriumacetat und Hydroxylaminchlorhydrat 1 bis 2 Stunden auf dem Wasserbade erwärmen, schliesst auch gelegentlich die in Alkohol gelöste Substanz mit salzsaurem Hydroxylamin im Rohre ein und erhitzt 8 bis 10 Stunden auf 160 bis 180 °[4]).

Dabei kann man aber statt der Oxime deren Umlagerungsprodukte (Amide) erhalten[5]).

In vielen Fällen ist es von wesentlichem Vorteile, das Hydroxylamin in stark alkalischer Lösung auf die betreffende Karbonylverbindung einwirken zu lassen (Auwers)[6]).

Besonders empfiehlt es sich, die Verhältnisse so zu wählen, dass auf 1 Mol. der in Alkohol gelösten Substanz $1^1/_2$ bis 2 Mol. der salzsauren Base und $4^1/_2$ bis 6 Mol. Ätzkali zur Anwendung kommen. Die Reaktion pflegt dann bei gewöhnlicher, höchstens Wasserbadtemperatur, in wenigen Stunden beendigt zu sein.

Statt durch Soda oder Ätzkali kann man die Neutralisation der Salzsäure auch durch andere Basen bewirken; so mischte Schiff[7]) äquivalente Mengen von Acetessigester und Anilin mit einer konzentrierten wässerigen Lösung der berechneten Menge von Hydroxylaminchlorhydrat. Nach Beendigung der Reaktion wird mit Äther das entstandene Oxim vom Anilinchlorhydrat getrennt.

Unanwendbar ist die Methode von Auwers bei der Darstellung von Dioximen, welche unter dem Einflusse von Alkali

---

1) Wohl, B. **24**, 994 (1891).
2) Ann. **253**, 206 (1889).
3) B. **24**, 994 (1891). — Siehe auch Wohl, B. **26**, 730 (1893).
4) Homolka, B. **19**, 1084 (1886). — Schunck u. Marchlewski, B. **27**, 3464 (1894).
5) B. **24**, 2386, 2388, 4051 (1891). — B. **26**, 1261 (1893).
6) B. **22**, 609 (1889).
7) B. **28**, 2731 (1895).

leicht in ihre Anhydride übergehen, oder wenn die Ketone, von denen man ausgeht, von Alkali angegriffen werden.

In solchen Fällen kann saure Oximierung am Platze sein.

Chinon z. B. wird von alkalischer Hydroxylaminlösung lediglich zu Hydrochinon reduziert, gibt aber in wässeriger Lösung mit Hydroylamin-chlorhydrat und Salzsäure ein Dioxim (Nietzki und Kehrmann)[1].

Phenylglyoxylsäure hingegen ist sowohl in alkalischer, als auch neutraler und saurer Lösung der Oximierung zugänglich[2].

Zur Darstellung von Ketoximsäuren setzt Bamberger[3] zur neutralen Alkalisalzlösung der Ketonsäure salzsaures Hydroxylamin; die Ausscheidung der freien Ketoximsäure beginnt meist nach wenigen Augenblicken, namentlich beim Erwärmen. Ist die betreffende Ketonsäure in Wasser unlöslich, so fügt man noch ein weiteres Molekül Lauge hinzu, um das lösliche Alkalisalz zu erhalten (Mylius[4].

Garelli[5] empfiehlt dagegen (unter Vermeidung eines Überschusses von salzsaurem Hydroxylamin, wegen eventueller Nitrilbildung) statt der freien Säuren deren Methyläther zu oximieren.

In alkoholisch-ätherischer Lösung unter Kochen am Rückflusskühler wird nach Beckmann und Pleissner[6] das Pulegonoxim gewonnen, ebenso das Dioxyacetoxim[7].

Mittelst hydroxylaminsulfosauren Kalis, des „Reduziersalzes" der Badischen Anilin- und Sodafabrik, hat Kostanecki[8] Oximierung in wässerig-alkalischer Lösung durchgeführt.

Dieses Salz spaltet nämlich bei Gegenwart von überschüssigem Alkali freies Hydroxylamin ab, das gleichsam im status nascens zur Einwirkung gelangt[9]. Es besitzt übrigens den Vorteil grosser Wohlfeilheit.

Von Crismer[10] wird das Zinkchloridbihydroxylamin ($ZnCl_2$ $2 NH_2OH$), namentlich auch zur Darstellung von Ketoximen empfohlen, da es, wasserfreies Chlorzink und Hydroxylamin enthaltend, die Wasserabspaltung erleichtert.

Zur Darstellung dieses Körpers[11] wird in eine kochende, alkoholische Lösung von Hydroxylaminchlorhydrat (10 Teile), Zinkoxyd (5 Teile) ein-

[1]) B. **20**, 614 (1887).
[2]) Seelig 370.
[3]) B. **19**, 1430 (1886).
[4]) Mylius, B. **19**, 2007 (1886).
[5]) Gazz. **21**, 2, 173 (1891).
[6]) Ann. **262**, 6 (1891).
[7]) Piloty u. Ruff, B. **30**, 1663 (1897).
[8]) B. **22**, 1344 (1889).
[9]) Raschig, Ann. **241**, 187 (1887).
[10]) Bull. (**3**) **3**, 114 (1890).
[11]) B. **23**, R. 223 (1890).

getragen und die Lösung unter Anwendung eines Rückflusskühlers einige Minuten im Kochen erhalten.

Beim Erkalten scheidet sich das Doppelsalz als kristallinisches Pulver aus. Es ist wenig löslich in reinem Wasser und Alkohol, leicht in Flüssigkeiten, welche salzsaures Hydroxylamin enthalten.

Nach Kehrmann[1]), sowie Herzig und Zeisel[2]) wird unter Umständen durch mehrfache Substitution der Orthowasserstoffe durch Halogen oder Alkyl die Ersetzbarkeit des Karbonylsauerstoffes durch den Hydroxylaminrest aufgehoben oder erschwert und zwar nicht bloss bei o-[3]) und p-Chinonen, sondern auch bei m-Diketonen.

Aromatische Ketone der Form

$$CO - R,$$
$$\mid$$
$$CH_3 - C - C - C - CH_3$$

in welchen R ein Alkoholradikal oder Phenyl bedeutet, sind nach V. Meyer[4]) und Petrenko-Kritschenko und Rosenzweig[5]) der Oximierung nicht zugänglich, und wo dennoch eine Reaktion erzwungen wird, erhält man an Stelle der Oxime die Produkte der Beckmannschen Umlagerung[6]).

Über einen anderen merkwürdigen Fall sterischer Behinderung der Oximbildung siehe Börnstein, B. **34**, 4349 (1901).

Gibt es sonach Karbonylgruppen, welche durch Oximierung nicht nachweisbar sind, so kann andererseits gelegentlich Karboxylkarbonyl von Säuren[7]), Säureamiden[8]) oder Estern[9]) infolge Bildung von Hydroxamsäuren zu Irrtümern Anlass geben. Ebenso kann unter Umständen Oxyd- und Laktonsauerstoff reagieren.

---

1) B. **21**, 3315 (1888). — **23**, 3557 (1890). — J. pr. (2) **39**, 319, 592 (1889). — **40**, 457 (1889). — **42**, 134 (1890). — B. **27**, 217 (1894). — Nietzki u. Schneider, B. **27**, 1438 (1894). — Störmer u. Wehle, B. **35**, 3553 (1902).

2) B. **21**, 3494 (1888).

3) Vgl. dagegen B. **22**, 1344 (1889).

4) B. **29**, 830, 836, 2564 (1896); vgl. Feit u. Davies, B. **24**, 3546 (1891). — Biginelli, Gazz. **24**, 1, 437 (1894). — Claus, J. pr. (2) **45**, 383 (1892). — Baum, B. **28**, 3209 (1895). — Harries u. Hübner, Ann. **296**, 301 (1897). — Siehe übrigens Dittrich u. V. Meyer, Ann. **264**, 166 (1891).

5) Petrenko-Kritschenko u. Rosenzweig, B. **32**, 1744 (1899).

6) Smith, B. **24**, 4058 (1891). — Auwers u. Meyenburg, Davies u. Feith, B. **24**, 2388 (1891). — Thorp, B. **26**, 1261 (1893).

7) Nef, Ann. **258**, 282 (1890).

8) C. Hoffmann, B. **22**, 2854 (1889).

9) Jeanrenaud, B. **22**, 1273 (1889). — Tingle, Am. **24**, 52 (1900).

Oxime aus Hydrazonen.

Der Rest des Phenylhydrazins in den Hydrazonen lässt sich oftmals durch andere basische Gruppen verdrängen, so namentlich durch die **Oximidogruppe**[1]).

Nach den einschlägigen Versuchen **Fuldas** ist die Umwandlung der Hydrazone in Oxime in vielen Fällen quantitativ ausführbar, doch liessen sich keinerlei Gesetzmässigkeiten bezüglich der Abhängigkeit des Verlaufes der Reaktion von der Struktur der reagierenden Karbonylverbindung konstatieren.

Immerhin hat es sich gezeigt, dass die Ketonhydrazone im allgemeinen der Umsetzung leichter zugänglich sind, als die Aldehydhydrazone, indem die ersteren in alkoholischer Lösung schon in der Kälte nahezu momentan und quantitativ mit wässerigem Hydroxylaminchlorhydrat reagieren.

Benzophenonhydrazon dagegen bleibt unter diesen Umständen unverändert.

Oxime aus Thioverbindungen.

Manche Ketone, welche nicht direkt mit Hydroxylamin in Reaktion zu bringen sind, liefern Oxime, wenn man sie vorher in ihre **Thioverbindungen** verwandelt.

So gelangte **Tiemann**[2]) mit Hilfe des Thiokumarins zum Kumaroxim, während Kumarin selbst von Hydroxylamin nicht angegriffen wird.

Während Rosindon auf die Base nicht einwirkt, kann man nach dieser Methode[3]) leicht zum Rosindonoxim gelangen.

Graebe und Röder[4]) erhielten ebenfalls das Oxim (und das Phenylhydrazon) des Xanthons im Umwege über das Xanthion.

Dagegen lässt dieses Verfahren bei den N-Alkylpyridonen[5]) im Stich.

Ketonreaktionen des γ-Lutidons: J. pr. (2) **64**, 496 (1902).

Doppelverbindungen der Oxime.

Viele Ketoxime besitzen die Fähigkeit, sich mit den verschiedenartigsten organischen und anorganischen Verbindungen zu vereinigen. Oft lassen sich für die Zusammensetzung derartiger Doppelverbindungen gar keine rationellen Formeln finden, so dass man annehmen muss, dass je nach Temperatur und Konzentration verschiedene Körper (nach Art der Hydrate) entstehen, die dann in Mischung vorliegen.

---

1) **Kolb**, Ann. **291**, 287 (1896). — **Zink**, M. **22**, 831 (1901). — **Fulda**, M. **23**, 910 (1902).
2) B. **19**, 1662 (1886).
3) **Dilthey**, Dissertation, Erlangen (1900).
4) B. **32**, 1688 (1899).
5) **Gutbier**, B. **33**, 3358 (1900).

Als solche Substanzen, die Verbindungen mit Ketoximen eingehen, sind zu erwähnen: Wasser (Wallach[1]), Goldschmidt[2])), Blausäure (Miller)[3], Phenylisocyanat (Goldschmidt)[4], Jodnatrium (Goldschmidt)[5], Alkohol, Benzol, (V. Meyer, Auwers[6]), Petrenko-Kritschenko und Rosenzweig)[7][8][9]), Glycerin[7])[8]), Äthylenglykol[7])[8]), Tetrachlorkohlenstoff[7]), Chinolin[7]), Malonsäureester[7]), Acetessigester[7]), Äthyläther[7]), Amylalkohol[7]), Valeriansäure[7]), Äthylenbromid[7]), Nitrobenzol[7]), Essigsäure[7])[8]), Anilin[7]), Pyridin[7])[8]), Aceton[7])[8]). Methylalkohol[7]), Chloroform[7]).

Namentlich die Oxime der Tetrapyronverbindungen zeigen diese Eigentümlichkeit.

Die Doppelverbindungen der Oxime mit hoch siedenden organischen Lösungsmitteln schmelzen niedriger als die entsprechenden Oxime, die anderen zeigen den Schmelzpunkt der reinen Oxime[8]).

Verhalten ungesättigter Karbonylverbindungen gegen Hydroxylamin.

$\alpha\beta$-Ungesättigte Verbindungen vom Typus:

$$
\begin{array}{ccc}
\mathrm{C-C=O} & & \mathrm{C-C=O} \\
| & & | \\
\mathrm{C-C=C-} & \text{oder} & \mathrm{CH=C-}
\end{array}
$$

reagieren mit Hydroxylamin derart, dass sich die Base zunächst an die doppelte Bindung addiert:

$$
\begin{array}{ccc}
\mathrm{C-C=O} & & \mathrm{C-C=O} \\
| & & | \\
\mathrm{C-CH-C-} & \text{oder} & \mathrm{CH_2-C-} \\
| & & | \\
\mathrm{NHOH} & & \mathrm{NHOH}
\end{array}
$$

und erst überschüssiges Hydroxylamin greift auch die Karbonylgruppe unter Bildung der sogen. Oxaminoxime an[10])[11]). Die primär gebildeten

---

[1]) Ann. **279**, 386 (1894).

[2]) B. **23**, 2748 (1900). — B. **24**, 2808, 2814 (1891). — B. **25**, 2573 (1892).

[3]) B. **26**, 1545 (1893).

[4]) B. **22**, 3101 (1889). — B. **23**, 2163 (1890).

[5]) B. **23**, 2748 (1890). — B. **24**, 2808, 2814 (1891). — B. **25**, 2573 (1892).

[6]) B. **22**, 540, 710 (1889).

[7]) Petrenko-Kritschenko, B. **33**, 744 (1900).

[8]) Petrenko-Kritschenko u. Kasanezky, B. **33**, 854 (1900).

[9]) Petrenko-Kritschenko u. Rosenzweig, B. **32**, 1744 (1899).

[10]) J. Bishop Tingle, Am. **19**, 408 (1897).

[11]) Wallach, Ann. **277**, 125 (1893). — Tiemann, B. **30**, 251 (1897). — Harries u. Lehmann, B. **30**, 231, 2726 (1897). — Minnuni, Gazz. **27** (II), 263 (1897). — Harries u. Gley, B. **31**, 1808 (1898). — Harries u. Jablonski, B. **31**, 1371 (1898). — Harries u. Röder, B. **31**, 1809

Additionsprodukte geben dann weiter noch oft unter Ringschluss cyklische Anhydride (Isoxazole).

Terpenketone, welche eine $\alpha\beta$-Doppelbindung in der Seitenkette enthalten, lagern nur ein Mol. Hydroxylamin an, unter Bildung von Oxaminoketonen. Bei der Oxydation einer wässerigen Lösung von Oxaminoketonen und Oxaminoximen durch Kochen mit gelbem Quecksilberoxyd, liefern jene Substanzen, bei denen sich die Hydroxylamingruppe an ein sekundäres Kohlenstoffatom angelagert hat, farblose Dioxime, während diejenigen, bei welchen Anlagerung an ein tertiäres Kohlenstoffatom eingetreten war, eine dunkelblaue Lösung liefern. (Bildung eines wahren Nitrosokörpers.)

Verhalten der Xanthon- und Flavonderivate gegen Hydroxylamin.

Weder das Xanthon

$$C_6H_4 \big\langle\begin{smallmatrix} O \\ CO \end{smallmatrix}\big\rangle C_6H_4$$

noch das Euxanthon reagieren mit Hydroxylamin (und Phenylhydrazin)[1]) und ebenso verhalten sich die Flavonderivate[2])

Während es nun Graebe gelungen ist, das Xanthon im Umwege über das Xanthion zu oximieren[3]), konnte Kostanecki[4]) zeigen, dass diese merkwürdige Passivität des γ-Pyronringes aufgehoben wird, sobald der Pyronring in einen Dihydro-γ-Pyronring übergeht, wie ihn die von Kostanecki, Levi und Tambor[4]) und von Kostanecki und Oderfeld[5]) dargestellten Flavanone

---

(1898). — Bredt u. Rübel, Ann. **299**, 160 (1898). — Knoevenagel u. Goldsmith, B. **31**, 2465 (1898). — Harries, B. **31**, 2896 (1898). — Harries, B. **32**, 1315 (1899). — Knoevenagel, Ann. **303**, 224 (1899). — Harries u. Mattfus, B. **32**, 1940, 1345 (1899). — Tiemann u. Tigges, B. **33**, 2960 (1900).

[1]) V. Meyer u. Spiegler, B. **17**, 808 (1884).
[2]) Kostanecki, B. **33**, 1483 (1900).
[3]) Siehe pag. 94.
[4]) B. **32**, 330 (1899).
[5]) B. **32**, 1928 (1899).

enthalten. Schon beim Kochen der alkoholischen Lösung der Flavanone mit salzsaurem Hydroxylamin geht die Oximbildung langsam von statten, setzt man noch die molekulare Menge Natriumkarbonat hinzu, so werden bereits nach kurzem Erhitzen die Flavanone quantitativ in ihre Oxime übergeführt, welche durch Kochen in alkoholischer Lösung mit starker Salzsäure wieder in die Flavanone zurückverwandelt werden können [1]).

Bestimmung der Oxime nach Petrenko-Kritschenko und Lordkipanidze [2]).

Diese Methode gestattet, auf Grund der Beobachtung, dass die Oxime in verdünnten Lösungen sich nicht mit Säuren verbinden, den bei der Oximierung zurückbleibenden Überschuss von Hydroxylamin zu titrieren.

Der alkoholischen Lösung der karbonylhaltigen Substanz wird eine frisch bereitete Lösung von schwefelsaurem Hydroxylamin mit einem Äquivalent Baryt zugesetzt.

Die Bestimmungen werden so ausgeführt, dass beim Zusammengiessen der Flüssigkeiten eine etwa 50 %/oige Alkohollösung von ungefähr centinormaler Konzentration erhalten wird.

Als Indikator dient Methylorange.

C. Darstellung von Semikarbazonen (Baeyer, Thiele [3])).

Die Darstellung der gut kristallisierenden Semikarbazidderivate leistet namentlich in der Terpenreihe gute Dienste, in welcher Gruppe die Phenylhydrazone meist schlecht kristallisieren und leicht zersetzlich sind und auch die Oxime oft nicht im festen Zustande erhalten werden können.

Darstellung der Semikarbazid-Salze.

1. Semikarbazid-Chlorhydrat.

a) Aus Hydrazinsulfat (J. Thiele und O. Stange [4])).

Je 13 g Hydrazinsulfat werden in 100 ccm Wasser gelöst, mit 5,5 g trockener Soda neutralisiert, nach dem Erkalten mit einem sehr geringen Überschusse von Kaliumcyanat (8,8 g) versetzt und über Nacht stehen gelassen. Es scheidet sich eine sehr geringe Menge Hydrazodikarbonamid, ab, die sich durch Ansäuern der Flüssigkeit mit Schwefelsäure noch etwas vermehrt. Das saure Filtrat wird einige Zeit mit Benzaldehyd geschüttelt, der entstehende Niederschlag abgesaugt und mit Äther gewaschen.

---

[1]) Siehe auch Herzig und Pollak B. **36**, 2321 (1903).
[2]) B. **34**, 1702 (1901). — Siehe auch Grimaldi C. **1903**, I, 97.
[3]) B. **27**, 1918 (1894).
[4]) B. **28**, 32 (1895).

20 g des so erhaltenen Benzalsemikarbazids werden mit 40 g rauchender Salzsäure vorsichtig auf dem Wasserbade erwärmt und mit soviel Wasser versetzt, dass eben alle feste Substanz in der Wärme gelöst wird. Zur Entfernung des ausgeschiedenen Benzaldehyds wird in der Wärme wiederholt mit Benzol ausgeschüttelt. Die wässerige Schicht scheidet beim Erkalten den grössten Teil des salzsauren Semikarbazids in kleinen Nädelchen ab, welche durch Kristallisieren aus verdünntem Alkohol leicht in schönen Prismen vom Zersetzungspunkte 173 ° erhalten werden.

Die Mutterlauge wird zweckmässig nach dem Verdünnen mit Wasser durch Fällen mit Benzaldehyd wieder auf Benzalverbindung verarbeitet.

b) Aus Nitroharnstoff (Thiele und Heuser[1])).

225 g rohen Nitroharnstoffs werden mit 1700 ccm konzentrierter Salzsäure und etwas Eis angerührt. Man trägt das Gemisch in kleinen Portionen (namentlich anfangs) unter gutem Rühren in einen Brei von Eis mit überschüssigem Zinkstaub ein, indem man darauf achtet, dass die Temperatur stets auf ca. 0 ° gehalten wird.

Die Reduktion wird zweckmässig in einem emaillierten Blechtopfe vorgenommen, der durch eine Kältemischung gekühlt wird.

Wenn aller Nitroharnstoff eingetragen ist, lässt man noch kurze Zeit stehen, saugt ab, sättigt das Filtrat mit Kochsalz und 200 g essigsaurem Natron und gibt schliesslich 100 g Aceton zu. Nach mehrstündigem Stehen in Eis oder besser einer Kältemischung scheidet sich Acetonsemikarbazon-Chlorzink als kristallinischer Niederschlag ab, der mit Kochsalzlösung, dann mit Wasser gewaschen wird. Ausbeute 40—55 %.

Je 200 g Zinkverbindung werden mit 350 ccm konzentrierter Ammoniaklösung digeriert und nach einigem Stehen das Zink abfiltriert.

Der Rückstand ist Acetonsemikarbazon, das nach der oben gegebenen Vorschrift auf Semikarbazidsalze zu verarbeiten ist.

Manche Ketone setzen sich mit dem salzsauren Semikarbazid wenig glatt um und geben chlorhaltige Reaktionsprodukte. In solchen Fällen verwendet man schwefelsaures Salz.

Darstellung des schwefelsauren Semikarbazids
(Tiemann und Krüger)[2].

Das nach Thiele dargestellte Filtrat vom Hydrazodikarbonamid wird vorsichtig alkalisch gemacht, mit Aceton geschüttelt, das auskristallisierende Acetonsemikarbazon in alkoholischer Lösung mit der berechneten Menge Schwefelsäure versetzt und das dabei ausfallende schwefelsaure Semikarbazid mit Alkohol gewaschen.

Darstellung von freiem Semikarbazid.

a) Nach Curtius und Heidenreich[3].

Zur Darstellung des Semikarbazids erhitzt man molekulare Mengen von Harnstoff und Hydrazinhydrat während 20 Stunden im Rohre auf 100 °.

---

1) Ann. **288**, 312 (1895).

2) B. **28**, 1754 (1895).

3) B. **27**, 55 (1894). — J. pr. (**2**) **52**, 465 (1895).

Die Röhren zeigen beim Öffnen sehr geringen Druck und enthalten eine Kristallmasse, welche dem Harnstoff sehr ähnlich sieht; man spült ihren Inhalt mit Wasser in eine Porzellanschale und verdampft die Flüssigkeit auf dem Wasserbade. Den zähflüssigen Rückstand bringt man in einen Exsikkator über Schwefelsäure, wo derselbe bald zu einer weissen Kristallmasse erstarrt; diese wird zur Entfernung des noch anhaftenden Hydrazinhydrates auf einen Tonteller gebracht und, nachdem sie vollkommen trocken geworden ist, aus absolutem Alkohol umkristallisiert; hierbei bleiben kleine Mengen Hydrazodikarbonamid ungelöst. Aus der alkoholischen Lösung kristallisiert das Semikarbazid in farblosen sechsseitigen Prismen, welche bei 96 ⁰ schmelzen.

b) Nach Alexander und Wilhelm Herzfeld [1]).

Zur Darstellung des freien Semikarbazids wird gebrannter Marmor zu einem dicken Kalkbrei gelöscht und in geringen Mengen mit der berechneten Menge Semikarbazidsulfat in einer Reibschale so verrührt, dass das letztere anfangs immer im Überschusse zugegen ist, die Masse in einem Kolben längere Zeit mit starkem Alkohol geschüttelt, dann vom Gips abfiltriert und der Alkohol abgedampft. Nach Bräuer [2]) wird Semikarbazidchlorhydrazin in möglichst wenig Wasser gelöst, mit der berechneten Menge Natrium in absolut alkoholischer Lösung versetzt, und nach dem Erkalten vom Kochsalz filtriert. Thiele und Stange verwenden zum Abstumpfen der Säure Magnesiumkarbonat [3]).

Darstellung der Semikarbazone.

Das salzsaure Semikarbazid wird in wenig Wasser gelöst, mit einer entsprechenden Menge von alkoholischem Kaliacetat und dem betreffenden Aldehyd oder Keton versetzt und dann acetonfreier Alkohol und Wasser bis zur völligen Lösung hinzugesetzt.

Die Dauer der Reaktion ist sehr verschieden und schwankt, wie beim Hydroxylamin, zwischen einigen Minuten und vier bis fünf Tagen (Baeyer).

Zelinski [4]) empfiehlt (zur Untersuchung cyklischer Ketone) eine Lösung von einem Teil Semikarbazidchlorhydrat und einem Teil Kaliumacetat in drei Teilen Wasser. Dieses Reagens wird in etwas überwiegendem Quantum zu der entsprechenden Menge des Ketons gebracht. Beim Schütteln beginnt alsbald in der Kälte Abscheidung der in Wasser schwer löslichen Semikarbazone, eventuell leitet man die Abscheidung durch Zufügen einiger Tropfen acetonfreien Methylalkohols ein. — Die erhaltenen Verbindungen werden meist aus Methylalkohol umkristallisiert.

---

1) Z. Ver. Rübenzuck.-Indust. (**1895**), 853.
2) B. **31**, 2199 (1898).
3) Ann. **283**, 27 (1894).
4) B. **30**, 1541 (1897).

d-Kampfersemikarbazon wird erhalten[1]), indem man 12 g Semikarbazidchlorhydrat und 15 g Natriumacetat in 20 ccm Wasser löst und damit die Auflösung von 15 g d-Kampfer in 20 ccm Eisessig vermischt. Eine eintretende Trübung wird durch gelindes Erwärmen oder Zusatz von einigen Tropfen Eisessig beseitigt. Das gebildete Semikarbazon wird mit Wasser gefällt.

Jononsemikarbazon kann nur mittelst schwefelsauren Semikarbazids erhalten werden.

Man trägt zu seiner Darstellung gepulvertes Semikarbazidsulfat in Eisessig ein, welcher die äquivalente Menge Natriumacetat gelöst enthält.

Man lässt das Gemisch 24 Stunden bei Zimmertemperatur stehen, damit schwefelsaures Semikarbazid und Natriumacetat sich völlig zu Natriumsulfat und essigsaurem Semikarbazid umsetzen, fügt sodann die jononhaltige Flüssigkeit hinzu und lässt drei Tage stehen.

Das mit viel Wasser versetzte Reaktionsgemisch wird dann ausgeäthert und die Ätherschicht durch Schütteln mit Sodalösung von Essigsäure befreit. Den Ätherrückstand behandelt man mit Ligroin, um vorhandene Verunreinigungen zu entfernen, und kristallisiert das so gereinigte Jononsemikarbazon aus Benzol unter Zusatz von Ligroin um.

In manchen Fällen ist auch Erwärmen auf dem Wasserbade nötig, so namentlich bei den Zuckerarten[3]) und Chinonen[4]). In diesen Fällen wird dann auch meist eine alkoholische Lösung von freiem Semikarbazid benutzt. Für die Chinone wird das in wenig Wasser gelöste Chlorhydrat verwendet. Mit freiem Semikarbazid ohne Lösungsmittel haben übrigens auch Curtius und Heidenreich[5]) und A. und W. Herzfeld[6]) gearbeitet.

Spalten kann man die Semikarbazone mittelst Benzaldehyd (Herzfeld[4])[5]), verdünnter Schwefelsäure[7]) oder Phtalsäureanhydrid[8]).

Beim Kochen mit Anilin gehen die Semikarbazone in Phenylkarbaminsäurehydrazone über: Borsche, B. 34, 4299 (1901).

Semikarbazid und ungesättigte Ketone: Harries und Kaiser B. 32, 1338 (1899).

Stereoisomere Semikarbazone: Zelinsky, B. 30, 1541 (1897).

---

1) Tiemann, B. 28, 1754 (1895).
2) Tiemann u. Krüger, B. 28, 1754 (1895).
3) W. Herzfeld, Z. Ver. Rübenz.-Ind. (1897), 604. — Bräuer, B. 31, 2199 (1899). — Glykuronsäure: Giemsa: B. 33, 2297 (1900).
4) Thiele, Ann. 302, 329 (1898).
5) J. pr. 52, 465 (1895).
6) C. (1895) II, 1039.
7) Semmler, B. 35, 2047 (1902).
8) Tiemann u. Schmidt, B. 33, 3721 (1900).

D. Darstellung von Thiosemikarbazonen [1].

Die Verbindungen des Thiosemikarbazids mit Aldehyden und Ketonen $RR_1C:NNHCSNH_2$ besitzen die wertvolle Eigenschaft, mit einer Reihe von Schwermetallen unlösliche Salze zu bilden. Man braucht daher die Thiosemikarbazone — sie mögen fest oder flüssig sein — selbst nicht zu isolieren, sondern fällt sie aus ihren Lösungen mit Silbernitrat, Kupferacetat oder Merkuriacetat.

Die Quecksilbersalze sind meist kristallinisch und in heissem Wasser löslich, daher auch umkristallisierbar; die Kupfer- und Silbersalze dagegen sind amorph und in Wasser, Alkohol und Äther gänzlich unlöslich.

Besonders empfehlenswert ist die Abscheidung der Thiosemikarbazone als Silberverbindungen: $RR_1C:N.N:C(SAg)NH_2$ oder $RR_1C:N.(NAg)CSNH_2$.

Da das Thiosemikarbazid selbst mit Schwermetallen Doppelverbindungen eingeht, so muss ein Überschuss dieser Substanz vor der Fällung entfernt werden. Dies gelingt leicht, da das Reagens in Alkohol schwer und in anderen organischen Lösungsmitteln nicht löslich ist, während die Thiosemikarbazone von diesen Solventien meist leicht aufgenommen werden. Je nach der Löslichkeit der Thiosemikarbazone in Wasser oder organischen Lösungsmitteln ist wässeriges oder alkoholisches Silbernitrat zu verwenden.

Die Silbersalze sind weisse, oft käsige Niederschläge, die sich, möglichst vor Licht geschützt, über konz. Schwefelsäure unzersetzt trocknen lassen.

Die Silberbestimmung kann entweder durch energisches Glühen und Schmelzen [2] oder nach Volhard durch Titration erfolgen; in letzterem Falle muss die Substanz im Erlenmeyer-Kölbchen mit etwas rauchender Salpetersäure bis zur Lösung erhitzt werden. Entfernung von etwa ungelöstem Schwefel ist überflüssig.

Die Abscheidung der Thiosemikarbazone führt man aus, indem man das Silbersalz in wässeriger, alkoholischer oder ätherischer Suspension (je nach der Löslichkeit des freien Thiosemikarbazons) mit Schwefelwasserstoff zerlegt oder mit einer nach dem

---

[1] Freund u. Irmgart, B. **28**, 306, 948 (1895). — Schander, Dissertation Berlin 1894, pag. 38. — Freund u. Schander, B. **35**, 2602 (1902). — Neuberg u. Neimann, B. **35**, 2049 (1902). — Neuberg u. Blumenthal, Beiträge zur chem. Physiologie und Pathologie **2**, Heft 5 (1902).

[2] Salkowski, B. **26**, 2497 (1893).

Ergebnisse der Titration berechneten Menge Salzsäure schüttelt und das Filtrat eindampft.

Die Rückverwandlung in Aldehyde resp. Ketone erfolgt durch Spaltung der Thiosemikarbazone oder ihrer Silbersalze direkt mit Mineralsäuren. Bei mit Wasserdampf flüchtigen Substanzen verwendet man zweckmässig Phtalsäureanhydrid zur Zerlegung.

Die Silbersalzmethode ist allgemeinster Anwendung fähig, nur die Zuckerarten geben keine schwerlöslichen Salze, bilden aber dafür oftmals sehr schön kristallisierende Thiosemikarbazone.

Beispiel der Darstellung eines Thiosemikarbazons.

3 g Valeraldehyd werden in 20 ccm absoluten Alkohols gelöst und mit einer konzentrierten, wässerigen Lösung von 3,3 g Thiosemikarbazid versetzt. Engt man nach 24 stündigem Stehen auf dem Wasserbade ein, so scheidet sich in dem Masse, wie der Alkohol verdampft, das gesuchte Produkt kristallinisch ab. Es wird aus 50 %igem Alkohol oder aus Äther umkristallisiert.

Das Silbersalz wird dann aus der alkoholischen Lösung des Thiosemikarbazons mit alkoholischem Silbernitrat gefällt; beim Umrühren setzt es sich leicht in weissen Flocken ab, die abgesaugt, mit Alkohol und Äther gewaschen und im Vakuumexsikkator getrocknet, den erwarteten Silbergehalt zeigen.

Darstellung des Thiosemikarbazids[1].

50 g des käuflichen Hydrazinsulfates $NH_2 . NH_2 . H_2SO_4$ (1 Mol.) werden mit 200 ccm Wasser übergossen, erwärmt und dazu 27 g ($^1/_2$ Mol.) festes calciniertes Kaliumkarbonat gegeben. Unter Entweichen von Kohlensäure entseht das in Wasser leicht lösliche neutrale Hydrazinsulfat $(N_2H_4)_2 . H_2SO_4$ und schwefelsaures Kalium. Man fügt jetzt 40 g (1 Mol.) Rhodankalium hinzu, kocht einige Minuten, setzt dann zur vollständigen Abscheidung des bereits in reichlicher Menge auskristallisierten Kaliumsulfats 200—300 ccm heissen Alkohol hinzu und saugt scharf ab. Das Filtrat, welches das gebildete rhodanwasserstoffsaure Hydrazin enthält, wird erst durch Erhitzen von Alkohol befreit und dann in offener Schale über freiem Feuer unter beständigem Rühren sehr stark eingekocht, bis die sirupöse Masse lebhaft Blasen aufzuwerfen beginnt. Sollte die Zersetzung zu heftig werden, so kann man die Reaktion durch Zusatz von kaltem Wasser mässigen. Beim Erkalten erstarrt die eingekochte Masse zu einem Brei von Kristallen des Thiosemikarbazids. Nachdem man etwas Wasser zugefügt hat, wird abgesaugt und das Filtrat, in welchem noch reichliche Mengen nicht umgesetzten Rhodanats vorhanden sind, wiederum zum Sirup eingekocht. Durch 5—6 malige Wiederholung der Operationen und jedesmalige Verarbeitung des Filtrats gelingt es, circa 25 g rohes Thiosemikarbazid, d. h. 70 % der theoretischen Ausbeute, zu erhalten.

Nach einmaligem Umkristallisieren aus Wasser ist die Base vollkommen rein. Schmelzpunkt 183°.

---

[1] Freund u. Schander, B. **29**, 2500 (1896). — Schander, Diss. Berlin **1896**, pag. 17.

E. Darstellung von Amidoguanidinderivaten der Ketone.

Salzsaures Amidoguanidin wird mit wenig Wasser und einer Spur Salzsäure in Lösung gebracht, das Keton und dann die zur Lösung notwendige Menge von Alkohol zugefügt.

Nach kurzem Kochen ist die Reaktion beendet.

Man setzt nun Wasser und Natronlauge hinzu und extrahiert die flüssige Base mit Äther. Das nach dem Verjagen des Äthers hinterbliebene Öl wird in heissem Wasser suspendiert und mit einer wässerigen Pikrinsäurelösung versetzt, welche das Pikrat als einen körnig kristallinischen Niederschlag abscheidet.

Dieser Niederschlag wird je nach seiner Löslichkeit aus konzentriertem oder verdünntem Alkohol umkristallisiert.

Auch die Nitrate der Amidoguanidinverbindungen sind meist schwerlöslich und gut kristallisiert (Thiele und Bihan[1]).

Über Verbindungen von Amidoguanidin mit Zuckerarten siehe Wolff und Herzfeld[2]) und Wolff[3]); mit Chinonen Thiele[4]).

Darstellung von Amidoguanidinsalzen (Thiele[5])).

208 g Nitroguanidin (1 Mol.) werden mit 700 g Zinkstaub und soviel Wasser und Eis vermischt, dass ein dicker Brei entsteht.

In diesen trägt man unter Umrühren 124 g käuflichen Eisessig, der zuvor mit etwa seinem gleichen Volumen Wasser verdünnt wurde, ein, und sorgt durch reichliches Zugeben von Eis, dass die Temperatur währenddessen 0° nicht überschreitet. Wenn alle Essigsäure eingetragen ist, was in 2—3 Minuten geschehen sein kann, lässt man die Temperatur freiwillig langsam auf 70° steigen. Die Flüssigkeit wird dabei dick und nimmt eine gelbe Farbe an, welche von einem Zwischenprodukte herrührt. Man erhält bei 40 bis 45°, bis eine filtrierte Probe mit Eisenoxydulsalz und Natronlauge keine Rotfärbung mehr zeigt. Zum Schlusse tritt gewöhnlich Gasentwickelung ein und steigt ein grossblasiger Schaum an die Oberfläche. Man filtriert ab, versetzt das mit den Waschwässern vereinigte Filtrat mit hinreichend Salzsäure, um die Essigsäure auszutreiben und dampft auf dem Wasserbade auf einen halben Liter ein. In die schwach essigsaure Flüssigkeit bringt man nach dem Erkalten eine konzentrierte Lösung von Bikarbonat, der man etwas Chlorammonium zugesetzt hat. Man lässt 24 Stunden stehen und wäscht das ausgeschiedene Amidoguanidinbikarbonat $CN_4H_6 . H_2CO_3$ mit kaltem Wasser.

Aus diesem Salze sind leicht alle anderen darzustellen.

---

1) Ann. **302**, 302 (1898). — Baeyer, B. **27**, 1919 (1896).
2) Zeitschr. f. Rübenzucker-Industrie **1895**, 743.
3) B. **27**, 971 (1894) und B. **28**, 2613 (1895).
4) Ann. **302**, 312 (1898).
5) Ann. **270**, 23 (1892). — Ann. **302**, 332 (1898).

Schmelzpunkt des Bikarbonates: 172 ° unter Zers., Smp. des Chlorhydrates: 163 °.

F. Benzhydrazid und Nitrobenzhydrazide.

Diese, von Curtius und seinen Schülern[1]) dargestellten Verbindungen geben mit Aldehyden und (etwas schwerer) mit Ketonen gut kristallisierende, schwer lösliche Kondensationsprodukte, die sich namentlich zur Abscheidung der Aldehyde (Ketone) aus grossen Mengen Lösungsmitteln eignen. Sie leisten auch in der Zuckergruppe gute Dienste[2]).

Darstellung von Benzhydrazid [3]).

Benzamid wird mit der äquimolekularen Menge Hydrazinhydrat und 3 Teilen Wasser am Rückflusskühler gekocht, bis kein Ammoniak mehr entweicht. Die nach dem Abkühlen erstarrte Masse wird in einer Reibschale sorgfältig zerkleinert, abgesaugt und mit wenig Alkohol und Äther gewaschen, dann aus siedendem Wasser umkristallisiert, wobei etwas Dibenzoylhydrazin zurückbleibt. Silberglänzende, farblose Tafeln. Smp.112,5 °.

o-, m- und p-Nitrobenzhydrazid

werden aus den entsprechenden Nitrobenzoesäuremethylestern erhalten[4]), indem man zu den Estern etwas mehr als die berechnete Menge Hydrazinhydrat hinzufügt und die Mischung am Rückflusskühler zwei bis drei Stunden lang auf dem Wasserbade erhitzt. Nach dem Erkalten wird der ausgeschiedene Kristallbrei auf Tontellern getrocknet und aus Wasser umkristallisiert.

Orthonitrobenzhydrazid Smp. 123 ° — Metanitrobenzhydrazid Smp. 152 ° — Paranitrobenzhydrazid Smp. 210 °.

Benzhydrazid und die Nitrobenzhydrazide verbinden sich mit Aldehyden schon beim Schütteln der wässerigen oder alkoholischen Lösungen in der Kälte. Die Ketone reagieren meist erst in der Wärme, manchmal (Diketone) erst unter Druck. α-Ketonsäuren reagieren sehr energisch, während die Resultate mit β- und γ-Ketonsäuren nicht befriedigend sind.

G. Semioxamazid $NH_2 - CO - CO - NH - NH_2$

wird von Kerp und Unger[5]) für Identifizierungen — namentlich von Aldehyden — empfohlen, wo infolge der Bildung stereoisomerer Semikarbazone Unsicherheit eintreten könnte.

[1]) J. pr. (2) **50**, 275 (1894). — **51**, 165 (1895). — **51**, 353 (1895). — B. **28**, 522 (1895).

[2]) Radenhausen, Z. Ver. f. Rübenz.-Ind. **1894**, 768. — Wolff, B. **28**, 161 (1895).

[3]) Struve, Dissertation Kiel (**1891**). — J. pr. (2) **50**, 295 (1894).

[4]) Trachmann, Dissertation Kiel (**1893**). — J. pr. (2) **51**, 165 (1895).

[5]) B. **30**, 585 (1897).

Mit den Aldehyden reagiert das Semioxamazid unter den gleichen Bedingungen und mit der gleichen Leichtigkeit wie das Semikarbazid. Die entstehenden Kondensationsprodukte sind in Wasser unlöslich und werden bereitet, indem man zu einer etwa 30° warmen gesättigten Lösung des Hydrazids die Aldehyde in äquimolekularer Menge hinzufügt und schüttelt. Der Aldehyd verschwindet binnen wenigen Minuten und das Reaktionsprodukt scheidet sich sofort als voluminöse Masse aus.

Über Verwendung des Semioxamazids zur Pentosanbestimmung siehe pag. 109.

Darstellung des Semioxamazids.

Man bereitet sich zunächst eine wässerig-alkoholische Hydrazinlösung, indem man zu 9 g Ätzkali und 100 g Wasser 10 g feingepulvertes Hydrazinsulfat und nach dessen Auflösung etwa das gleiche Volumen Alkohol hinzufügt. Das Filtrat vom ausgeschiedenen Kaliumsulfat wird nun mit 9 g Oxamaethan versetzt und solange auf dem Wasserbade erwärmt, bis das Oxamaethan in Lösung gegangen ist (ca. eine Stunde). Man lässt dann erkalten und kristallisiert das ausgeschiedene Azid aus siedendem Wasser um. Smp. 220—221° unter Zersetzung. Leicht löslich in heissem, schwer in kaltem Wasser, unlöslich in Alkohol und Äther, leicht in Säuren und Alkalien.

H. Paraamidodimethylanilin

haben Arthur Calm[1]), Nuth[2]) und Naar[3]) mit Aldehyden kondensiert.

Um die Reaktion auszuführen, mischt man Aldehyd und Amidobase entweder für sich oder in alkoholischer Lösung miteinander.

Das Gemenge erwärmt sich alsbald ziemlich beträchtlich von selbst, und das gebildete Kondensationsprodukt scheidet sich meist deutlich kristallinisch aus.

Vogtherr[4]) hat später diese Reaktion bei Ketonen studiert und auch hier Kondensationen ausführen können. Eine Einwirkung findet indessen nur statt, wenn man der Mischung molekularer Mengen Base und Keton einige Tropfen Kalilauge zufügt, oder wenn man die Komponenten zusammenschmilzt und längere Zeit über freier Flamme zum beginnenden Sieden erhitzt.

Quantitative Bestimmung der Aldehyde nach Ripper[5]).

Versetzt man eine wässerige Aldehydlösung mit einer überschüssigen Menge Alkalidisulfitlösung, deren Gehalt an schwefliger Säure vorher durch Jod ermittelt worden ist, so wird nach kurzer Zeit aller vorhandener Aldehyd an das Alkalidisulfit gebunden sein. Dieses angelagerte saure, schwefligsaure Alkali ist durch Jod nicht oxydierbar. Bestimmt man nun die nicht gebundene schweflige Säure, so hat man in der Differenz zwischen der gesamten in der Alkalidisulfitlösung enthaltenen schwefligen Säure

---

[1]) B. **17**, 2938 (1884).
[2]) B. **18**, 573 (1885).
[3]) B. **25**, 635 (1892).
[4]) B. **24**, 244 (1891).
[5]) M. **21**, 1079 (1900).

und der gebundenen schwefligen Säure ein Mass für die Menge des zu
bestimmenden Aldehydes.

Von der zu untersuchenden Aldehydlösung wird eine ungefähr halb-
prozentige, womöglich wässerige Lösung hergestellt. 25 ccm dieser Aldehydlösung werden in einem ca. 150 ccm fassenden Kölbchen zu 50 ccm der
Lösung des sauren, schwefligsauren Kalis, welche 12 g $KHSO_3$ im Liter
enthält, fliessen gelassen. Das Kölbchen stellt man dann für ca. $^1/_4$ Stunde
gut verkorkt bei Seite. Während dieser Zeit wird der Jodwert von 50 ccm
der Alkalidisulfitlösung mit Hilfe einer $^1/_{10}$-Normaljodlösung bestimmt.
Dann titriert man mit derselben $^1/_{10}$-Normaljodlösung die Menge der nicht
gebundenen schwefligen Säure in der Aldehydlösung zurück. Die Differenz
zwischen dem Verbrauch an Jod im ersten und zweiten Falle ergibt den
Gehalt an gebundener schwefliger Säure respektive den Gehalt an Aldehyd
in 25 ccm der Aldehydlösung. Der Berechnung der Aldehydmenge A sind
zu grunde zu legen: M == das Molekulargewicht des betreffenden Aldehyds
und J == die Menge Jod, welche der gebundenen schwefligen Säure entspricht (also die Anzahl verbrauchter Kubikcentimeter Jodlösung für die
gebundene schweflige Säure multipliziert mit dem Titerwert der Jodlösung),
und zwar nach der Formel:

$$A = \frac{J \times \dfrac{M}{2}}{126,85} = \frac{J \times M}{253,7}$$

Konzentriertere Lösungen vom Kaliumdisulfit auf Aldehydlösungen
einwirken zu lassen, empfiehlt sich nicht, weil bei der Titration mit Jod
die in grösserer Menge gebildete Jodwasserstoffsäure störend wirkt.

Diese Methode wird in allen Fällen brauchbare Resultate liefern, wo
die Aldehyde entweder wasserlöslich sind oder aber mit Hilfe von wenig
Alkohol in Lösung gebracht werden können. Hierbei ist zu berücksichtigen,
dass schon in einer relativ schwachen alkoholischen Lösung (z. B. von
mehr als 5 %) die Jodstärkereaktion ausbleibt. Da jedoch nur sehr verdünnte Lösungen, nicht über $^1/_2$ % Aldehyd enthaltend, zur Anwendung
gelangen dürfen, wird man in den meisten Fällen mit einem sehr geringen
Alkoholzusatze auskommen.

Die Einstellung der Jodlösung wird am zweckmässigsten mit Kalium-
bijodat vorgenommen, welches den Vorzug besitzt, dass seine Lösungen
jahrelang unverändert ihren Titer bewahren. Ebenso benützt man zur
Titration nur Jodlösungen, welche grosse Mengen Jodkalium enthalten,
indem zu einer $^1/_{10}$-Normaljodlösung auf 12 g Jod rund 35 g Jodkalium
pro Liter verwendet werden.

Ein ganz ähnliches Verfahren gibt Rocques[1] an.

Quantitative Bestimmung von Aldosen nach Romijn[2].

Diese Methode basiert auf der von demselben Autor gemachten Beobachtung[3], dass die Oxydation mit Jod in alkoholischer Lösung zur
quantitativen Bestimmung mancher Aldehyde verwendet werden kann.

---

[1] Ch. News **79**, 119 (1900).
[2] Z. anal. **36**, 349 (1897).
[3] Z. anal. **36**, 19 (1897).

Unter bestimmten Bedingungen verläuft die Oxydation der Aldosen nach der Gleichung:

$$R \cdot CHO + 2\,J + 3\,NaOH = R \cdot COONa + 2\,NaJ + 2\,H_2O.$$

An Stelle von freiem Alkali verwendet man indessen besser ein basisch reagierendes Salz, am besten Borax.

Darstellung der Boraxjodlösung.

Dieselbe soll so stark sein, dass in 25 ccm 1 g Borax und soviel Jod enthalten ist, dass nach dem Ansäuern 30 bis 33 ccm $^1/_{10}$ normal Thiosulfat zur Entfärbung benötigt werden. Man löst zuerst den Borax in einem Teile des Wassers unter Erwärmen auf und fügt nach dem Erkalten die entsprechende Menge konzentrierter Jod-Jodkaliumlösung zu, um schliesslich das Ganze mit Wasser zu dem bestimmten Volumen aufzufüllen.

Ausführung des Versuches.

Ca. 0,15 g Aldose in 75 ccm Wasser gelöst werden mit 25 ccm Boraxjod in eine enghalsige Flasche, welche einen hohen Glasstopfen und umgelegten, nach innen geneigten Rand besitzt, hineinpipetiert. Der Stopfen wird mittelst Kupferdrähten fest aufgedrückt, in die Rinne zwecks besseren Verschlusses Wasser gebracht und das ganze 18 Stunden lang im Thermostaten auf 25° C. erhalten. Dann wird die Flasche herausgenommen und nach Zusatz von 1,5 ccm Salzsäure von 1,126 spez. Gew. der Rest des Jods bestimmt.

Für jeden ccm $^1/_{10}$ normal Jodlösung, der nach dem Versuche weniger gefunden wird, hat man 9 mg Glukose in Rechnung zu bringen.

Ketosen erleiden unter gleichen Bedingungen nur sehr geringe Oxydation (2 bis 5 %). Man kann daher auch in Mischungen von Aldosen und Ketosen die ersteren bestimmen.

Quantitative Bestimmung der Pentosen und Pentosane[1]).

Pentosen und Pentosane, das sind komplexe Kohlehydrate, welche bei der Hydrolyse Pentosen liefern, können durch Destillation mit Salzsäure in Furfurol übergeführt werden, das durch Phenylhydrazin, Pyrogallol, Phloroglucin, Semioxamazid oder Barbitursäure gebunden wird.

---

[1]) Allen u. Tollens, Ann. **260**, 289 (1890). — B. **23**, 137 (1890). — Stone, Am. **13**, 74 (1891). — B. **24**, 3019 (1891). — Günther u. Tollens, B. **24**, 3577 (1891). — Z. anal. **30**, 520 (1891). — Flint u. Tollens, Landwirtsch. Vers. **42**, 381 (1893). — Tollens u. Mann, Z. ang. **1896**, 34, 93. — Krug, Journ. anal. appl. chemistry **7**, 68 (1893). — Hotter, Ch. Ztg. **17**, 1743 (1893). — **18**, 1098 (1894). — De Chalmot, Am. **15**, 21 (1893). — **16**, 218, 589 (1894). — Councler, Ch. Ztg. **18**, 966 (1894). — **21**, 1 (1897). — Welbel u. Zeisel, M. **16**, 283 (1895). — Tollens u. Krüger, Z. ang. **1896**, 40. — Stift, Öst.-ung. Zeitschr. für Zuckerind. **27**, 20 (1898). — Salkowski, Z. physiol. **27**, 514 (1899). — Kröber, Journ. Landw. **48**, 357 (1901). — Grünhut, Z. anal. **40**, 542 (1901).

Methylpentosane[1]) liefern in gleicher Weise Methylfurfurol.

Übrigens scheinen auch Hexosane bei der Destillation mit 12 %iger Salzsäure kleine Mengen von Furfurol zu liefern[2]).

Die bewährteste Vorschrift (von Flint und Tollens) für die Furfuroldarstellung ist folgende: In einem Kolben von 250—350 ccm Inhalt bringt man meist 5 g Substanz, bei an Pentosen sehr reichen Substanzen entsprechend weniger. Man übergiesst mit 100 ccm 12 %iger Salzsäure (Spez. Gew. 1,06) und erhitzt auf einem Dreifusse in einem emaillierten eisernen Schälchen in einem Bade aus Roses Metall. Der Kolben trägt einen Gummistöpsel, durch welchen eine Hahnpipette bis etwas unter den Hals des Kolbens und das Destillationsrohr bis eben unter den Stöpsel reichen. Das nicht zu enge Destillationsrohr ist unterhalb der Biegung zu einer Kugel erweitert und trägt einen Liebigschen Kühler.

Man erhitzt das Metallbad so, dass in 10 bis 15 Minuten 30 ccm überdestillieren, was der Fall ist, wenn es etwa 160⁰ warm ist. Das Destillat wird in kleinen Zylindern mit Marke bei 30 ccm aufgefangen. Sobald der Zylinder bis zur Marke gefüllt ist, wird er in ein Becherglas mit Marke bei 400 ccm entleert, durch die Hahnpipette 30 ccm frische Salzsäure in den Kolben gebracht und weiter destilliert, bis ein Tropfen des Destillates, welchen man auf mit einem Tropfen einer Lösung von Anilin in wenig 50 %iger Essigsäure befeuchtetes Papier fallen lässt, keine Rotfärbung mehr gibt. Den im Becherglase vereinigten Destillaten setzt man die doppelte Menge des erwarteten Furfurols — von Diresorcin freiem — Phloroglucin zu, das man zuvor in etwas Salzsäure vom spez. Gew. 1,06 gelöst hat. Dann gibt man soviel der genannten Salzsäure zu, bis das Volumen 400 ccm beträgt, rührt gut um und lässt bis zum folgenden Tage stehen, filtriert dann durch ein gewogenes Filter, wäscht mit 150 ccm Wasser nach, trocknet vier Stunden im Wassertrockenschrank und wägt im Filterwägeglase.

Die Berechnung des gewogenen Phloroglucids auf Furfurol geschieht mittelst Division durch einen empirisch ermittelten Divisor, dessen Höhe mit der Phloroglucidmenge wechselt.

---

[1]) Votoček, B. **32**, 1195 (1899). — Ztsch. Zuck.-Ind. in Böhm. **23**, 229 (1899). — Widtsoe u. Tollens, B. **33**, 132, 143 (1900).

[2] De Chalmot, Am. **15**, 21 (1893). — Warnier, Rec. **17**, 377 (1897). — Siehe dagegen Unger u. Jäger, B. **36**, 1228 (1903).

Erhaltenes Phloroglucid:	0,2	0,22	0,24	0,26	0,28	0,30	0,32	0,34
Divisor:	1,820	1,839	1,856	1,871	1,884	1,895	1,904	1,911

	0,36	0,38	0,40	0.45	0,50	0,60 und mehr
	1,916	1,919	1,920	1,927	1,930	1,931

Die so ermittelte Furfurolmenge ist noch auf die entsprechende Pentosanmenge umzurechnen. Weiss man, um welche Zuckerart es sich handelt, so berechnet man auf Arabinose oder Xylose, beziehungsweise auf deren Muttersubstanzen, Araban und Xylan. Sonst führt man die Berechnung mit einem mittleren Faktor aus und gibt das Resultat als „Pentose" beziehungsweise „Pentosan" an. Die entsprechende Pentosenmenge verhält sich zur Pentosanmenge wie 1 : 0,88, entsprechend den Formeln $C_5H_{10}O_5$ bezw. $C_5H_8O_4$.

$$\text{Furfurol} \times 1,64 = \text{Xylan},$$
$$\text{Furfurol} \times 2,02 = \text{Araban},$$
$$\text{Furfurol} \times 1,84 = \text{Pentosan}.$$

Der Umstand[1]), dass das Kondensationsprodukt von Phloroglucin und Furfurol — eine schwarze, harzige Masse — weder einladende äussere Eigenschaften besitzt, noch völlig unlöslich ist, weshalb die oben angeführten empirisch ermittelten Korrekturen angebracht werden müssen, lässt die Auffindung eines geeigneteren Fällungsmittels für das Furfurol wünschenswert erscheinen.

Als solches dürfte sich das Semioxamazid empfehlen, welches Kerp und Unger[2]) für diesen Zweck in Vorschlag gebracht haben.

Zur Fällung des Furfurols aus seiner wässerigen Lösung wendet man eine 30—40 ⁰ warme frisch bereitete Azidlösung an und lässt das Reaktionsgemisch zur völligen Abscheidung des Kondensationsproduktes einige Stunden stehen; die Substanz wird auf ein Filter gebracht, mit kaltem Wasser, Alkohol und Äther gewaschen und die Waschwässer mit den organischen Lösungsmitteln in einer samt dem Filter gewogenen Platinschale zur Trockne eingedunstet, der Rückstand ebenso wie die auf dem Filter befindliche Hauptmenge

---

1) Siehe auch Fraps, Am. **25**, 201 (1901).
2) Siehe pag. 105.

bis zur Gewichtskonstanz (etwa 20 Minuten) bei 110^0 getrocknet[1]) und alles zusammen gewogen.

Ebenso ist auch für diesen Zweck das von Conrad und Reinbach[2]) dargestellte Kondensationsprodukt zwischen Furfurol und Barbitursäure:

$$C_4H_3O \cdot CH:C \underset{CO \cdot NH}{\overset{CO \cdot NH}{<}} > CO$$

ein helles, gegen alle Lösungsmittel sehr widerstandsfähiges Pulver, besonders geeignet (Unger und Jäger[3])).

Man benutzt als Reagens eine eventuell filtrierte Lösung von 2 g Barbitursäure in 100 ccm 12 %/oiger Salzsäure[4]).

Die angewandte Menge an Barbitursäure muss das sechs- bis achtfache der zu erwartenden Furfurolmenge betragen. Ferner ist es angezeigt die Reaktionsflüssigkeit, besonders in den ersten Stunden nach dem Zusatze der Säure fleissig umzurühren und sie erst nach 24 stündigem Stehen zu filtrieren. Letztere Operation wird im Goochschen Tiegel vorgenommen, gewaschen und bei 105^0 getrocknet.

Man setzt die Destillation so lange fort, als noch Furfurolreaktion wahrnehmbar ist und berücksichtigt bei der Berechnung den Löslichkeitskoeffizienten von 1,22 mg für 100 ccm 12 %/oiger Salzsäure.

Der Umrechnungsfaktor von Furfurolbarbitursäure auf Furfurol beträgt

$$F = 0,4659; = \lg 66,827.$$

Der Prozentgehalt des Niederschlages entspricht daher

$$\lg F + \lg N + (1 - \lg S)$$

N = Niederschlag, S = angewandte Substanz.

Substanzen, welche neben Pentosen Hexosane enthalten, sind von letzteren durch kurzes Auskochen mit 1 %/oiger Salzsäure zu befreien.

---

[1]) Zu langes Trocknen ist zu vermeiden, da schon bei der angegebenen Temperatur die Substanz zu sublimieren beginnt.

[2]) B. **34,** 1339 (1901).

[3]) B. **35,** 4443 (1902). — B. **36,** 1222 (1903).

[4]) In der Originalarbeit von Unger und Jäger, B. **36,** 1223 (1903), Z. 4 v. u. ist, offenbar infolge eines Schreibfehlers, eine Lösung in 12 %/oigem Alkohol vorgeschrieben.

IV.

Bestimmung der Alkyloxydgruppe.

A. Methoxylbestimmung nach S. Zeisel [1].

Diese überaus elegante und unbedingt zuverlässige Methode beruht auf der Überführbarkeit des Methyls der CH_3O-Gruppe durch Jodwasserstoffsäure in Jodmethyl und Bestimmung des Jods in der durch Umsetzung des Jodmethyls mit alkoholischer Silbernitratlösung erhaltenen Doppelverbindung von Jodsilber und Silbernitrat $AgJ . 2\,AgNO_3$ [2]), beziehungsweise dem aus der Doppelverbindung mit Wasser entstehenden Jodsilber.

Sie liefert immer quantitativ richtige Ergebnisse (Fehlergrenze etwa $\pm$ 0,5 % des Gesamtmethoxylgehaltes), wenn nicht die Substanz durch Umlagerung unter dem Einflusse der Jodwasserstoffsäure während der Reaktion selbst teilweise in eine C-methylierte Verbindung übergeht [3]) oder einer anderen anormalen Reaktion unterliegt [4]). Auch Oximäther lassen sich nach diesem Verfahren analysieren [5]).

Einzelne Substanzen (Nitrosophenolfarbstoffe) können nur durch konzentrierte Jodwasserstoffsäure vollkommen entalkyliert werden [6]).

---

1) M. **6**, 989 (1885). — M. **7**, 406 (1886). — Bericht über den III. intern. Kongress f. angew. Chemie, Bd. II, 63 (1898). — Stritar, Z. anal. **42**, 579 (1903).

2) Fanto M. **24**, 477 (1903).

3) Goldschmiedt u. Hemmelmayr, M. **15**, 325 (1894). — Pollak, M. **18**, 745 (1897). — Herzig u. Hauser, M. **21**, 872 (1900), vergl. Moldauer, M. **17**, 470 (1896).

4) Hesse, B. **30**, 1985 (1897). — Bistrzycki u. Herbst, B. **35**, 3140 (1902).

5) Kaufler, B. **35**, 753 (1902).

6) Decker und Solonina, B. **36**, 2886 (1903).

In manchen, seltenen Fällen wird übrigens auch an Stickstoff gebundenes Alkyl schon durch siedende Jodwasserstoffsäure abgespalten und zwar bei Substanzen, deren Stickstoff durch Orthosubstituenten unvermögend geworden ist, bei höheren Temperaturen 5-wertig zu fungieren. Siehe Busch, B. **35**, 1563 (1902), Goldschmiedt u. Hönigschmid, B. **36**, 1850 (1903), Decker, B. **36**, 261, 2895 (1903). Es ist dieser Tatsache vor allem bei der Konstitutionsbestimmung von Substanzen, welche sowohl O—CH$_3$ als auch N—CH$_3$ enthalten, Rechnung zu tragen. — Andererseits kann bei stickstoffhaltigen Substanzen während der Reaktion Alkyl an den Stickstoff wandern, und kann dann nur nach der Herzig-Meyerschen Methode bestimmt werden. Decker, B. **35**, 3221 (1902). —

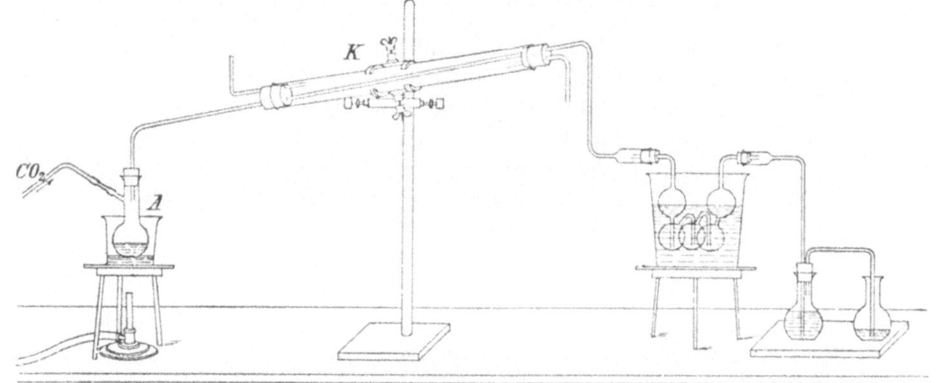

Fig. 11.

Der Apparat zu dieser Bestimmung besteht in der ursprünglichen Zeiselschen Versuchsanordnung aus einem mit Wasser von etwa 40 bis 50° gespeisten Rückflusskühler K (Fig. 11), an dem ein Kölbchen A von 30—35 ccm Inhalt mittelst Korkstopfen befestigt ist, an dessen Halse in der aus der Figur ersichtlichen Weise ein knapp vor der Lötstelle verengtes Seitenrohr zum Zuleiten von Kohlensäure angelötet ist.

Das obere Ende des Kühlrohres ist erweitert, um vermittelst eines einfach gebohrten Korkes einen Geisslerschen Kaliapparat ansetzen zu lassen. Der Kaliapparat ist mit Wasser gefüllt, in welchem ¼ bis ½ g amorphen roten Phosphors suspendiert worden sind. Er steht während des Versuches in einem auf ca. 50—60° zu haltenden Wasserbade und dient dazu, den durchstreichenden Jodmethyldampf von mitgerissener Jodwasserstoffsäure und von Joddampf zu befreien. An diesen Waschapparat ist vermittelst Kork ein rechtwinklig gebogenes Glasrohr angesetzt.

Dieses leitet den Dampf des Jodmethyls bis an den Boden eines ca. 80 ccm fassenden Kölbchens, in welchem 50 ccm alkoholischer Silbernitratlösung enthalten sind, und geht durch die eine Bohrung eines in den Kolben eingesetzten Korkes, in dessen zweiter ein doppelt rechtwinklig gebogenes Glasrohr eingefügt ist. Der kürzere Schenkel desselben mündet unterhalb des Korkes, der längere reicht bis auf den Boden eines zweiten kleineren Kölbchens, das mit 25 ccm Silbernitratlösung beschickt ist.

Man kann auch einfacher ein Destillierkölbchen nehmen, dessen abgebogenes Ansatzrohr in das zweite Kölbchen taucht. In der Regel braucht man übrigens das zweite Kölbchen gar nicht.

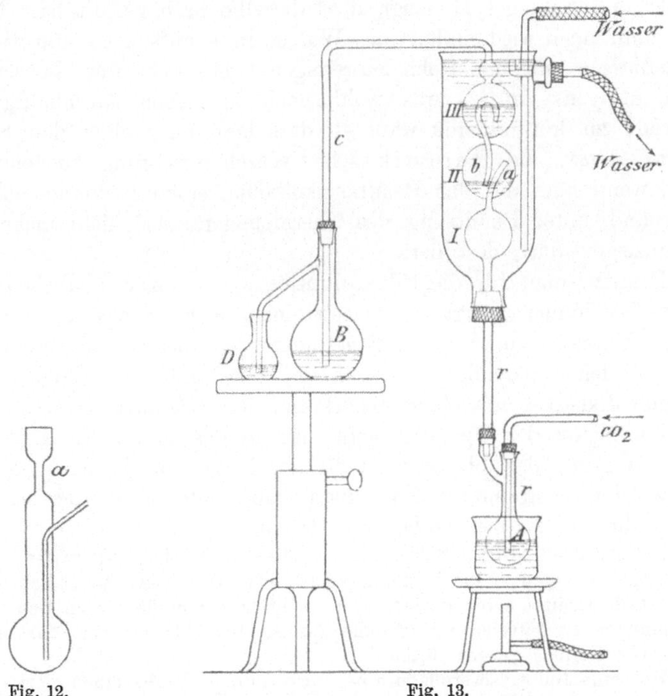

Fig. 12.   Fig. 13.

Modifikationen des Apparates[1]) haben Benedikt und Grüssner[2]) angegeben, welche einen Kugelapparat verwenden, der zugleich als Rückflusskühler und Waschapparat dient, sowie Leo Ehmann[3]),

[1]) Siehe auch Ann. **272**, 290 Anm. (1893). — Soc. **81**, 321 (1902) und B. **36**, 2895 (1903). In manchen Fällen kann man nur mit dem Apparate von Herzig und Hans Meyer (pag. 159) auskommen. Moldauer, M. **17**, 466 (1896). — Weidel u. Pollak, M. **21**, 25 (1900).

[2]) Ch. Ztg. **13**, 872 (1889).

[3]) Ch. Ztg. **14**, 1767 (1890).

Meyer, Atomgruppen. 2. Aufl.   8

welcher auch einen praktischen Apparat zum Erhitzen und Zuleiten des Kühlerwassers beschreibt[1]).

Ein Siedekölbchen, welches die direkte Einwirkung der heissen Jodwasserstoffsäure auf den Kork verhindert, haben Benedikt[2]) und M. Bamberger[3]) konstruiert (Fig. 12).

Der vielfach benutzte Benediktsche Apparat (Fig. 13), dessen Einrichtung aus der Zeichnung verständlich ist, wird in Stand gesetzt, indem man mittelst eines an das Rohr r angesetzten Schlauches durch c etwa 0,5 g fein zerriebenen roten Phosphor und soviel Wasser in die Kugel II saugt, dass dieselbe halb gefüllt ist. Man lässt dann noch wiederholt reines Wasser in c aufsteigen und wieder herausfliessen um das Rohr zu reinigen. Hewitt und Moore[4]) geben übrigens an — was wohl noch an einem reichhaltigeren Materiale zu kontrollieren wäre — dass man ganz ohne den Kaliapparat, bezw. die Benediktsche Waschvorrichtung auskommen kann, wenn man auf das Reaktionskölbchen einen Kolonnenaufsatz steckt und unter Benutzung des Thermometers, das nicht mehr als $25\,^0$ anzeigen darf, destilliert.

Benutzt man für die Silbernitratlösung nur ein Kölbchen (B) — was fast immer genügt —, so setzt man noch an c einen kleinen geraden Vorstoss an, der nach Beendigung der Operation abgenommen wird und leicht gereinigt werden kann. Sonst muss das innen noch haftende Jodsilber mit einer Federfahne herausgeputzt werden.

Zu Beginn der Operation gibt man in das Kühlgefäss K etwas kaltes Wasser, das bis etwa zu $^3/_4$ der Höhe von I reicht; gegen Schluss der Bestimmung füllt man dann mit etwa $90\,^0$ heissem Wasser bis zur halben Höhe von III auf.

Bei schwefelhaltigen Substanzen ist diese Methode nicht anwendbar[5]) und ebenso wenig darf die Jodwasserstoffsäure vermittelst Schwefelwasserstoff bereitet sein, da sie dann nicht gut von flüchtigen Schwefelverbindungen zu befreien ist, welche Anlass zur Bildung von Merkaptan und Schwefelsilber geben würden[6]).

Hat eine Jodwasserstoffsäure bei einer blinden Probe einen merkbaren Niederschlag im Silbernitratkölbchen ergeben, so muss man die Säure,

---

[1]) Ch. Ztg. **15**, 221 (1891). — Über weitere Apparate siehe pag. 123.

[2]) Ch. Ztg. **13**, 872 (1889).

[3]) M. **15**, 505 (1894).

[4]) Soc. **81**, 321 (1902).

[5]) Über die Methoxylbestimmung in schwefelhaltigen Substanzen siehe pag. 121.

[6]) Eine brauchbare, mittelst Phosphor bereitete „Jodwasserstoffsäure für Methoxylbestimmungen" wird von C. A. F. Kahlbaum in Berlin in den Handel gebracht. — Säure vom spez. Gew. $1\cdot9$ wird in Säure von $1\cdot7$ verwandelt, wenn man ihr auf je 15 ccm 5 ccm Wasser zusetzt.

welche ein spezifisches Gewicht von 1,7 bis 1,72 haben muss, durch Destillation reinigen [1]), wobei man das erste und das letzte Viertel des Destillates verwirft und nur die Mittelfraktion zu den Bestimmungen benutzt. Über die Notwendigkeit, gelegentlich stärkere Säure zu benutzen siehe pag. 111.

Die Silbernitratlösung wird durch Lösen von je zwei Teilen des geschmolzenen Salzes in je fünf Teilen Wasser und Zusatz von je 45 ccm absoluten Alkohols bereitet. Man bewahrt die Lösung im Dunkeln auf und giesst vor dem Versuche die nötige Menge durch ein Filter in das Kölbchen, und setzt ihr schliesslich einen Tropfen reiner Salpetersäure zu [2]).

1. Verfahren für nicht flüchtige Substanzen.

Zur Ausführung des Versuches wird der vollständig zusammengestellte Apparat auf dichten Schluss geprüft, die Silberlösung eingefüllt, das Kochkölbchen mit 0,2 bis 0,3 g Substanz und 10 ccm Jodwasserstoffsäure beschickt, an den Apparat wieder angefügt und im Glycerinbade bis zum Sieden des Inhaltes erhitzt, während gewaschenes Kohlendioxyd — etwa drei Blasen in zwei Sekunden — durch den Apparat streicht und das Wasserbad, in welchem der Kaliapparat hängt, eventuell auch der Kühler, erwärmt werden [3]).

In das Kochkölbchen bringt man auch, falls man nicht die Bambergersche Modifikation benutzt, zur Vermeidung von Siedeverzug einige erbsengrosse Tonstückchen.

Nach etwa 10 bis 15 Minuten, vom Beginn des Siedens der Jodwasserstoffsäure gerechnet, beginnt die Silberlösung sich zu trüben und bald wird der Kolbeninhalt undurchsichtig von der Ausscheidung der weissen Doppelverbindung von Jodsilber und Silbernitrat.

Der Inhalt des zweiten Kölbchens bleibt fast immer klar und nur bei sehr methoxylreichen Substanzen und raschem Gange des Kohlensäurestromes — wobei es auch (durch mitdestilliertes Wasser) zu Gelbfärbung des Inhaltes im ersten Kölbchen kommen kann — zeigt sich manchmal eine schwache Trübung in demselben.

---

[1]) Kochen am Rückflusskühler, wie es Benedikt empfiehlt, führt selbst bei mehrtägigem Erhitzen nicht zum Ziele. — Die flüchtige Substanz, welche bei Blindversuchen einen Niederschlag veranlasst, ist wahrscheinlich Jodcyan. Roser und Howard, B. **29**, 1596 (1896).

[2]) Zeisel, Ber. üb. d. III. intern. Kongress f. ang. Chemie, Wien **1898**, pag. 66.

[3]) In die Waschflasche des Kohlensäureapparates gibt man verdünnte wässerige Silbernitratlösung, um — von einem etwaigen Kiesgehalte des Marmors stammenden — Schwefelwasserstoff zurückzuhalten und schaltet noch eine zweite mit konzentrierter Schwefelsäure beschickte Trockenflasche vor.

Das Ende des Versuches ist sehr scharf daran zu erkennen, dass die Flüssigkeit sich vollkommen über dem nunmehr kristallinischen Niederschlage klärt.

Die Dauer der Bestimmungen beträgt eine bis höchstens zwei Stunden.

Nun werden die beiden Vorlegekölbchen samt Zuleitungsrohr vom Geisslerschen Apparate abgenommen, der Inhalt des zweiten mit der fünffachen Menge Wasser verdünnt und, falls nach mehreren Minuten keine Trübung entsteht, weiter nicht berücksichtigt, sonst mit dem Inhalte des ersten Kölbchens vereinigt und auf etwa 500 ccm mit Wasser verdünnt.

Von den Glasröhren wird der anhaftende Niederschlag mit Federfahne und Spritzflasche entfernt und in das Becherglas gespült.

Dieser Teil des Niederschlages ist gewöhnlich (durch Phosphorsilber?) dunkel gefärbt, was jedoch auf das Resultat der Bestimmung ohne Einfluss ist.

Der Inhalt des Becherglases wird nun auf dem Wasserbade auf die Hälfte eingedampft, mit Wasser und wenigen Tropfen Salpetersäure wieder aufgefüllt, bis zum völligen Absitzen des gelben Jodsilberniederschlages digeriert und dann in üblicher Weise das Jodsilber bestimmt.

2. Modifikation des Verfahrens für leicht flüchtige Substanzen.

Hat man flüchtige Substanzen zu analysieren, so gelangt man auch gewöhnlich zum Ziele, wenn man zu Beginn des Versuches kaltes Wasser durch den Rückflusskühler schickt und den Kohlensäurestrom langsam gehen lässt.

Für besonders leicht flüchtige Substanzen hat Zeisel[1] folgendes Verfahren angegeben: 0,1 bis 0,3 g Substanz werden in einem leicht zerbrechlichen, zugeschmolzenen Glaskügelchen abgewogen.

Um das Zertrümmern desselben zu erleichtern, schliesst man ein etwa 2 cm langes, scharfkantiges Stückchen Glasrohr mit in die Einschmelzröhre ein, in der die Umsetzung der Substanz mit 10 ccm Jodwasserstoffsäure vom spec. Gew. 1,7 durch zweistündiges Erhitzen auf 130° bewirkt wird.

Die Röhre soll eine Länge von 30 bis 35 cm und 1,2 bis 1,5 cm innere Weite besitzen. Das eine Ende des Rohres geht in einen durch Anlöten eines zylindrischen Glasrohres hergestellten

---

[1] M. **7**, 406 (1886).

Fortsatz von 10 cm Länge und 1—2 mm innerer Weite aus, das andere Ende desselben ist derart zu einer Kapillare ausgezogen, dass ein Kautschuckschlauch gut schliessend darüber gezogen werden kann.

Die beiden Spitzen der Röhre sollen, wenn auch nicht zu fein, so doch so beschaffen sein, dass sie leicht abgebrochen werden können, wenn man sie — nach dem Erhitzen — anfeilt.

Nachdem man durch Schütteln des Rohres das Glaskügelchen zerbrochen und danach das Rohr wie angegeben erhitzt hat, wird das letztere beiderseits angefeilt und mit dem angelöteten Ende in einen dreifach durchbohrten Kork eingesetzt, der ein weithalsiges Kölbchen mit dem Rückflusskühler verbindet. In der dritten Bohrung dieses Korkes steckt ein zweifach gebogener, nicht zu schwacher Glasstab von beistehender Form (⌐‾L), durch dessen Drehung die über seinen unteren, horizontalen Arm hinwegragende Spitze des eingesetzten Einschmelzrohres leicht abgebrochen werden kann. Ist so das Rohr zuerst unten geöffnet worden, so wird durch seitliches Klopfen mit dem Finger, dann durch vorsichtiges Erhitzen der oberen Spitze die Flüssigkeit aus derselben vertrieben und nach dem Erkalten ein guter Kautschukschlauch darüber gezogen, welcher zu dem bereits in richtigem Gange befindlichen Kohlensäureapparate führt. Nun wird die obere Spitze innerhalb des Schlauches abgebrochen. Die Flüssigkeit, von der schon beim Öffnen der unteren Spitze ein Teil ausgeflossen ist, wird nun ganz ins Siedekölbchen gedrängt. Von da ab wird genau so vorgegangen, wie bei der Analyse nicht flüchtiger Methoxylverbindungen.

Die Methode ist auch bei chlor-[1] (Zeisel) und bromhaltigen (G. Pum)[2] sowie Nitroverbindungen anwendbar, nicht bei schwefelhaltigen (Zeisel[3], Benedikt und Bamberger)[4].

Bei der Analyse von Nitrokörpern und überhaupt bei Substanzen, welche aus der Lösung viel Jod abscheiden, empfiehlt es sich, auch in das Siedekölbchen eine sehr kleine Menge gereinigten roten Phosphors zu geben[4].

---

[1] Manchmal liefern indessen stark chlorhaltige Substanzen unbefriedigende Resultate. Decker u. Solonina, B. **35**, 3223 (1902). — Methoxylbestimmung im Chloralalkoholat: Schmidinger, M. **21**, 36 (1900).

[2] M. **14**, 498 (1893).

[3] M. **7**, 409 (1886).

[4] M. **12**, 1 (1891). — Über Reinigung des Phosphors: Z. anal. **42**, 586 (1903).

Der Geisslersche Apparat muss nach je 4 bis 5 Bestimmungen frisch gefüllt werden.

Da manche Substanzen unter dem Einflusse der Jodwasserstoffsäure verharzen, wodurch infolge Einhüllung unangegriffener Substanz die Jodmethylabspaltung verzögert und teilweise verhindert werden kann, empfiehlt es sich unter Umständen, der Jodwasserstoffsäure 6 bis 8 Volumprozente Essigsäureanhydrid hinzuzufügen, wie dies Herzig[1]) beim Methyl- und Acetyläthylquercetin, beim Rhamnetin und Triäthylphloroglucin mit Erfolg versuchte.

In manchen Fällen ist auch ein viel grösserer Essigsäureanhydridzusatz von Vorteil. So hat Wolf im Prager Univ.-Labor. gefunden, dass der Brassidinsäuremethylester, der nach dem üblichen Verfahren bloss ungefähr die Hälfte (4,5 %) des theoretischen Methoxylgehaltes finden lässt, recht befriedigende Resultate liefert, wenn man zur Verseifung eine Mischung gleicher Mengen (je 10 ccm) Jodwasserstoffsäure und Anhydrid verwendet. Ähnliche Erfahrungen machten Goldschmiedt und Knöpfer[2]) bei einem aus Chlorbenzyldibenzylketon erhaltenen Ester $C_{22}H_{19}O(OCH_3)$. Baeyer und Villiger empfehlen einen Zusatz von Eisessig[3]).

Substanzen, welche unter dem Einflusse der Jodwasserstoffsäure verharzen, geben auch leicht zur Verstopfung des Kohlensäure-Zuleitungsrohres Anlass.

Auch die Bestimmung von Kristallalkohol[4]) kann nach der Zeiselschen Methode mit befriedigendem Resultate erfolgen.

Goldschmiedt schlägt zu diesem Zwecke folgende Versuchsanordnung vor[5]). Ein U-förmig gebogenes Röhrchen, zur Aufnahme der gewogenen Substanz, wird an ein Bambergersches Glaskölbchen derart angeschmolzen, dass das in das Kölbchen geleitete Kohlendioxyd zuerst durch das Röhrchen streichen muss, welches in einem Flüssigkeitsbade auf 105—110° erhitzt wird. Der Gasstrom führt dann den entweichenden Alkohol in die siedende Jodwasserstoffsäure. Wegen der grossen Flüchtigkeit des Methylalkohols versieht man das Kölbchen mit einem Aufsatze, wie ihn J. Herzig und Hans Meyer für die Bestimmung des Methyls am Stickstoff empfohlen haben[6]) und beschickt diesen gleich bei Beginn der Operation mit so viel Jodwasserstoffsäure, dass die aus dem Kölbchen entweichenden Dämpfe durch die Flüssigkeit glucksen müssen. Nach beendigter

---

1) M. **9**, 544 (1898). — Siehe auch Pomeranz, M. **12**, 383 (1891).
2) M. **20**, 743 Anm. (1899).
3) B. **35**, 1199 (1902).
4) J. Herzig u. Hans Meyer, M. **17**, 437. (1896).
5) M. **19**, 325 (1898).
6) M. **15**, 613 (1894). — Siehe pag. 159.

Operation lässt man die Jodwasserstoffsäure aus dem Aufsatze in das Kölbchen zurückfliessen, erhitzt wiederum und so noch ein drittes Mal.

B. Modifikationen des Verfahrens nach Gregor[1]).

Gregor verwendet nach einem Vorschlage von Glücksmann zum Füllen des Kaliapparates statt Phosphor eine Kaliumkarbonat haltige Arsenigsäurelösung (je 1 Teil Kaliumkarbonat und Säure auf 10 Teile Wasser). Dies hat den Nachteil, dass man den Apparat nach jeder Bestimmung frisch füllen muss — während man bei der Anwendung von Phosphor 5—6 Bestimmungen hintereinander machen kann — und beseitigt nur den „Schönheitsfehler", dass das Jodsilber sich ein wenig geschwärzt zeigt, wenn man nicht ganz sorgfältig gereinigten Phosphor anwendet.

Übrigens fand Moll van Charante[2]), der die Gregorsche Methode nachprüfte, dass man mit Kaliumkarbonat und Arsenigsäure immer ein Defizit an Methoxyl erhält (bis zu 30 % des Methoxylgehaltes), das sich durch eine Zersetzung des Jodmethyls durch das Kaliumarsenit erklärt was nach den Arbeiten von Klinger und Kreutz[3]) beziehungsweise Rüdorf[4]) verständlich ist. — Dagegen erhält man nach Přibram[5]) richtige Zahlen, wenn man die Arsenitlösung verdünnter anwendet, als der Gregorschen Vorschrift entspricht.

Die zweite Modifikation besteht in der Verwendung einer salpetersauren Silbernitratlösung, und Titration des nicht gefällten Silbers nach Volhard.

17 g $AgNO_3$ werden in 30 ccm Wasser gelöst und diese Lösung mit absolutem Alkohol auf einen Liter verdünnt. Diese Lösung wird mit $^1/_{10}$ normaler Rhodankaliumlösung gestellt. Für jede Analyse werden von der Silberlösung 50 ccm in das erste und 25 ccm in das zweite Kölbchen gebracht und mit einigen Tropfen salpetrigsäurefreier Salpetersäure versetzt. Nach Beendigung der Reaktion wird der Inhalt beider Kölbchen in einen 250 cc fassenden Messkolben gespült, mit Wasser bis zur Marke aufgefüllt, kräftig umgeschüttelt und durch ein trockenes Faltenfilter in ein trockenes Gefäss abfiltriert. Je 50 oder 100 ccm werden dann mit reiner Salpetersäure und Ferrisulfatlösung versetzt und nach Volhard[6]) titriert.

Berechnung der Methoxylbestimmung.

100 Gewichtsteile Jodsilber entsprechen

　　　　13,20 Gewichtsteilen CH_3O und

　　　　6,38　　　　„　　　　CH_3.

1) M. **19**, 116 (1898).
2) Rec. **21**, 38 (1902).
3) Ann. **249**, 147 (1888).
4) B. **20**, 2668 (1887).
5) Privatmitteilung.
6) J. pr. (2) **9**, 217 (1874). — Ann. **190**, 1 (1877).

F a k t o r e n t a b e l l e.

CH_3O

1	2	3	4	5	6	7	8	9
1320	2640	3960	5280	6600	7920	9240	10560	11880

CH_3

1	2	3	4	5	6	7	8	9
638	1276	1914	2552	3190	3828	4466	5104	5742

C. Bestimmung der Äthoxylgruppe.

Die Bestimmung wird nach Zeisel[1]) genau so vorgenommen, wie oben beim Methoxyl angegeben wurde, nur ist die Temperatur im Rückflusskühler bei etwa 80⁰ zu halten.

100 Gewichtsteile Jodsilber entsprechen

19,21 Gewichtsteilen C_2H_5O oder
12,34   „ C_2H_5.

F a k t o r e n t a b e l l e.

C_2H_5O

1	2	3	4	5	6	7	8	9
1921	3842	5763	7684	9605	11526	13447	15368	17289

C_2H_5

1	2	3	4	5	6	7	8	9
1234	2468	3702	4936	6320	7404	8638	9872	11106

---

1) M. **7**, 406 (1886).

D. Methoxyl(Äthoxyl-)bestimmungen in schwefelhaltigen Substanzen.

Die Zeiselsche Methode ist für schwefelhaltige Substanzen nicht wohl anwendbar, weil der durch die reduzierende Wirkung der Jodwasserstoffsäure entstehende Schwefelwasserstoff zur Bildung von Schwefelsilber und von Merkaptan Veranlassung gibt, wodurch ein beträchtliches Minus an Methoxyl bedingt wird. Qualitativ ist indessen die Methode trotzdem auch dann noch brauchbar, wie dies u. a. Lindsey und Tollens[1]) gezeigt haben.

Für Karbonsäureester schwefelhaltiger Substanzen und für Sulfosäureester, überhaupt für Substanzen, bei denen die Methoxylgruppen durch Lauge abspaltbar sind, hat Kaufler[2]) eine passende Modifikation des Zeiselschen Verfahrens angegeben.

Methoxylbestimmung nach Kaufler.

Der Apparat besteht aus einem kleinen, circa 15 ccm fassenden Fraktionierkölbchen (Verseifungskölbchen) mit rechtwinkelig gebogenem Ansatzrohre. In dieses Kölbchen kommt die Substanz und die zur Verseifung dienende Lauge. Das Ansatzrohr ragt in ein U-Rohr, welches mit ausgeglühten, mit Kupfersulfat getränkten Bimssteinstücken beschickt ist. An das U-Rohr schliesst sich das Absorptionsgefäss an, wozu ein Winklerscher Absorptionsapparat gewählt werden kann, der einen senkrechten, breiten und hohen Ansatz trägt, welcher so dimensioniert sein soll, dass er mehr als das doppelte der Jodwasserstoffsäure fasst, die in den Windungen des Apparates enthalten ist. Diese Vorrichtung wird mit dem Zeiselschen Apparate verbunden.

Wegen der Verwendung von Lauge kann man die Bestimmung nicht im Kohlensäurestrome ausführen, sondern der Apparat wird an die Pumpe angeschaltet und ein langsamer Luftstrom durchgesaugt; aus diesem Grunde dient als Vorlage für das Jodmethyl ein Fraktionierkolben, dessen Rohr in einen kleineren, ebenfalls mit Silbernitratlösung gefüllten Fraktionierkolben taucht, der mittelst seines Ansatzrohres an die Pumpe angeschlossen wird. Selbstverständlich muss die Luft zur Befreiung von Säuren zunächst durch eine Waschflasche mit Alkali und dann zur Trocknung durch konzentrierte Schwefelsäure geleitet werden.

---

1) Ann. **267**, 359 (1892).
2) M. **22**, 1105 (1901).

Die Ausführung geschieht wie folgt:

Nachdem man sich überzeugt hat, dass durch alle Teile des Apparates ein gleichmässiger Luftstrom geht, wird in den Verseifungskolben mittelst eines Wägeröhrchens die Substanz eingebracht und 3 bis 6 ccm wässeriger Kalilauge (spez. Gew. 1,27) hinzugefügt. Gleichzeitig wird der mit der für diesen Zweck gebräuchlichen Jodwasserstoffsäure (spez. Gew. 1,7) gefüllte Winklerapparat durch eine Eis-Kochsalzmischung gekühlt, während das U-Rohr mit den Kupfersulfatbimssteinen durch ein Becherglas mit Wasser auf 80 bis 90° erwärmt wird. Der Verseifungskolben wird in einem Öl- oder Glycerinbade langsam erhitzt, so dass ein schwaches Sieden stattfindet und dies so lange fortgesetzt, bis der Kolbeninhalt dickflüssig oder fest ist. Hierauf nimmt man· das Ölbad ab, lässt unter fortdauerndem Durchsaugen von Luft erkalten und füllt nun wieder etwas Lauge nach, die auf gleiche Weise abdestilliert wird. Sobald dies eingetreten ist, wird die Kältemischung fortgenommen, der Winklerapparat abgetrocknet und einige Zeit bei gewöhnlicher Temperatur belassen (circa ½ Stunde). Nachdem nunmehr angenommen werden kann, dass sämtlicher Alkohol durch den kontinuierlichen Luftstrom hinübertransportiert ist, beginnt man das Erhitzen der Jodwasserstoffsäure. Um ein zu heftiges Stossen und Spritzen zu vermeiden, empfiehlt es sich, bloss die unterste Windung des Winklerapparates in ein Öl- oder Glycerinbad eintauchen zu lassen, welches langsam auf 140 bis 150° erwärmt wird. Um ein Zurückspritzen sicher zu vermeiden, kann man in diesem Stadium das Tempo des Luftstromes etwas beschleunigen. Sobald alles Jodmethyl hinüberdestilliert ist, löscht man die Flamme unter dem Ölbade des Winklerapparates aus und lässt während des Abkühlens der Jodwasserstoffsäure noch eine Zeitlang den Luftstrom durchstreichen. Nimmt man die Vorlage zu früh ab, so geschieht es meistens, dass die überhitzte Jodwasserstoffsäure plötzlich aufkocht und in das U-Rohr mit den Bimssteinstücken geschleudert wird.

Bis zu diesem Zeitpunkte dauert die Bestimmung 3—4 Stunden; das weitere Verfahren ist dasselbe wie bei einer gewöhnlichen Methoxylbestimmung. Die Jodwasserstoffsäure kann mehrere Male hintereinander gebraucht werden.

Die Methode steht an Genauigkeit nicht viel hinter der Zeiselschen zurück.

Auch sei bemerkt, dass man im stande ist, nach diesem Verfahren in Kombination mit der Methoxylbestimmung von Zeisel

Methyl am Karboxyl von Methyl in ätherartiger Bindung zu differenzieren, was bei der Untersuchung von Ätherestern Anwendung finden kann.

E. Bestimmung höher molekularer Alkyloxyde.

Wie Nencki und Zaleski[1]) bei der Analyse des Acethäminmonoamyläthers gezeigt haben, lässt sich selbst die Bestimmung des Amyljodids im Zeiselschen Apparate durchführen[2]).

Für die Bestimmung des (Iso-) Propylrestes haben Zeisel und Fanto[3]) einen zweckmässigen Apparat konstruiert, der auch für Methoxyl- oder Äthoxylbestimmungen sehr geeignet ist.

Derselbe besteht, wie aus der in Fig. 14 in $^1/_5$-Naturgrösse gegebenen Skizze ersichtlich ist, aus folgenden Teilen: a Kochkölbchen von circa 40 ccm Inhalt mit nahe am Kolbenhalse durch Verdickung des Glases stark verengtem Seitenrohre für die Zuführung von Kohlendioxyd; b Lauwasserkühler, welcher mittelst seines unteren Schlauchansatzes mit dem gebogenen Rohre der Ehmannschen[4]) Erwärmungsvorrichtung g und mittelst des zweiten Ansatzes mit der anderen Mündung derselben in Verbindung gebracht wird; c Blasenzähler, welcher etwa zu einem Drittel mit einer dünnen Aufschlämmung von reinem roten Phosphor in Wasser oder mit Kaliumarsenitlösung[5]) gefüllt wird und bis über den Rand seines zu einem Schliffe ausgebildeten Halses in das in einem Becherglase befindliche, durch eine untergestellte Flamme lau zu haltende Wasser taucht; d Einleitungsrohr; e und f Erlenmeyer-Kölbchen von schmaler Form, das grössere mit einer Marke für 45 ccm, das andere mit einer solchen für 5 ccm versehen, beide so dimensioniert, dass sich die Marken etwa in ihrer halben Höhe befinden. Die Stücke a, b, c, d sind durch feine Schliffe derart zusammengefügt, dass die Ränder der Hälse von a und d die Schliffflächen genügend überragen, um etwas Wasser zur Vervollkommnung des dichten Schlusses aufnehmen zu können. Zur Dichtung bei g genügt ein guter Kork, da das Durchleiten des Gases durch die Silberlösung der kleinen Vorlage f ohnehin bloss eine Vorsichtsmassregel ist, welche sich bei gut

---

1) Z. physiol. **30**, 408 (1900). — Bestimmung von Hexyljodid: Zeisel u. Fanto, Z. anal. **42**, 560 (1903).

2) Auch die von Benedikt und Bamberger M. **11**, 262 (1890) bestimmte „Methylzahl“ des Holzgummis ist nach Zeisel (Bericht üb. d. III. Kongress f. ang. Chemie, Wien 1898, Bd. II, pag. 67) wahrscheinlich auf Amyljodid zu beziehen.

3) Zeitschr. f. d. landwirtsch. Versuchswesen in Österreich. **1902**, 729. — Z. anal. **42**, 549 (1903).

4) Benedikt u. Bamberger, Ch. Ztg. **1891**, I, pag. 221. Käuflich bei W. J. Rohrbecks Nachflg. Wien, Kärnthnerstr. 59.

5) Siehe pag. 119.

geleiteten Operationen als überflüssig erwiesen hat. Behufs Sicherung des
Schlusses an den Schliffstellen sind an den in der Zeichnung ersichtlichen
Stellen Glashörnchen als Ansätze für elastische Nickel- oder Messingdraht-
spiralen angebracht. Die Federsicherung zwischen dem Kühlerende und c
ist in der, einen Längsschnitt darstellenden, Zeichnung weggeblieben, da

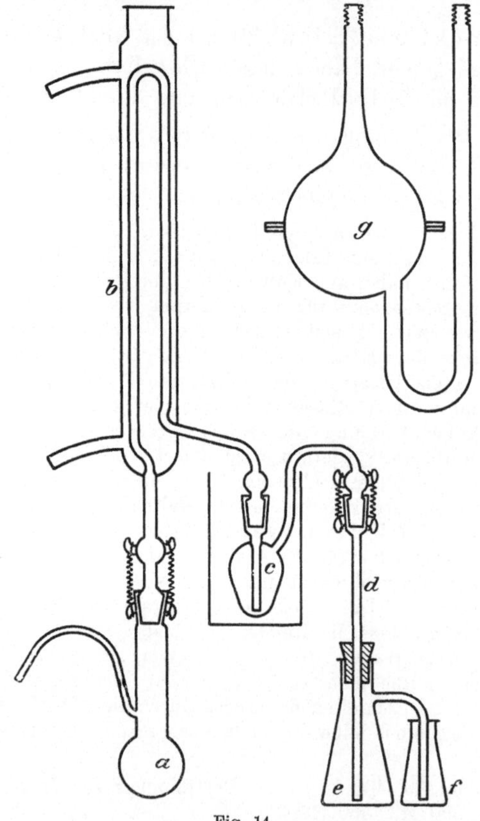

Fig. 14.

ihre Medianebene mit denen der beiden anderen Sicherungen einen rechten
Winkel bildet. Der Apparat muss selbstverständlich, bevor er in Gebrauch
genommen wird, auf Dichtheit geprüft werden[1]).

Ausführung der Operation. Der Kühler wird mit dem
Ehmannschen Heizkörper verbunden und von oben mit so viel

---

[1]) Zu beziehen von Paul Haak, Wien IX$_3$, Garelligasse 4. — Über
eine Modifikation dieses Apparates siehe Stritar, Z. anal. **42**, 580 (1903).

Wasser beschickt, dass auch die oberste Biegung des Kühlrohres davon bedeckt ist. Dann sind auch der Heizkörper und dessen Verbindungen mit dem Kühler mit Wasser gefüllt. Für die richtige Zirkulation des aus dem Heizgefässe kommenden warmen Wassers ist es wichtig, etwaige Luftblasen aus den Kautschuckschläuchen herauszuquetschen. Unter den Heizapparat stellt man eine Flamme und reguliert sie so, dass das Wasser während der ganzen Operation im Kühler $70^0 \pm 10^0$ C. zeigt. Eine zweite Flamme bringt man unter dem mit Wasser gefüllten Becherglase an, innerhalb dessen sich der Blasenzähler befindet. Das Wasser soll hier ungefähr die gleiche Temperatur annehmen, wie das im Kühler zirkulierende. Die beiden Vorlagen werden mit klarer Silberlösung bis zur Marke gefüllt, und im übrigen wie bei der Methoxylbestimmung vorgegangen.

F. Qualitative Unterscheidung der Methoxyl- und der Äthoxylgruppe.

Da es bei der allgemein angewandten quantitativen Bestimmungsmethode der Methoxyl- und Äthoxylgruppen nach Zeisel[1]) unentschieden bleibt, ob die vorliegende Substanz Methyl oder Äthyl enthält, ist es häufig notwendig, eine qualitative Untersuchung vorzunehmen.

Nach Beckmann[2]) erhitzt man zu diesem Zwecke die Substanz mit der molekularen Menge Phenylisocyanat im Rohre einige Stunden auf 150^0 und destilliert das Reaktionsprodukt im Wasserdampfstrome. Das übergehende Öl erstarrt zu einem bei 47^0 schmelzenden Körper, dem Methylphenylurethan, oder zu dem bei 51^0 schmelzenden Phenyläthylurethan.

Das Produkt wird durch Umkristallisieren aus einem Gemische von Äther und Petroläther gereinigt und durch die Analyse identifiziert.

$$C_8H_9O_2N \ldots . \ C = 63{,}6, \ H = 5{,}9\,\%.$$
$$C_9H_{11}O_2N \ldots . \ C = 65{,}5, \ H = 6{,}6\,\%.$$

Feist[3]) legt bei der Bestimmung im Zeiselschen Apparate alkoholische Dimethylanilinlösung statt Silbernitrat vor und konstatiert, wenn Methyl abgespalten wurde die Bildung des bei $211—212^0$ schmelzenden Trimethylphenyliumjodids. — Das Dimethyläthylphenyliumjodid[4]) schmilzt bei $124{,}5—126^0$.

Man kann auch, falls grössere Substanzmengen zur Verfügung stehen, das Jodalkyl in Substanz isolieren, indem man beim Zeiselschen Apparate

---

1) pag. 111.
2) Ann. **292**, 9, 13 (1896).
3) B. **33**, 2094 (1900).
4) Claus u. Howitz, B. **17**, 1325 (1884).

ein gut gekühltes Fraktionierkölbchen vorlegt und den Siedepunkt des in geeigneter Weise getrockneten Produktes bestimmt [1]).

Jodmethyl siedet bei 42—43 °, Jodäthyl ·bei 72 °. —

Gewöhnlich lassen sich übrigens Äther oder Ester mit Alkali oder Schwefelsäure verseifen und der gebildete Alkohol mittelst der L i e b e n - schen Jodoformreaktion [2]) prüfen.

V. M e y e r empfiehlt [3]), die betr. Jodalkyle in die Nitrolsäuren überzu- führen. Methylnitrolsäure: Smp. 64 °. Äthylnitrolsäure : Smp. 81—82 °. Siehe auch noch D e c k e r B. **35**, 3073 (1902).

---

[1]) Z. B. F r o m m u. E m s t e r, B. **35**, 4355 (1902).

[2]) Ann. Suppl. **7**, 218, 377 (1870).

[3]) M. u. J. I, 159.

V.

Bestimmung der Methylenoxydgruppe.

(Methode von Clowes und Tollens)[1].

Die Methode ist auf der Beobachtung fundiert, dass der durch Mineralsäuren aus dem betr. Methylenäther abgespaltene Formaldehyd mit gleichzeitig vorhandenem Phloroglucin nach der Gleichung;

$$C_6H_6O_3 + CH_2O = C_7H_6O_3 + H_2O$$

Formaldehyd-Phloroglucid bildet, welches nach der Proportion:

$$C_7H_6O_3 : CH_2 = 9{,}85 : 1$$

auf Methylen umgerechnet wird.

a) Verfahren für Formaldehyd leicht abgebende Substanzen.

Darstellung der Phloroglucinlösung. 10 g diresorcinfreies Phloroglucin werden mit 450 ccm Wasser und 450 ccm Salzsäure vom spez. Gew. 1,19 erwärmt und nach dem Erkalten von etwaigen Verunreinigungen abgesaugt.

Die zu untersuchende Substanz (0,1 bis 0,2 g) wird in einem mit Kork und Steigrohr versehenen Kölbchen mit 5 ccm Wasser und 30 ccm Phloroglucinlösung 2 Stunden lang auf 70—80° erwärmt. Tritt nicht nach wenigen Minuten schon Trübung ein, so wird durch kurzes Kochen über freier Flamme die Reaktion eingeleitet, die dann jedenfalls auf dem Wasserbade vollendet wird. Nach 12 stündigem Stehen wird das ausgeschiedene gelbe Phloroglucid in einem mit Asbest versehenen bei 100° getrockneten und gewogenen Goochtiegel abgesogen, mit 60 ccm Wasser nachge-

---

1) B. **32**, 2841 (1899). — Weber und Tollens, Ann. **298**, 318 (1898). — Lobry de Bruyn u. Van Eckenstein, Rec. **20**, 331 (1901). — Rec. **21**, 310 (1902).

waschen, vier Stunden bei 100^0 getrocknet und nach einer Stunde im verschlossenen Wägegläschen gewogen.

Division durch 4,6 gibt die Menge an Formaldehyd CH_2O,

Division durch 9,85 das Methylen CH_2.

Das Filtrat vom ausgeschiedenen Phloroglucid (ohne das Waschwasser) versetzt man mit etwas konzentrierter Schwefelsäure und erhitzt wieder. Wenn jetzt noch Phloroglucid ausfällt, ist die Salzsäuremischung für die Zerlegung des Methylenderivates nicht ausreichend stark gewesen. In derartigen Fällen wendet man das

b) **Verfahren für resistentere Methylenäther**
an.

3 g Phloroglucin werden mit 100 g konzentrierter Schwefelsäure und 100 bis 150 g Wasser gelöst. Das nach einstündigem Stehen erhaltene Filtrat genügt für 10 Bestimmungen. Man verfährt wie oben angegeben, nur wird das Erhitzen auf 80^0 drei Stunden lang fortgesetzt. Eventuell muss noch vor dem Erhitzen ein weiterer Zusatz von Schwefelsäure (10 ccm) erfolgen.

Nach dem Wägen werden die Tiegel in einer Muffel ausgeglüht, wodurch das Phloroglucid verbrannt wird. Man lässt im Exsikkator erkalten und wägt im Wägeglase.

Prüfung des Phloroglucins auf Diresorcingehalt. Nach **Herzig** und **Zeisel**[1]) werden einige Milligramme der Probe mit ca. 1 ccm konzentrierter Schwefelsäure übergossen, 1—2 ccm Essigsäureanhydrid hinzugefügt und 5—10 Minuten im kochenden Wasserbade erwärmt. Reines Phloroglucin zeigt unter diesen Umständen eine gelbe bis gelbbraune Färbung: der geringste Diresorcingehalt hingegen gibt sich durch das Auftreten einer Violettfärbung zu erkennen, die auf Zusatz von Alkali (oder sehr viel Wasser) verschwindet.

Bei den **Methylenderivaten der Zuckersäure und Weinsäure** versagt diese Reaktion, es gelingt aber die quantitative Methylenoxydbestimmung beim Ersatze des Phloroglucins durch **Resorcin**[2]). Man dampft den Methylenäther mit einem geringen Überschusse von in konzentrierter Salzsäure gelöstem Resorcin zur Trockne. Das unlösliche Formalresorcin wird ausgewaschen, getrocknet und gewogen.

---

1) M. **11**, 422 (1890). — **Zeisel**, Z. anal. **40**, 554 (1901).

2) **Lobry de Bruyn** und **Van Ekenstein**, Rec. **21**, 314 (1902).

VI.

Bestimmung der primären Amingruppe.

Bei der Bestimmung der primären Amingruppe hat man im allgemeinen verschiedene Methoden anzuwenden, je nachdem ein aliphatisches oder ein aromatisches Amin vorliegt.

A. Bestimmung aliphatischer Amingruppen.

1. *Mittelst salpetriger Säure.*

Aliphatische Amine werden durch salpetrige Säure nach der Gleichung:

$$RNH_2 + NO_2Na + HCl = ROH + N_2 + NaCl + H_2O$$

unter Abgabe ihres Stickstoffs in Karbinolderivate verwandelt.

Den so entwickelten Stickstoff quantitativ zu bestimmen, haben zuerst R. Sachsse und W. Kormann[1]) unternommen, welche die Entwickelung des Stickstoffs in einer Stickoxydatmosphäre vornahmen, und dieses Gas dann durch Eisenvitriollösung absorbierten.

Viel bequemer ist folgendes Verfahren.

Die in verdünnter Schwefelsäure zur Neutralität gelöste Substanz befindet sich in einem mit dreifach durchbohrtem Korke verschlossenen Kölbchen, oder noch besser in einem mit eingeschmolzener Kapillare versehenen Fraktionierkölbchen, dessen Kork einen kleinen Scheidetrichter trägt. Das seitliche Rohr des Fraktionierkölbchens führt bis nahe an den Boden eines zweiten leeren Kölbchens durch einen luftdicht schliessenden Kork. Dieses zweite Fraktionierkölbchen

---

[1]) Landw. Vers.-St. **17**, 321 (1870). — Z. anal. **14**, (1875). — Siehe auch Campani, Gazz. **17**, 137 (1887).

wird mittelst seines entsprechend gebogenen Ansatzrohres an einen Liebigschen Kaliapparat angefügt, der mit einer 3%igen, mit etwa 1 g Soda versetzten Kaliumpermanganatlösung gefüllt ist.

Der Kaliapparat trägt ein Gasentbindungsrohr, welches, unter Quecksilber mündend, dazu bestimmt ist, in das Messrohr gesteckt zu werden.

Letzteres wird zur Hälfte mit Kalilauge vom spez. Gew. 1,4, zur Hälfte mit Quecksilber gefüllt.

Durch den Apparat streicht ein langsamer Strom von Kohlensäure, die man nach Fr. Blau[1]) völlig rein und luftfrei aus einer sehr konzentrierten Pottaschelösung vom spez. Gew. 1,45—1,5 durch Einträpfeln in 50%ige Schwefelsäure (spez. Gew. 1,4) erhält.

Nachdem aus dem Apparate alle Luft vertrieben ist, setzt man das Messrohr auf und lässt aus dem Scheidetrichter etwas mehr als die berechnete Menge Kaliumnitrit einfliessen.

Die eintretende Stickstoffentwickelung wird eventuell durch Erwärmen auf dem Wasserbade unterstützt und zur Vollendung der Reaktion schliesslich noch etwas verdünnte Schwefelsäure einfliessen gelassen.

Das Rohr des Scheidetrichters ist am Ende ausgezogen und nach aufwärts gebogen. Es reicht bis unter das Niveau der Flüssigkeit und wird vor Beginn des Versuches mit destilliertem Wasser gefüllt.

2. Acylierung der Aminbasen.

Zur Charakterisierung und Bestimmung der primären und sekundären Amine können dieselben Acylierungsmethoden verwendet werden wie für die Hydroxylderivate (pag. 5 ff.). Die Besonderheiten der Amingruppe, namentlich ihre grössere Reaktionsfähigkeit lassen indes hier noch einige weitere Methoden der Acylierung zu.

a) Acetylierungsmethoden.

Acetylierung mittelst Acetylchlorid[2]) wird nicht sehr häufig vorgenommen. Mit Essigsäureanhydrid[3]) kann man Basen

---

[1]) M. **13**, 280 (1892).

[2]) Über Diacetylieren mit Acetylchlorid siehe pag. 131.

[3]) Hinsberg, B. **19**, 1253 (1886). — Pinnow u. Wegner, B. **30**, 1112 (1897). — Pinnow, B. **33**, 417 (1900).

auch in wässeriger Lösung acetylieren. Die zu acetylierende Base wird in der entsprechenden Menge verdünnter Essigsäure gelöst oder suspendiert oder der Lösung ihres Chlorhydrates Natriumacetat zugesetzt und unter Kühlen und Schütteln Essigsäureanhydrid zugefügt.

In manchen Fällen (Anilin) lassen sich auf diese Art sogar die Chlorhydrate der Basen — unter Freiwerden von Salzsäure — acetylieren. Bei Polyaminen der Benzolreihe wird von zwei benachbarten Amingruppen nur eine acetyliert. Vgl. B. **27**, 93 (1894).

Aminosulfosäuren lassen sich nur in alkalischer Lösung, bezw. als Alkalisalze acetylieren [1]).

Mit selbst stark verdünnter (30—50 %/o iger) Essigsäure [2]) gelingt die Acetylierung der primären aromatischen Amine beim Erhitzen unter Druck auf 150—160°.

Essigsäureanhydrid und Alkohol wirken, wie Nietzki [3]) gefunden hat, unerwarteterweise in der Kälte nicht aufeinander; beim Vermischen beider Körper findet sogar eine Temperaturerniedrigung statt. Setzt man zu dieser Mischung einen Aminokörper hinzu, so acetyliert sich dieser ganz glatt und fast momentan unter Temperaturerhöhung. Diese neue Acetylierungsmethode in alkoholischer Lösung gestattet, Aminoderivate, welche mit Essigsäureanhydrid, wegen ihrer geringen Löslichkeit, sich schlecht acetylieren lassen, wie z. B. Aminoazobenzol, p-Nitranilin u. s. w., glatt und bequem zu acetylieren.

Chloracetylchlorid und Bromacetylbromid finden ebenfalls gelegentlich Verwendung [4]).

Acetylierung mittelst Thioessigsäure [5]).

Nach Pawlewsky eignet sich die Thioessigsäure ganz besonders zur Acetylierung aromatischer primärer und sekundärer Amine und Aminsäuren, welche meist momentan und bei gewöhnlicher Temperatur nach der Gleichung:

$$RNH_2 + CH_3COSH = R \cdot NHCOCH_3 + SH_2$$

glatt von statten geht und direkt nahezu analysenreine Produkte

---

[1]) D. R. P. 92796. — Nietzki, B. **17**, 707 (1884).

[2]) D. R. P. 98070.

[3]) Ch. Ztg. **27**, 361 (1903).

[4]) D. R. P. 71159. — B. **31**, 2790 (1898).

[5]) Pawlewski, B. **31**, 661 (1898). — **35**, 110 (1902). — Bamberger, B. **35**, 713 (1902).

liefert. Nach Eibner[1]) addieren dagegen gewisse sekundäre (und tertiäre) Aminverbindungen Thioessigsäure unter Bildung von substituierten Aminomerkaptanen.

Darstellung der Thioessigsäure[2]).

1 Gewichtsteil gepulvertes Phosphorpentasulfid wird mit ½ Gewichtsteil nicht zu kleiner Glasscherben gemischt und mit 1 Teil Eisessig in einem Glasgefässe, das mit Thermometer und absteigendem Kühler versehen ist, auf dem Drahtnetze vorsichtig angewärmt. Wenn die Temperatur der Dämpfe auf etwa 103° gestiegen ist, bricht man die Operation ab. Das gelbe Destillat wird nochmals rektifiziert und das zwischen etwa 92 und 97° Übergehende als reine Thioessigsäure angesehen.

Diacetylierung.

Während im allgemeinen durch die Einwirkung von Acetylierungsmitteln auf primäre Amine nur eines der beiden typischen Wasserstoffatome substituiert wird, gelingt es in manchen Fällen, sowohl mittelst Acetylchlorid[3]) als auch mittelst Essigsäureanhydrid[4]) Diacetylierung zu erzielen.

Dabei spielt die Konstitution der betreffenden Substanzen eine wesentliche Rolle, insoferne als namentlich orthosubstituierte Arylamine (gleichgültig, ob der Substituent positiven oder negativen Charakter besitzt) der Diacetylierung zugänglich sind.

Acetylierung von Salzen und Doppelsalzen: Dieselbe wird ganz ebenso ausgeführt wie die Acetylierung der freien Basen. Beispiele hierfür: Nietzki, B. **16**, 468 (1883). — Wolff, B. **27**, 972 (1894). — Cohn, B. **33**, 1567 (1900). — D. R. P. 71159.

Auch lässt sich in manchen Fällen Acetylierung mittelst Essigäther erzielen. So gibt Anilin beim Erhitzen mit Essigsäureester auf 200 bis 220° Acetanilid, während bei gleicher Behandlung von Anilinchlorhydrat mit dem Ester Alkylanilin entsteht[5]).

---

[1]) B. **34**, 657 (1901).

[2]) Kekulé u. Linnemann, Ann. **123**, 278 (1862). — Tarugi, Gazz. **25**, I. 271 (1895). — Schiff, B. **28**, 1205 (1895).

[3]) Kay, B. **26**, 2853 (1893).

[4]) Remmers, B. **7**, 350 (1874). — Ulffers u. Janson, B. **27**, 93 (1894). — D. R. P. 75611. — Pechmann u. Obermiller, B. **34**, 665 (1901). — Sudborough, Proc. **17**, 45. — Tassinari, Ch. Ztg. **24**, 548 (1900).

[5]) Hjelt, Finska Vetensk. Soc. Öfversigt **29**, 1 (1887). — Niementowski, B. **30**, 3071 (1897). — Wenner, Inaug.-Dissert., Basel **1902**, 10.

Nichtacetylierbare Amine sind ebenfalls beobachtet worden.

So lässt sich das o-Nitrobenzylorthonitroanilin auf keinerlei Weise acetylieren[1]) und ebenso wenig das p-Nitrobenzylorthonitroanilin[2]) und die Imidogruppe des o-Oxybenzylorthonitroanilins[3]). In diesen Fällen ist wohl sterische Reaktionsbehinderung anzunehmen.

Unverseifbare Acetylgruppen: Pschorr, B. **31**, 1289, 1291 (1898).

b) Benzoylierungsmethoden[4]).

Die Einwirkung von Benzoylchlorid führt bei empfindlichen Aminen leicht zur Verharzung. Wo auch ein Arbeiten nach der Lossen-Baumannschen Methode sich nicht ausführen lässt, kann man nach Etard und Vila[5]) eine wässerige Lösung der Substanz mit kristallisiertem Barythydrat mischen, so dass letzteres, wenn nun nach und nach Benzoylchlorid zugesetzt wird, durch die bei der Lösung entstehende Temperaturerniedrigung eine allzu lebhafte Reaktion verhindert.

Benzoesäureanhydrid empfiehlt sich namentlich in solchen Fällen, wo eine flüssige Base zur Verwendung gelangt, in welcher das Anhydrid sich lösen kann[6]). Manchmal ist Erhitzen auf 200° im Einschlussrohre notwendig[7]).

Starke Basen können auch mittelst Benzoesäureester acyliert werden, indem analog der Umsetzung des Esters mit Ammoniak Säureimidbildung eintritt[8]).

So ist es eine allgemeine Eigenschaft der Monoalkyl-Fluorindine, beim Kochen mit Benzoeäther mehr oder weniger rasch in Benzoylderivate verwandelt zu werden, während sich Diphenylfluorindin aus diesem Lösungsmittel unverändert umkristallisieren lässt.

Nicht benzoylierbare Amine. Die Fälle[7])[8]), wo eine Substanz der Benzoylierung unzugänglich ist, sind relativ selten. Wahrscheinlich ist auch hier sterische Behinderung für die Reaktionsunfähigkeit verantwortlich.

---

1) Paal u. Kromschröder, J. pr. (2), **54**, 265 (1896).
2) Paal u. Benker, B. **32**, 1251 (1899).
3) Paal u. Härtel, B. **32**, 2057 (1899).
4) Siehe pag. 24 ff.
5) C. r. **135**, 699 (1902). — Biehringer u. Busch, B. **36**, 139 (1903) verwenden gelöschten Kalk.
6) Bichler, B. **26**, 1385 (1893). — Curtius, B. **17**, 1663 (1884).
7) Likiernik, Z. physiol. **15**, 418 (1891).
8) Kehrmann u. Bürgin, B. **29**, 1248 (1896).

Phenylsulfochlorid[1]). (Hinsberg[2]).

Auf tertiäre Amine ist Phenylsulfochlorid bei Gegenwart von Alkali ohne Einwirkung. Auf sekundäre Amine reagiert dasselbe unter Mitwirkung von Kalilauge, indem in Alkali und Säuren unlösliche feste oder ölige Phenylsulfonamide entstehen. Mit primären Aminbasen, sowohl der Fettreihe, als auch der aromatischen Reihe reagiert Phenylsulfochlorid stets unter Bildung von Sulfonamiden, welche in der im Überschusse vorhandenen Kalilauge sehr leicht löslich sind, da das Wasserstoffatom der Imidgruppe durch die Nähe der Phenylsulfongruppe stark saure Eigenschaften enthält.

Auf dieses verschiedene Verhalten lässt sich nun der einfache Nachweis für die Konstitution einer Stickstoffbase gründen. Man schüttelt das zu untersuchende Produkt (es genügen einige Zentigramme) mit mässig starker Kalilauge und mit Phenylsulfochlorid ($1^1/_2$—2fache theoretische Menge). Nach 2—3 Minuten langem Schütteln ist die grösste Menge des Sulfochlorids verschwunden. Man erwärmt nun, bis der Geruch des Chlorids nicht mehr wahrnehmbar ist, wobei man Sorge trägt, dass die Flüssigkeit stets alkalisch bleibt. Tertiäre Basen sind nach vollendeter Reaktion unverändert geblieben; sekundäre Basen geben feste oder dickflüssige Phenylsulfonamide, welche in Säuren und Kalilauge unlöslich sind. Primäre Basen dagegen liefern eine völlig klare Lösung, welche beim Versetzen mit Salzsäure das Phenylsulfonamid sofort, meistens in fester kristallisierter Form, ausfallen lässt.

Ebenso einfach gestaltet sich die Trennung des Gemenges einer primären, sekundären und tertiären Base. Man behandelt ein solches Gemisch in der eben angegebenen Weise mit Phenylsulfonchlorid und Kalilauge. Ist man nicht sicher, beim ersten Male genügend Sulfochlorid zugesetzt zu haben, so wiederholt man die Reaktion, indem man nochmals mit Phenylsulfochlorid und Kalilauge schüttelt. Wenn die vorhandene tertiäre Base mit Wasserdampf flüchtig ist, kann dieselbe nach Vollendung der Reaktion sofort im Dampfstrom übergetrieben werden, nachdem die überschüssige Kalilauge nahezu neutralisiert worden ist. Hierbei ist jedoch zu bemerken, dass die einfachsten Phenylsulfonamide z. B. $C_6H_5SO_2 . N(C_2H_5)_2$ ebenfalls, wenn auch nur in geringem Masse, mit Wasserdampf flüchtig sind. Im Rückstande trennt man das in Kalilauge unlösliche Phenyl-

---

[1]) Toluolsulfochlorid: B. **23**, 3198 (1890). — Z. russ. **29**, 405 (1897).
[2]) B. **23**, 2962 (1890). — B. **33**, 3526 (1900).

sulfonamid der sekundären Base von dem alkalischen Sulfonamid der primären Base durch Filtration und fällt schliesslich das alkalische Filtrat mit Salzsäure.

Wenn die tertiäre Base nicht mit Wasserdampf flüchtig ist, wird das Reaktionsprodukt zunächst mit Äther ausgeschüttelt und in dem ätherischen Extrakte die tertiäre Base von dem Phenylsulfonamid der sekundären Base durch verdünnte Salzsäure getrennt. Die mit Äther extrahierte alkalische Flüssigkeit lässt nach dem Ansäuern mit Salzsäure das Phenylsulfonamid der primären Base fallen.

Durch Erhitzen mit starker Salzsäure im Rohre auf 150—160[0] wird aus den Phenylsulfonamiden unter Bildung von Phenylsulfosäure leicht die ursprüngliche Aminbase regeneriert.

Die Reaktion versagt bei Aminen, welche bereits mit einem Säureradikale oder einer anderen stark negativen Gruppe verbunden sind, also bei den Säureamiden und den Halogen- und Nitroderivaten der Aminbasen.

Die Amidosäuren der aromatischen Reihe reagieren glatt mit Phenylsulfochlorid[1]). Diphenylamin und ähnliche schwache Basen reagieren nicht mit Phenylsulfochlorid und Kalilauge.

Nach Solonina[2]) entstehen beim Schütteln einiger primärer Amine mit Benzol- oder Toluolsulfochlorid und Natronlauge — und zwar wenn letzteres Reagens in geringem, ersteres in grossem Überschusse angewendet wird — neben den normalen Monobenzolsulfonamiden kleine Mengen anormaler Dibenzolsulfonamide, welche in Alkali unlöslich sind und daher die Anwesenheit sekundärer Basen vortäuschen können. (Benzylamin, Isobutylamin, n-Butylamin, Isoamylamin, Anilin, m-Xylidin, n-Heptylamin, as-Methylphenylhydrazin.)

Die hier in Frage kommenden Basen geben indes beim Schütteln mit viel konzentrierter Kalilauge (15 ccm 25%iger Kalilauge auf 1 g Base) und Benzolsulfochlorid (1½—2 Mol. Gew.) entweder gar keine oder nur ganz geringe Mengen alkaliunlöslichen Produktes und weiter gehen anormal gebildete Dibenzolsulfonamide beim Kochen mit starker (25 bis 30%iger) Kalilauge anscheinend allgemein in

---

1) Einwirkung auf aliphatische Aminsäuren: Ihrfeld, B. **22**, R. 692 (1889). — Hedin, B. **23**, 3197 (1890). — E. Fischer, B. **33**, 2380 (1900). — B. **34**, 448 (1901).

2) Z. russ. **29**, 405 (1897). — **31**, 640 (1899). — Marckwald, B. **32**, 3512 (1899). — Bamberger, B. **32**, 1804 (1899). — B. **33**, 765 (1900). — Duden, B. **33**, 477 (1900). — Willstätter u. Lessing, B. **33**, 557 (1900).

die Monobenzolsulfamide über (Marckwald). Eine zweite Un-
vollkommenheit der Benzolsulfochloridmethode basiert jedoch auf dem
Umstande, dass die Benzolsulfamide der primären fetten, sowie der
hydrierten cyklischen Basen etwa von C_7 an, in überschüssiger Lauge
unlösliche durch Wasser zerlegbare Alkalisalze geben.

In solchen Fällen bedient man sich nach Hinsberg des β-
Anthrachinonsulfochlorids.

Das dabei eingeschlagene Verfahren ist folgendes:

Etwa 0,1 g der zu prüfenden Base (oder eines Salzes) werden
mit 5 ccm 5 %/oiger Natronlauge übergossen. In die kalte Flüssigkeit trägt man $1^1/_2$ Mol. Gew. fein verteilten Anthrachinonsulfochlorids
(am besten durch Fällen einer Eisessiglösung des Chlorids mit Wasser
erhalten) ein, sorgt durch Verreiben mit einem Glasstabe für möglichst
gleichmässige Verteilung des sich leicht zusammenballenden Chlorides
in der Flüssigkeit und schüttelt dann 2—3 Minuten lang kräftig
durch. Darauf erhitzt man vorsichtig zum Sieden, um das über-
schüssig zugesetzte Chlorid in anthrachinonsulfosaures Natrium um-
zuwandeln, kühlt auf Zimmertemperatur ab, übersättigt mit verdünnter Salzsäure und filtriert das gebildete Anthrachinonsulfamid
ab. Dasselbe wird auf dem Filter mit warmem Wasser ausgewaschen und, falls es gefärbt ist, aus verdünntem Alkohol umkristallisiert. Ein Teil (etwa 0,05 g) des direkt oder durch Kristallisation
erhaltenen Produktes wird, eventuell noch feucht, in der eben zu-
reichenden Menge heissen Alkohols gelöst, wobei eine farblose oder
kaum merklich strohgelb gefärbte Flüssigkeit entsteht. Fügt man
nun zu der noch warmen Flüssigkeit einen halben Kubikzentimeter
25 %/oiger Kalilauge, so bleibt die Färbung unverändert, falls ein
sekundäres Amin zur Anwendung kam; beim Abkühlen und
Zusatze von mehr Kalilauge wird das vorhandene Sulfamid zum
Teile kristallinisch ausgefällt. Liegt dagegen ein primäres Amin
zu grunde, so färbt sich die Flüssigkeit intensiv gelb bis gelbrot.
Zuweilen tritt beim Erwärmen der primären und sekundären Anthra-
chinonsulfamide mit der alkoholischen Kalilauge eine himbeerrote
Färbung auf, welche indes beim Umschütteln verschwindet und somit
die wesentlichen Färbungen nicht stört. Die Methode ermöglicht
also die Unterscheidung der primären und sekundären Basen durch
eine Farbenreaktion; die tertiären Basen reagieren nicht mit
dem Anthrachinonsulfochlorid.

Für gefärbte Basen, Aminsäuren und schwach basische Substanzen, wie Diphenylamin, ist diese Methode nicht wohl anwendbar.

Darstellung von β-Anthrachinonsulfochlorid[1]). Technisches anthrachinonsulfosaures Natron wird durch mehrmaliges Umkrystallisieren aus Wasser gereinigt und ein Gemisch gleicher Moleküle davon und Phosphorpentachlorid am aufsteigenden Kühler im Ölbade auf 180° erhitzt. Nach einiger Zeit wird die Masse flüssig; dann wird sie noch 3—4 Stunden bei der angegebenen Temperatur erhalten. Man destilliert hierauf das entstandene Phosphoroxychlorid ab, kocht die zurückbleibende gelbe Masse mit Wasser aus und kristallisiert den Rückstand mehrmals aus siedendem Toluol um. Schwach gelbe Blättchen, Smp. 193°.

β-Naphtalinsulfochlorid[2]).

Von ausserordentlicher Bedeutung für die Isolierung von Oxyaminosäuren und der komplizierteren Verbindungen vom Typus des Glycylglycins ist das Naphtalinsulfochlorid, dessen Derivate sich durch Schwerlöslichkeit, gutes Kristallisationsvermögen und konstante Schmelzpunkte auszeichnen.

Die Wechselwirkung zwischen Chlorid und Aminosäure vollzieht sich am besten unter folgenden Bedingungen. Zwei Mol. Gew Chlorid werden in Äther gelöst, dazu fügt man die Lösung der Aminosäure in der für ein Molekül berechneten Menge Normalnatronlauge und schüttelt mit Hilfe einer Maschine bei gewöhnlicher Temperatur. In Intervallen von ein bis anderthalb Stunden fügt man dann noch dreimal die gleiche Menge Normalalkali hinzu. Der Überschuss des Chlorids ist erfahrungsgemäss für die Ausbeute vorteilhaft. Da es nicht vollständig verbraucht wird, so ist zum Schlusse die wässerige Flüssigkeit noch alkalisch. Sie wird von der ätherischen Schichte getrennt, filtriert, und, wenn nötig, nach der Klärung mit Tierkohle, mit Salzsäure übersättigt. Dabei fällt die schwerlösliche Naphtalinsulfoverbindung aus.

Zur Darstellung des β-Naphtalinsulfochlorids[3]) werden auf ein Molekül naphtalinsulfonsaures Natrium $1\,^1/_2$ Mol. Phosphorpentachlorid angewendet, und zur Vollendung der Reaktion gelinde erwärmt, nach dem Erkalten das Reaktionsprodukt in kaltes Wasser eingetragen und das darin Unlösliche, nachdem es durch Auswaschen hinreichend gereinigt und an der Luft getrocknet worden ist, aus Benzol umkristallisiert. Smpt. 76°, nach dem Destillieren bei 0.3 mm Druck 78°.

---

[1]) Houl, B. **13**, 692 (1880).

[2]) E. Fischer u. Bergell, B. **35**, 3779 (1902).

[3]) Otto, Rössing u. Tröger, J. pr. (2) **47**, 95 (1893). — Krafft u. Roos, B. **25**, 2255 (1892).

3. *Phenylisocyanat*[1])

gelangt auf Aminosäuren nach Art der Lossenschen Methode in Anwendung[2]).

Äquimolekulare Mengen der betreffenden Aminosäure und festen Ätznatrons werden in Wasser gelöst, und zwar verwendet man zweckmässig auf einen Teil Säure 8—10 Teile Wasser. Hierauf gibt man die berechnete Menge (1 Mol.) Phenylisocyanat hinzu und schüttelt bis zum Verschwinden des Cyanatgeruches, eventuell unter Kühlung.

Nach beendeter Einwirkung erhält man eine klare Lösung des Salzes der betreffenden Ureidosäure. Zuweilen sind in der Flüssigkeit geringe Mengen Diphenylharnstoff suspendiert, welcher aber nur bei Anwendung eines Überschusses von Ätzkali in grösserer Quantität auftritt.

Aus der, wenn nötig, filtrierten Lösung wird die Ureidosäure frei von Nebenprodukten und in quantitativer Ausbeute durch verdünnte Schwefel- oder Salzsäure gefällt.

Auch Uramil lässt sich in gleicher Weise zu einer Phenylpseudoharnsäure kombinieren und ebenso reagieren die Amidophenole leicht in alkalischer Lösung. Allerdings bleibt die Reaktion hier nicht bei der Bildung des Phenylharnstoffes stehen, sondern es wird auch bei einem Teile des Produktes die phenolische Hydroxylgruppe in Mitleidenschaft gezogen[3]).

Ebenso liefern die Peptone in wässerig-alkalischer Lösung Phenylureidopeptone[4]). So löste Herzog[5]) 1,46 g Lysinchlorid in Wasser und titrierte mit Normalkalilauge. Um schwach alkalische Reaktion zu erzielen, waren 6,5 ccm nötig; dann wurden noch 15 ccm Kali hinzugefügt und die Lösung mit 2,38 g Phenylisocyanat geschüttelt. Nach 4—5 Stunden wurde Salzsäure zugesetzt und das Reaktionsprodukt ausgefällt. Die so entstandene Ureidosäure verliert beim kurzen Kochén mit 30 %iger Salzsäure ein Molekül Wasser und geht in ein Hydantoin über.

---

1) Siehe pag. 41.
2) Paal, B. **27**, 976 (1894).
3) E. Fischer, B. **33**, 1701 (1900).
4) Paal, B. **27**, 975 Anm. (1894).
5) Z. physiol. **34**, 525 (1902). — E. Fischer u. Weipert, B. **35**, 3777 (1902).

Zur Darstellung der Verbindung aus Phenylisocyanat und Oxy-pyrrolidin-α-karbonsäure[1]) wird eine 10 %ige wässerige Lösung der Oxyaminosäure mit der für $1^1/_4$ Mol. berechneten Menge Natronlauge versetzt und dann bei 0^0 Phenylisocyanat unter starkem Schütteln zugetropft, bis die Abscheidung von Diphenylharnstoff beginnt. Das Filtrat scheidet beim schwachen Übersättigen mit Salzsäure das Reaktionsprodukt ab. Durch Verdampfen der Mutterlauge wird eine zweite Kristallisation erhalten.

α-Dinitrobrombenzol hat Van Romburgh[2]) zur Charakterisierung kleiner Mengen von primären und sekundären Basen empfohlen.

Man löst etwas Bromdinitrobenzol in heissem Alkohol und fügt die alkoholische Aminlösung hinzu. Nach dem Erkalten, eventuell nach Wasserzusatz fallen die gelben Krystalle des gebildeten Produktes:

$$C_6H_3(NO_2)_2 . NX_2$$

aus. Ammoniak reagiert nicht mit diesem Reagens. Kocht man die erhaltenen Produkte — sofern das Amin der Fettreihe angehörte — mit rauchender Salpetersäure, so erhält man charakteristische Trinitronitramine der Formel $C_6H_2(NO_2)_3NXNO_2$.

Dinitrochlorbenzol haben Nietzki und Ernst[3]) angewendet. Man arbeitet in alkoholischer Lösung unter Zusatz äquivalenter Mengen von Natriumacetat.

Auch mit Pikrylchlorid[3]) entstehen schwerlösliche Verbindungen. Da das Pikrylchlorid auch in kaltem Alkohol reichlich löslich ist, kann man damit die Reaktion meist schon bei gewöhnlicher Temperatur ausführen. Man lässt dasselbe entweder in alkoholischer Lösung auf das freie Amin, oder bei Gegenwart von Alkali auf das Chlorhydrat der Base einwirken.

4. Über die Analyse von Salzen und Doppelsalzen siehe pag. 147.

B. Bestimmung aromatischer Amingruppen.

Zur quantitativen Bestimmung der primären aromatischen Amingruppe dienen folgende Methoden:

1. Titration der Salze,
2. Diazotierungsmethoden:
   a) Methode von Reverdin und De la Harpe,
   b) Indirekte Methode,
   c) Sandmeyer-Gattermannsche Reaktion.
3. Analyse von Salzen und Doppelsalzen,
4. Acylierungsverfahren.

---

[1]) E. Fischer, B. **35**, 2663 (1902).
[2]) Rec. **4**, 189 (1885). — Schöpff, B. **22**, 900 (1889).
[3]) M. **13**, 280 (1892).

1. *Titration der Salze.*

Nach Menschutkin[1]) lassen sich die Salze der Aminbasen mit Mineralsäuren in wässeriger oder alkoholischer Lösung mit wässeriger Kalilauge oder Barythydrat und Rosolsäure oder Phenolphtalein als Indikator ebenso titrieren, als ob bloss freie Säure vorhanden wäre.

Amine der Fettreihe[2]) titriert man in alkoholischer Lösung mit alkoholischer Lauge.

Andererseits lassen sich auch viele Basen direkt mit Salzsäure titrieren, wenn man Methylorange oder Kongorot[3]) als Indikator benutzt.

Über Titration der Aminosäuren siehe pag. 48.

Titration aliphatischer Diamine: Berthelot C. r. **129**, 694 (1899).

2. *Methoden, welche auf der Diazotierung der Amingruppe beruhen.*

a) Überführung der Base in einen Azofarbstoff[4]).
(Reverdin und De la Harpe[5]).)

Zur Bestimmung der Base, z. B. Anilin, löst man 0,7 bis 0,8 g in 3 ccm Salzsäure auf und verdünnt mit Wasser unter Zusatz von etwas Eis auf 100 ccm.

Andererseits bereitet man eine titrierte Lösung von R-Salz (dem Natriumsalze der β-Naphtol-α-Disulfosäure), welche davon in einem Liter eine mit ungefähr 10 g Naphtol äquivalente Menge enthält. Man fügt nun zu der Lösung der Base, welche auf 0^0 gehalten wird, soviel Natriumnitrit, als dem Anilin entspricht, und giesst nach und nach das Reaktionsprodukt in eine abgemessene,

---

[1]) B. **16**, 316 (1883). — E. Léger, Journ. pharm. chim. (5), **6**, 425 (1882). — v. Pechmann, B. **27**, 1693 Anm. (1894). — Müller, Bull. (3) **3**, 605 (1890). — Lunge, Dingl. **251**, 40 (1884). — Fulda, M. **23**, 919 (1902).

[2]) Menschutkin u. Dybowski, Z. russ. **29**, 240 (1897).

[3]) Julius, Die chemische Industrie 9, 109 (1888). — Strache und Iritzer, M. **14**, 37 (1893). — Astruc, C. r. **126**, 1021 (1899). — Grimaldi, C. **1903**, I, 97.

[4]) Dynamik der Bildung der Azofarbstoffe: H. Goldschmidt u. Merz, B. **30**, 670 (1897). — Goldschmidt u. Buss, B. **30**, 2075 (1897). — Goldschmidt u. Bürkle, B. **32**, 355 (1899). — Goldschmidt u. Keppeler, B. **33**, 893 (1900). — Goldschmidt u. Keller, B. **35**, 3534 (1902).

[5]) Ch. Ztg. **13**, I, 387, 407 (1889). — B. **22**, 1004 (1889).

mit einem Überschusse von Natriumkarbonat versetzte Menge von R-Salzlösung. Der gebildete Farbstoff wird mit Kochsalz gefällt, filtriert und das Filtrat durch Hinzufügen von Diazobenzollösung respektive G-Salz auf einen Überschuss des einen oder anderen dieser Körper geprüft. Durch wiederholte Versuche stellt man das Volumen R-Salzlösung fest, welches nötig ist, das aus der Anilinlösung entstandene Diazobenzol zu binden.

Die Resultate sind ein wenig zu hoch, da durch die Kochsalzlösung auch etwas R-Salz ausgefällt wird.

R. Hirsch[1]) hat Anilin, Ortho- und Paratoluidin, Metaxylidin und Sulfanilsäure mit Schäfer schem Salz (naphtolsulfosaurem Natron) in der Art kombiniert, dass er zu der mit einigen Tropfen Ammoniak und Kochsalz versetzten gemessenen Naphtollösung so lange frisch bereitete Diazolösung aus einer Bürette zufliessen liess, als noch eine Vermehrung des sofort ausfallenden Farbstoffes eintritt.

Man lässt zweckmässigerweise von Zeit zu Zeit einen Tropfen der Naphtollösung auf Fliesspapier gegen einen Tropfen der Diazoverbindung auslaufen und beobachtet, ob an der Berührungsstelle Rotfärbung erfolgt; aus der Intensität derselben ist ein Schluss auf die Menge noch unverbundenen Naphtols zulässig. Ist dieselbe sehr gering, so tritt die Rotfärbung nicht mehr am Rande, sondern im Innern des ausgelaufenen Tropfens auf. Wird eine leicht lösliche Verbindung gebildet, z. B. das aus Sulfanilsäure entstehende Produkt, so bringt man auf das Filtrierpapier, das zur Tüpfelprobe dient, ein Häufchen Kochsalz, auf welches man die Lösung auftropfen lässt.

Sterische Behinderung der Diazotierbarkeit bei o-Nitroanilinen: Claus und Beysen, Ann. **266**, 224 (1891).

Bei nitrierten Diaminen: Bülow, B. **29**, 2284 (1896).

b) Indirekte Methode.

Diese in der Fabrikpraxis viel geübte Methode bildet eine Umkehrung der volumetrischen Methode zur Bestimmung der salpetrigen Säure nach A. G. Green und S. Rideal[2]).

Die Base wird mit ihrem dreifachen Gewichte Salzsäure übergossen und mit soviel Wasser in Lösung gebracht, dass die Flüssigkeit etwa $1/100$ bis $1/10$ Grammäquivalent der Base enthält.

---

[1]) B. **24**, 324 (1891).
[2]) Ch. News **49**, 173 (1884).

Diese durch einige Eisstückchen auf 0^0 gehaltene Lösung wird nun durch eine ca. $^1/_{10}$ normale Nitritlösung, welche man langsam zufliessen lässt, diazotiert und von Zeit zu Zeit eine Tüpfelprobe mit Jodkaliumstärkekleisterpapier gemacht. An der eintretenden bleibenden Blaufärbung des Papiers wird das Ende der Titration erkannt.

Zur Titerstellung der Nitritlösung lösen L. P. Kinnicutt und J. U. Nef[1]) das Nitrit in 300 Teilen kalten Wassers und fügen zu dieser Lösung nach und nach $^1/_{10}$-Normalchamäleonlösung, bis die Flüssigkeit eine deutliche, bleibend rote Färbung zeigt.

Man versetzt dann mit 2—3 Tropfen verdünnter Schwefelsäure und hierauf sogleich mit einem Überschuss von übermangansaurem Kali. Die tiefrote Flüssigkeit wird nun mit Schwefelsäure stark angesäuert, zum Kochen erhitzt und der Überschuss an Chamäleonlösung mit $^1/_{10}$-Normaloxalsäure zurücktitriert.

Ebensogut kann man die Nitritlösung auf reines sulfanilsaures Natron oder Paratoluidin noch besser auf Anthranilsäure einstellen.

c) Sandmeyer[2])-Gattermann[3])sche Reaktion.

Die Überführung der primären Amingruppe in die Diazogruppe und Ersatz des Stickstoffs durch Chlor empfiehlt sich oft zur quantitativen Bestimmung des Amins.

Zur Darstellung der Chlorprodukte werden in der Regel die Diazoverbindungen gar nicht isoliert, sondern die Reaktion in einem Zuge durchgeführt.

Beispielsweise werden 4 g Metanitroanilin[4]) mit 7 g konzentrierter Salzsäure (spez. Gew. 1,17) in 100 g Wasser gelöst und mit 20 g einer 10%igen Kupferchlorürlösung in einem Kölbchen mit Rückflussrohr fast zum Sieden erhitzt und unter starkem Schütteln eine Lösung von 2,5 g Natriumnitrit in 20 g Wasser aus einem Scheidetrichter tropfenweise zugesetzt. Jeder Tropfen verursacht beim Zusammentreffen mit obiger Mischung eine starke Stickstoffentwickelung und zugleich scheidet sich ein schweres braunes Öl ab, das durch Eis zum Erstarren gebracht wird. Man reinigt es durch Destillation.

Gewöhnlich lassen sich die gebildeten Produkte mit Wasserdampf übertreiben, sonst reinigt man sie aus Äther oder Benzol.

Mittelst dieser ursprünglichen Sandmeyerschen Methode[5]) lassen sich auch Diamine, die gar nicht normal diazotierbar sind, leicht in die Chlorprodukte verwandeln.

---

[1]) Am. **5**, 388 (1886). — Z. anal. **25**, 223 (1886).
[2]) B. **17**, 1633 (1884). — B. **23**, 1880 (1890).
[3]) B. **23**, 1218 (1890). — B. **25**, 1091, Anm. (1892).
[4]) B. **17**, 2650 (1884).
[5]) Siehe auch Erdmann, Ann. **272**, 144 (1893).

Zur Darstellung der Kupferchlorürlösung werden 25 Teile kristallisierten Kupfervitriols mit 12 Teilen wasserfreiem Kochsalz und 50 Teilen Wasser zum Sieden erhitzt, bis sich alles umgesetzt hat (ein Teil des gebildeten Glaubersalzes scheidet sich als Pulver ab), dann 100 Teile konzentrierte Salzsäure und 13 Teile Kupferspäne zugesetzt und in einem Kolben mit lose aufgesetztem Pfropfen so lange gekocht, bis Entfärbung der Lösung eintritt. Nun setzt man noch so viel konzentrierte Salzsäure zu, dass alles zusammen 203,6 Gewichtsteile ausmacht. Da vom zugesetzten Kupfer nur 6,4 Teile in Lösung gehen, hat man also im ganzen 197 Teile einer Lösung, welche $1/10$ Molekulargewicht wasserfreies Kupfer chlorür enthält.

In einer mit Kohlensäure gefüllten verschlossenen Flasche ist die filtrierte Lösung sehr lange haltbar. (Feitler[1].)

Gattermann[2] empfiehlt, statt des Oxydulsalzes **Kupferpulver** anzuwenden, wodurch die Reaktion schon in der Kälte verläuft und die Ausbeuten sich zum Teile günstiger gestalten.

Darstellung des Kupferpulvers.

In eine kalt gesättigte Kupfervitriollösung wird durch ein feines Sieb Zinkstaub eingestreut, bis die Flüssigkeit nur mehr schwach blau gefärbt ist.

Nach wiederholtem Dekantieren mit grossen Wassermengen entfernt man die letzten Spuren Zink durch Digestion mit sehr verdünnter Salzsäure, saugt das Kupferpulver ab und wäscht bis zur neutralen Reaktion mit Wasser aus.

Man hebt das Kupferpulver in Form einer feuchten Paste in einem gut schliessenden Gefässe auf.

Beispielsweise diazotiert man 3,1 g Anilin, das mit 30 g 40%iger Salzsäure und 15 ccm Wasser angerührt ist, durch eine gesättigte wässerige Lösung von 2,3 g Natriumnitrit, welches in die durch Eis auf 0^0 gebrachte Lösung, am besten unter Anwendung einer Turbine, rasch einfliessen gelassen wird. Die Diazotierung ist in einer Minute beendet.

Die Diazolösung wird nun unter Rühren allmählich mit 4 g Kupferpulver versetzt. Nach einer Viertel- bis halben Stunde ist die Reaktion zu Ende, was man daran erkennt, dass das fein verteilte Metall nicht mehr durch die Stickstoffblasen an die Oberfläche der Flüssigkeit geführt wird. Das entstandene Chlorbenzol wird mit Wasserdampf übergetrieben.

Da nach A. Cavazzi[3] Kupferchlorid durch unterphosphorige Säure zu Chlorür reduziert wird, kann man auch den Ersatz der Amidogruppe durch Chlor unter Anwendung einer salzsauren **Kupfersulfatlösung**, welche mit **Natriumhypophosphit** versetzt wird, mit gutem Erfolge durchführen. Das Verfahren rührt von A. Angeli[4] her.

---

1) J. pr. (2) **4**, 68 (1871).
2) B. **23**, 1218 (1890).
3) Gazz. **16**, 167 (1886).
4) Gazz. **21**, 2, 258 (1891).

Tobias[1]) verwendet Kupferoxydul und Salzsäure, und nach Prud'-homme und Rabaut[2]) kann man sogar die Darstellung der Diazokörper ganz umgehen, indem man die Nitrate der Basen in wässeriger Lösung in eine kochende salzsaure, 25% ige Kupferchlorürlösung einfliessen lässt.

Bemerkungen zur vorstehenden Methode.

Im allgemeinen lassen sich die aromatischen primären Mono-Aminbasen, deren Salze in Wasser leicht löslich sind, in stark saurer Lösung durch Zugabe der molekularen Menge in Wasser gelösten Natriumnitrits fast momentan diazotieren[3])[4])[5]).

Schwer lösliche Salze wie Benzidinsulfat, Aminosäuren etc. erfordern eine mehrstündige Einwirkungsdauer, das Gleiche gilt von den in Wasser meist sehr schwer löslichen Amidosulfosäuren, wie Sulfanilsäure, Naphtionsäure.

Behufs feinerer Verteilung in Wasser werden dieselben stets aus ihrer alkalischen Lösung durch Säuren abgeschieden und dann direkt der Einwirkung der molekularen Menge von Natriumnitrit bei Gegenwart von $2^{1}/_{2}$—3 Äquivalenten verdünnter Salzsäure (3 Teile HCl von 30% und 8 Teile Wasser) ausgesetzt. Nach mehrstündigem Stehen in der Kälte ist auch hier die Umsetzung eine vollständige und quantitative.

Natriumnitrit wird fast chemisch rein (98%) in den Handel gebracht. Man kann den Gehalt desselben bestimmen (pag. 141) oder während der Diazotierung selbst den Reaktionsverlauf durch Tüpfelproben mit Jodkaliumstärkepapier, welches den geringsten Überschuss an freier salpetriger Säure durch Blaufärbung anzeigt, verfolgen. In der Regel reicht man indessen aus, wenn man bei der Berechnung des erforderlichen Nitrits an Stelle des richtigen Mol.-Gew. für $NaNO_2$ (69) die Zahl 72 benutzt.

Sehr wichtig ist es, die Säuremenge beim Diazotieren nicht zu gering zu bemessen (mindestens $2^{1}/_{2}$ Äquivalente HCl pro Aminogruppe) und die Temperatur nicht zu hoch (nicht über 10^{0}) steigen zu lassen, falls nicht besondere Umstände erfordern, bei etwas erhöhter Temperatur zu arbeiten.

Schwach basische Aminokörper, welche keine wasserbeständigen Salze bilden, erfordern eine etwas andere Art des Arbeitens. Zur Diazotierung von Amidoazobenzol z. B. verreibt man dasselbe mit

---

1) B. **23**, 1630 (1890).
2) Bull. (**3**) **7**, 223 (1892).
3) Friedländer, Fortschr. I, 542.
4) M. u. J. II, 279.
5) Nietzki, B. **17**, 1350 (1884).

Wasser zu einem dünnen Brei, in den man die äquivalente Menge Natriumnitrit einrührt und kühlt durch Zusatz von wenig Eis etwas ab; fügt man nun auf einmal $2^1/_2$ Mol. wässerige Salzsäure hinzu, so erhält man eine klare Lösung des Benzolazo-Diazobenzolchlorids.

In manchen seltenen Fällen lässt sich übrigens überhaupt keine Diazotierung erzwingen, so beim Paradichloranilin, welches nur ein — abnormal reagierendes — Diazoamidoprodukt liefert [1].

Verhalten der Diamine gegen salpetrige Säure.

Von den drei Klassen aromatischer Diamine liefern mit salpetriger Säure nur die Paraverbindungen normale Diazotierungsprodukte [2]. Die Orthodiamine [2][3] kondensieren sich zu Azimiden.

Die Metadiamine endlich können zwar auch in Bis - Diazoverbindungen übergeführt werden, wenn man darauf sieht, dass die salpetrige Säure stets in einem sehr grossen Überschusse und in Gegenwart von sehr viel Salzsäure mit sehr kleinen Mengen des Diamins zusammentrifft (Caro, Griess [4]), wenn man aber in üblicher Weise diazotiert, so entstehen braune Farbstoffe (Amidoazokörper) durch Zusammentritt mehrerer Moleküle des Metadiamins [5] (Vesuvinreaktion). Diese Reaktion versagt bei p-substituierten Metadiaminen (Witt) [6].

Verhalten der Amine der Pyridinreihe gegen salpetrige Säure [7].

Die α- und γ-Aminopyridine (Chinoline) lassen sich, in verdünnten Säuren gelöst, überhaupt nicht diazotieren. Vielmehr wirkt salpetrige Säure in solchen Lösungen gar nicht ein. Dagegen lassen

---

[1] Schlieper, B. **26**, 2470 (1893). — Zettel, B. **26**, 2471 (1893). — Siehe auch pag. 141 und Am. Soc. **25**, 935 (1903).

[2] Griess, B. **17**, 607 (1884). — Nietzki, B. **12**, 2238 (1879). — B. **17**, 1350 (1884). — Griess, B. **19**, 319 (1886).

[3] Ladenburg, B. **9**, 219 (1876). — B. **17**, 147 (1884).

[4] B. **19**, 317 (1886).

[5] Griess u. Caro, Ztschr. Ch. (**1867**) 278. — Ladenburg, B. **9**, 222 (1876). — Griess, B. **11**, 624 (1878). — Preusse u. Tiemann, B. **11**, 627 (1878). — Williams, B. **14**, 1015 (1881).

[6] Witt, B. **21**, 2420 (1888). — Solche Diamine sind dafür leicht diazotierbar.

[7] Marckwald, B. **27**, 1317 (1894). — Wenzel, M. **15**, 458 (1894). — Claus u. Howitz, J. pr. (**2**), **50**, 238 (1894). — Mohr, B. **31**, 2495 (1898).

sich alle bisher untersuchten Verbindungen der genannten Art in konzentrierter Schwefelsäure glatt diazotieren. Nur lässt sich die Diazoverbindung nicht fassen. Giesst man die schwefelsaure Lösung auf Eis, so entwickelt sich sofort Stickstoff und man erhält quantitativ die entsprechende Oxyverbindung. In einzelnen Fällen wurde festgestellt, dass sich beim Eingiessen der Diazolösung in Äthylalkohol ganz analog die Äthoxyverbindung, beim Eingiessen in konzentrierte Salzsäurelösung die Chlorverbindung bildet. Einige der untersuchten Amidopyridine reagieren auch in konzentriert salzsaurer Lösung mit Nitriten. Es wird dann bei Zusatz des Nitrits sofort Stickstoff entwickelt und die Amidogruppe glatt durch Chlor ersetzt. Die Diazoverbindungen aus den α- und γ-Aminopyridinen zeigen sonach schon in der Kälte diejenigen Reaktionen, welche die aromatischen Diazoverbindungen erst beim Kochen der Lösungen eingehen. Nur verlaufen die Reaktionen dort völlig glatt, während sie in der aromatischen Reihe häufig nur als Nebenreaktionen auftreten. Gegen Amylnitrit verhalten sich die Aminopyridine auch bei Siedehitze völlig indifferent.

Die β-Aminopyridine dagegen lassen sich ganz glatt diazotieren und in Azofarbstoffe verwandeln, und ebenso verhält sich das einzige bekannte Diamin, das $\beta\beta'$-Diamino-$\alpha\alpha'$-lutidin[1]).

Verhalten von Aminosäuren der Pyridinreihe.

Die Aminosäuren der Pyridinreihe verhalten sich beim Diazotieren je nach der Stellung der Aminogruppe verschieden.

α-Aminonikotinsäure lässt sich nach Philips[2]) in verdünnter Schwefelsäure gelöst leicht diazotieren, liefert aber mit einer alkalischen β-Naphtollösung keine Spur von Farbstoff.

α'-Aminonikotinsäure dagegen[3]) lässt sich weder in verdünnt schwefelsaurer noch in konzentriert salzsaurer Lösung, wohl aber in konzentriert schwefelsaurer Lösung diazotieren. Ebenso verhalten sich die α'-Amino-β'-Nitronikotinsäure, die selbst in konzentrierter Schwefelsäure nur teilweise umgesetzt wird, ferner die γ-Amino-$\alpha\alpha'$-Lutidindikarbonsäure und die γ-Aminonikotinsäure[4]).

1) Mohr, B. 33, 1120 (1900).
2) Ann. 288, 254 (1895).
3) Marckwald, B. 27, 1323 (1894).
4) Kirpal, M. 23, 246 (1902).

Auch die aromatischen Aminosäuren und ihre Ester lassen sich mittelst der Azofarbstoffbildung bestimmen [1]).

3. Analyse von Salzen und Doppelsalzen.

Unter den einfachen Salzen der organischen Basen sind, ausser den vielfach verwendeten Chlor-, Brom- und Jodhydraten, Chromaten, Nitraten und Sulfaten, namentlich die ferrocyanwasserstoffsauren Salze, die Oxalate, Rhodanate[2]), Pikrate und Pikrolonate für die Analyse von Wichtigkeit.

Man fällt die Salze der Basen mit HCl, HBr, HJ, oftmals[3]) durch Einleiten der betreffenden gasförmigen Säure in die Lösung der Base in trockenem Äther, Chloroform oder Benzol[4]). Analog kann man Nitrate[5]) und Sulfate isolieren[6]).

Die gut kristallisierenden Nitrate lassen sich auch oftmals durch doppelte Umsetzung aus den Chlorhydraten mittelst Silbernitrat gewinnen.

Von den Basen der Pyridinreihe, welche ausser dem Stickstoffatom des Pyridinringes noch eine weitere basische Gruppe enthalten, geben nur diejenigen zweisäurige Salze, welche den Ammoniakrest in β-Stellung enthalten.

Durch Pikrinsäure[7]) werden nicht nur Basen, sondern auch Phenole, Kohlenwasserstoffe etc. gefällt.

F. W. Küster hat eine quantitative Bestimmungsmethode für diesergestalt isolierbare Substanzen angegeben[8]).

Die zu untersuchende, in möglichst wenig Wasser oder Alkohol gelöste Substanz kommt mit einer abgemessenen Menge überschüssiger Pikrinsäure von bekanntem Gehalte (eine bei Zimmertemperatur gesättigte Lösung ist ungefähr $1/20$ tel normal) in eine Stöpselflasche. Man lässt zur Vollendung der alsbald eintretenden Fällung unter

---

1) **Erdmann**, B. **35**, 24 (1902). — **Hesse** u. **Zeitschel**, B. **35**, 2355 (1902).

2) **Müller**, Apoth. Ztg. 1895, 450. — D. R. P. 80768. — D. R. P. 86251.

3) **Hofmann**, B. **7**, 527, (1874).

4) Ann. **256**, 290.

5) B. **28**, 579 (1895).

6) **Bernthsen**, B. **16**, 2235 (1883).

7) **Delépine**, Bull. (**3**), **15**, 53 (1896). — E. **Fischer**, B. **34**, 454 (1901).

8) B. **27**, 1101 (1894). — Hier ist diese Methode bloss in der für die Analyse von Basen geeigneten Form wiedergegeben.

zeitweisem Umschütteln längere Zeit stehen, filtriert und titriert im Filtrate die überschüssige Pikrinsäure mit Lakmoid (von Kahlbaum) als Indikator und Barythydrat. Der Farbenumschlag von bräunlichgelb in grün ist sehr augenfällig.

Pikrolonsäure (1-p-Nitrophenyl-3-methyl-4-nitro-5-pyrazolon) hat Knorr zur Charakterisierung von Basen (namentlich der Fettreihe) empfohlen [1]. Die Pikrolonate sind schwerlösliche, gut kristallisierende, gelb bis rot gefärbte Salze, die beim Erhitzen verpuffen.

Unter den Doppelsalzen sind namentlich diejenigen mit Goldchlorid und Platinchlorid von Bedeutung.

Die normalen Goldchloriddoppelsalze haben die Zusammensetzung:

$$R . HCl . AuCl_3$$

und werden gewöhnlich wasserfrei erhalten [2].

Beim Umkristallisieren verlieren dieselben leicht Salzsäure und gehen in die „modifizierten" Salze $RAuCl_3$ über [3].

Abnorme Goldsalze $(R . HCl)_2 . AuCl_3$, welche in alkoholischer Lösung entstehen und schon durch kaltes Wasser hydrolysiert werden, beschreiben Fenner und Tafel [4].

Man setze daher beim Lösen der Goldchloriddoppelsalze dem als Lösungsmittel verwendeten Wasser oder Alkohol etwas konzentrierte Salzsäure zu [5]. — Manche Goldsalze vertragen überhaupt kein Umkristallisieren oder Erwärmen.

In gewissen Fällen zeigen die Chloraurate auch Dimorphie. So existiert das Betaingoldchlorid in einer rhombischen Form und in einer 40—50 ⁰ niedriger schmelzenden oktaedrischen Form. Ausserdem existieren Salze mit niedrigerem Goldgehalte [5].

---

[1] B. **30**, 914 (1897). — Bertram, Dissert., Jena **1892**. — Siehe noch B. **32**, 732 (1899). — Ann. **301**, 1 (1898). — **307**, 171 (1899). — **315**, 104 (1901). — Steudel, Z. physiol. **37**, 219 (1903).

[2] Kristallwasserhaltige Salze: Biedermann, Arch. **221**, 182 (1883). — Brandes u. Stöhr, J. pr. (2), **53**, 504 (1896). — J. pr. (2) **47**, 11 (1893). — Willstätter, B. **35**, 2700 (1902). — Kristallchloroformhaltiges Salz: Dilthey, B. **36**, 1600 (1903).

[3] Stöhr, J. pr. (2), **45**, 37 (1892). — Saggan, Inaug.-Diss. Kiel p. 18 (**1892**). — Brandes u. Stöhr, J. pr. (2) **52**, 504 (1895). — Salkowski, B. **31**, 783 (1898).

[4] B. **31**, 906 (1898). — B. **32**, 3220 (1899).

[5] E. Fischer, B. **27**, 167 (1894). — **35**, 1593 (1902). — Willstätter, B. **35**, 597, 2700 (1902). — Willstätter u. Ettlinger, Ann. **326**, 125 (1903).

Platinchloriddoppelsalze.

Gewöhnlich entfallen in diesen Salzen auf 1 Atom Platin 2 stickstoffhaltige Gruppen, die Aminopyridine geben indessen nach der Formel $2(C_5H_6N_2HCl) \cdot PtCl_4$ zusammengesetzte Platinverbindungen [1]).

Während viele Chloroplatinate wasserfrei erhalten werden, hat man auch Salze mit 1, 2, $2^1/_2$, 3, 5 und 6 Molekülen Kristallwasser erhalten; das Salz des Benzoyloxyakanthins [2]) enthält sogar 8 Moleküle davon.

Kristallalkohol hat man bei dem Doppelsalze des Aminoacetaldehyds [3]) (2 Mol.) und demjenigen der 4.5-Dimethylnikotinsäure [4]) (4 Mol.) konstatiert.

Über Dimorphie bei Platindoppelsalzen siehe Willstätter, B. **35**, 2701 (1902).

Auch sind sowohl sauerstoff- als auch schwefelhaltige Substanzen unter Umständen befähigt, die Rolle von Basen zu spielen und mit Mineralsäuren Salze und mit Platinchlorid und Goldchlorid Doppelsalze zu liefern.

4. Über Acylierungsverfahren

siehe pag. 130 ff.

---

[1]) Hans Meyer, M. **15**, 176 (1894). — Über ein abnorm zusammengesetztes Salz siehe Goldschmiedt u. Hönigschmid, M. **24**, 698 (1903).

[2]) Arch. **233**, 150 (1895).

[3]) B. **26**, 94 (1893).

[4]) Ann. **237**, 185 (1887).

VII.

Bestimmung der Imidgruppe.

Zur Bestimmung der Imidgruppe wird die Substanz nach einer der folgenden Methoden untersucht:

    A. Acylierungsverfahren,

    B. Analyse von Salzen,

    C. Abspaltung des Ammoniakrestes.

A. Acylierung von Imiden (sekundären Aminen).

Hierzu können alle pag. 5 ff. und 130 ff. angeführten Methoden dienen.

Da speziell die Acetylierung von Imiden in der Regel leicht ausführbar ist, kann man auch eine von Reverdin und De la Harpe[1]) angegebene indirekte Methode benutzen.

Man wägt in einem Kölbchen, das mit einem Rückflusskühler verbunden und auf dem Wasserbade erhitzt werden kann, ca. 1 g der zu analysierenden Substanz ab und fügt so rasch wie möglich eine bekannte, etwa 2 g betragende Menge Essigsäureanhydrid hinzu.

Am besten hält man das Anhydrid in einem Tropffläschchen vorrätig, welches vor und nach dem Zugeben des Essigsäureanhydrids gewogen wird.

Man verbindet das Kölbchen mit dem Kühler und überlässt das Gemisch etwa $^1/_2$ Stunde bei Zimmertemperatur sich selbst. Das Verfahren ist speziell für Monomethylanilin ausgearbeitet, daher

---

1) B. **22**, 1005 (1889). — Giraud, Ch. Ztg. Rep. **13**, 24 (1889).

sind bei resistenteren Imiden entsprechend Einwirkungsdauer und Temperatur zu modifizieren, eventuell ist die Reaktion im Rohre auszuführen.

Nach beendigter Reaktion fügt man ungefähr 50 ccm Wasser hinzu und erhitzt dann $3/4$ Stunden auf dem Wasserbade, damit sich der Überschuss des Essigsäureanhydrids vollständig zersetze.

Man kühlt ab, bringt die Flüssigkeit auf ein bekanntes Volumen und bestimmt die darin enthaltene Essigsäure mit titrierter Natronlauge.

Als Indikator dient Phenolphtalein.

H. Giraud[1]) empfiehlt das Essigsäureanhydrid mit dem zehnfachen Volumen Dimethylanilin zu verdünnen und die Digestion in einer trockenen Stöpselflasche unter Umschütteln vorzunehmen. Vaubel[2]) verwendet als Verdünnungsmittel Xylol (7 Teile Anhydrid auf 100 Teile Xylol). Eine genau abgewogene Menge des Ölgemisches (1—2 g) wird mittelst Hahnpipette in eine trockene Literflasche eingefüllt und mit 50 ccm der Anhydrid-Xylol-Lösung versetzt. Die Flasche (siehe Figur 15) ist mit einem doppelt durchbohrten Kork versehen, in welchen ein Hahntrichter und ein mit diesem durch Gummischlauch versehenes Glasrohr eingefügt sind. In den Hahntrichter werden 300 ccm Wasser gefüllt und dasselbe, nachdem das Gemisch eine Stunde lang gestanden hatte, zu diesem laufen gelassen. Hierbei muss die durch das Wasser verdrängte Luft erst dieses passieren, wobei die mitgerissenen Anhydriddämpfe absorbiert werden. Es wird hierauf mit $2/3$ Barytlösung und (nicht zu wenig) Phenolphtalein titriert, und in analoger Weise der Titer des Anhydrid-Xylolgemisches gestellt. Die Methode ist auf 0,5 bis 1 $^0/_0$ genau.

Fig. 15.

Auch die bei der Reaktion eintretende Temperatursteigerung kann zu quantitativen Messungen verwertet werden[3]).

---

1) Bull. (**3**) **7**, 142 (1892).

2) Ch. Ztg. **17**, 27 (1893).

3) Vaubel, Ch. Ztg. **17**, 465 (1893).

B. Analyse von Salzen.

Über Analyse von Salzen, respektive Doppelsalzen der Imide gilt das pag. 147 ff. von der primären Amingruppe Gesagte.

C. Abspaltung des Ammoniakrestes.

Die Zerlegung der Imide gelingt zumeist durch mehrstündiges Kochen mit konzentrierter Salzsäure, eventuell Erhitzen im Einschmelzrohre.

Die alkalisch gemachte Flüssigkeit wird dann in üblicher Weise zur Bestimmung des Ammoniaks (respektive äquivalenter Amine) destilliert und der Überschuss der vorgeschlagenen titrierten Salzsäure bestimmt.

VIII.

Quantitative Bestimmung des typischen Wasserstoffs der Amine.

1. *Methode von A. W. Hofmann*[1].

Primäre, sekundäre und tertiäre Basen sind befähigt, Jodmethyl zu addieren und zwar werden bei erschöpfender Behandlung mit JCH_3 und Kali von den primären Basen drei, von den sekundären zwei, von den tertiären eine Methylgruppe aufgenommen unter Bildung eines quaternären Jodids. Analysiert man daher sowohl die ursprüngliche Base, als auch das nicht mehr durch kalte Kalilauge veränderliche Endprodukt, am einfachsten durch Pt-Bestimmung der entsprechenden Platindoppelsalze, so erhält man Aufschluss über die Zahl der eingetretenen CH_3-Gruppen. Die quaternären Jodide führt man dazu entweder durch Schütteln ihrer wässerigen Lösung mit frisch gefälltem Silberchlorid, oder durch Behandeln mit AgO und Ansäuern des Filtrates mit Salzsäure in die Chloride über.

Noch verlässlicher ist die Bestimmung der an den Stickstoff gebundenen Alkylgruppen nach J. Herzig und Hans Meyer[2].

Die Hofmannsche Methode hat, namentlich für die Erforschung der Pflanzenstoffe, sehr grossen Wert.

---

1) Winkler, Ann. **72**, 159 (1849). — Ann. **93**, 326 (1855). — B. **3**, 767 (1870).

2) pag. 159 ff.

Ihre Anwendung ist indessen durch die Unfähigkeit mancher, namentlich fettaromatischer, Amine sowie Chinolinbasen [1]) Halogenammoniumverbindungen zu liefern, beschränkt [2]).

Dass sich hierbei auch sterische Einflüsse geltend machen können, zeigen die Untersuchungen von E. Fischer und Windaus [3]), Pinnow [4]) und Decker [3]). Danach verhindern bei aromatischen Aminen zwei in den Orthostellungen zur Amidogruppe befindliche Substituenten (Alkyl, Phenyl, Brom, NO_2, $NHCOCH_3$ die Bildung der quaternären Base vollständig; einfach substituierte Orthostellung erschwert die Alkylierung ebenfalls oder verhindert sie vollständig [5]). Durch Besetzung der Orthostellung wird übrigens selbst die Bildung der sekundären und tertiären Basen sehr erschwert [4]) [6]).

Zur erschöpfenden Methylierung der aromatischen Basen empfiehlt sich das Verfahren von Nölting [7]), nämlich Kochen mit Sodalösung (3½ Mol.) und Jodmethyl (3½ Mol.) in 25 Teilen Wasser am Rückflusskühler. Die Reaktion dauert gewöhnlich ziemlich lange (20—30 Stunden). Basen der Fettreihe pflegt man unter Druck (auf 100—150°) zu erhitzen. Um die Reaktion zu beendigen, erhitzen E. Fischer und Windaus das nach Nölting erhaltene Reaktionsprodukt, welches durch Ausäthern und Abdampfen des Äthers gewonnen wurde, mit 1,1 Teilen Jodmethyl und 0,3 Teilen Magnesiumoxyd im geschlossenen Rohre 20 Stunden auf 100° [8]).

Der Zusatz des Oxyds, welches frei werdende Säure bindet, hat sich als sehr vorteilhaft erwiesen, weil namentlich freier Jodwasserstoff hier sehr störende Nebenwirkungen haben kann.

Das Reaktionsprodukt wird zunächst mit Äther gewaschen und dann mit Wasser oder Alkohol zur Lösung des quaternären Jodids ausgekocht. Zur Reinigung wird eventuell noch aus wässeriger Lösung mit starker Natronlauge ausgefällt oder aus Chloroform umkristallisiert, wodurch die Magnesiumsalze leicht entfernt werden.

Sehr beachtenswert ist noch eine Beobachtung von Freund [9]) und von Freund und Becker [10]), wonach mit der Anlagerung von Methyl an

---

[1]) Decker, B. **24**, 1984 (1891). — B. **33**, 2275 (1900). — B. **36**, 261 (1903).

[2]) Claus u. Hirzel, B. **19**, 2790 (1886). — Häusermann, B. **34**, 38 (1901). — Seelig, 471, 684. — Morgan, Proc. **18**, 87 (1902).

[3]) B. **33**, 345, 1967 (1900). — Siehe auch Hofmann, B. **5**, 718 (1872). — B. **18**, 1824 (1885).

[4]) Pinnow, B. **32**, 1401 (1899).

[5]) Pinnow, B. **34**, 1129 (1901).

[6]) Effront, B. **17**, 2347 (1884). — Friedländer, M. **19**, 624 (1898). — Schliom, J. pr. (2), **65**, 252 (1902).

[7]) B. **24**, 563 (1891).

[8]) B. **33**, 345 (1900). — Vgl. Harries u. Klamt, B. **28**, 504 (1895).

[9]) B. **36**, 1523 (1903).

[10]) B. **36**, 1538 (1903).

Stickstoff eine Abspaltung von Methyl, welches an Sauerstoff gebunden war, verknüpft sein kann.

Ähnliche Beobachtungen haben schon früher Roser und Heimann gemacht[1]), vor allem aber Knorr[2]).

Die Reaktion verläuft nach dem Schema:

$$\left\{ \begin{array}{l} OCH_3 \\ N \end{array} \right. + JCH_3 = \left\{ \begin{array}{l} OCH_3 \\ J \\ NCH_3 \end{array} \right. = \left\{ \begin{array}{l} O^. \\ NCH_3 \end{array} \right. + \begin{array}{l} CH_3 \\ | \\ J \end{array}$$

Alkylierung von Basen mittelst Dimethylsulfat:

Claesson u. Lundvall, B. **13**, 1700 (1880).

Ullmann u. Naef, B. **33**, 4307 (1900).

Ullmann u. Wenner, B. **33**, 2476 (1900).

Ullmann u. Marié, B. **34**, 4307 (1900).

Pinner, B. **35**, 4141 (1902).

D. R. P. 102634. D. R. P. 79703.

Verhalten der Schiffschen Basen gegen Jodmethyl: Hantzsch u. Schwab, B. **34**, 822 (1901).

2. Titrimetrische Methode von Schiff[3]).

Primäre und sekundäre Amine reagieren schon bei gewöhnlicher Temperatur auf Aldehyde, wobei unter Wasseraustritt indifferente Körper entstehen.

Durch ein Molekül Aldehyd wird daher aus einem Molekül Aminbase ein Molekül, aus einer Imidbase ein halbes Molekül Wasser abgespalten. Als besonders geeignet zu diesen Umsetzungen hat sich der Önanthaldehyd erwiesen. 139 Volume desselben scheiden nach der Gleichung:

$$R . NH_2 + C_7H_{14}O = C_7H_{14}NR + H_2O$$

2 Atome Wasserstoff als Wasser ab, 0,7 ccm entsprechen also 0,01 g H.

Wägt man das Molekulargewicht einer Base oder dessen Multiplum in Zentigrammen ab, so geben je 0,7 ccm der zur vollständigen Reaktion verbrauchten Önantholmenge ein Atom typischen Wasserstoffs an. Löst man 69,5 ccm Önanthol in Benzol zu 100 ccm, so entspricht jeder Kubikzentimeter einem Zentigramm typischen Wasserstoffs.

Ausführung des Versuches:

In einem kleinen Reagenszylinder wägt man 2—4 g der Base ab, löst dieselbe im zwei- bis dreifachen Volum Benzol, fügt einige Gramm

---

1) Heimann, Diss. Marburg **1892**. — Roscoe-Schorlemmer, Lehrbuch VIII, 314, 317 (1901). — Siehe auch Wheeler u. Johnson, B. **32**, 41 (1899). — Am. **21**, 185 (1881). — **23**, 150 (1882).

2) B. **30**, 927, 929 (1897). — Ann. **327**, 81 (1903). — B. **36**, 1272 (1903). — Über Pseudojodalkylate siehe Knorr, B. **30**, 922 (1897). — Ann. **293**, 27 (1896). — B. **32**, 933 (1897). — Knorr u. Rabe, Ann. **293**, 42 (1896). — Knorr, Ann. **328**, 78 (1903).

3) Schiff, Ann. **159**, 158 (1871). — Ann. Suppl. **3**, 370 (1864).

geschmolzenen Chlorcalciums in erbsengrossen Stückchen zu und lässt
das Önanthol oder dessen Lösung in Benzol tropfenweise zufliessen. Jeder
Tropfen bringt durch Wasserausscheidung eine starke Trübung hervor,
welche durch das Chlorcalcium bei schwachem Schütteln sogleich beseitigt
wird. Sobald das Önanthol keine Trübung mehr bewirkt, ist der Versuch
beendet.

Man setzt am besten zuerst einige Tropfen Önanthol zu, so dass
Wasserausscheidung erfolgt und bringt erst dann das geschmolzene Chlorcalcium in die Flüssigkeit, es umkleidet sich dieses sogleich mit einer
Wasserschicht und die weitere Wasserabsorption erfolgt dann mit Leichtigkeit, sobald man die Masse in schwache rotierende Bewegung versetzt.
Lässt man aus der Bürette einige Tropfen Önanthol auf die Benzollösung
fallen, so bildet sich immer eine trübe Schicht, selbst dann, wenn Önanthol
im Überschuss in der Flüssigkeit vorhanden ist. Man darf sich durch
diese Erscheinung nicht irre leiten lassen, und darf die durch Wasser-
abscheidung hervorgebrachte Trübung erst beurteilen, wenn sich das Önanthol nach schwachem Schütteln mit dem oberen Teile der Benzollösung
gemischt hat.

IX.

Bestimmung der Nitrilgruppe.

Zur quantitativen Bestimmung der Gruppe — C:N verseift man die Substanz und bestimmt entweder das gebildete Ammoniak oder die entstandenen Karboxylgruppen.

Die Verseifung der Nitrilgruppe[1]) gelingt gewöhnlich durch mehrstündiges Kochen der Substanz mit Salzsäure: in diesem Falle destilliert man einfach die mit Lauge übersättigte verseifte Substanzlösung zum grössten Teile ab und fängt das übergehende Ammoniak in titrierter und gemessener Salzsäure auf.

Lässt sich die Verseifung nur durch wässerige oder alkoholische Lauge erzielen, so wird man zur Absorption des Ammoniaks eine Versuchsanordnung ähnlich dem Zeiselschen Methoxylapparat verwenden und kohlensäurefreie Luft durch den Apparat schicken. In den Kaliapparat kommt konzentrierte Lauge.

Im Kolbenrückstand findet sich dann das Alkalisalz der gebildeten Säure, das nach einer der beschriebenen Methoden analysiert wird.

Das Ammoniak wird in diesem Falle am besten als Platinsalmiak bestimmt.

Auch der Verseifung der Nitrilgruppe können sich sterische Hinderungen in den Weg stellen, wie dies bei ortho-[2]) und diorthosubstituierten Nitrilen namentlich A. W. v. Hofmann[3]),

---

1) Siehe hierzu auch Rabaut, Bull. (3) 21, 1075 (1899).
2) Hans Meyer, M. 23, 905 (1902).
3) B. 17, 1914 (1884). — B. 18, 1825 (1885). — J. pr. (2) 52, 431 (1895).

Küster und Stallburg[1]), Cain[2]) und V. Meyer und Erb[3]), sowie Sudborough[4]) gefunden haben.

Während bei derartigen Nitrilen selbst andauerndes Erhitzen mit Salzsäure im Rohre und bei hohen Temperaturen ohne Einwirkung bleibt, lässt sich durch andauerndes Kochen mit alkoholischem Kali fast immer Überführung in das Säureamid erzielen, welches dann nach Bouveault[5]) verseift wird (Hantzsch und Lucas[6]), V. Meyer[7]), V. Meyer und Erb)[8]). Indessen werden beim Verseifen mit Alkalien manche Säureamide in Nitril zurück verwandelt. Flaecher, Diss. Heidelberg 1903.

Zur Verseifung von Cyanmesitylen ist 72 stündiges Kochen[12]), zur Bildung der Triphenylessigsäure[13]) 50 stündiges Erhitzen des Nitrils mit alkoholischem Kali am Rückflusskühler erforderlich.

Sudborough[9]) führt resistente Nitrile durch einstündiges Erhitzen mit der 20 bis 30 fachen Menge 90%iger Schwefelsäure auf 120 bis 130° in das Säureamid über, das dann mit salpetriger Säure in das Karboxylderivat verwandelt wird.

Über Darstellung von Säureamiden mit konzentrierter Schwefelsäure aus dem zugehörigen Nitril siehe auch Münch[9]).

Gewisse diorthosubstituierte Nitrile indes, wie das vicin. Tetrabrombenzonitril, das asymmetrische Tetrabrombenzonitril (Claus und Wallbaum)[10]) und das 6-Nitrosalicylsäurenitril[11]) lassen sich auf keinerlei Weise verseifen.

Hydroxycyankampfer ist gegen Alkalien unbeständig, widersteht aber kochender Salzsäure, durch Eintragen in kalte rauchende Schwefelsäure bei gewöhnlicher Temperatur und nachfolgendes Verdünnen mit Wasser geht dieser Körper in das zugehörige Säureamid über, welches durch andauerndes Kochen mit rauchender Bromwasserstoffsäure verseift werden kann[12]).

---

[1]) Ann. **278**, 209 (1893).
[2]) B. **28**, 969 (1895).
[3]) B. **29**, 834 Anm. (1896).
[4]) Soc. **67**, 601 (1895).
[5]) pag. 165.
[6]) B. **28**, 748 (1895).
[7]) B. **28**, 2782 (1895).
[8]) B. **29**, 834 (1896).
[9]) B. **29**, 64 (1896). — Siehe auch Am. Soc. **25**, 935 (1903).
[10]) J. pr. (2) **56**, 52 (1897).
[11]) Auwers u. Walker, B. **31**, 3044 (1898).
[12]) Lapworth u. Chapman, Soc. **79**, 378 (1899).

X.

Bestimmung der Methylimid- und Äthylimid-gruppe.

A. Methylimidbestimmung.

Methode von J. Herzig und Hans Meyer[1].

Die Jodhydrate am Stickstoff methylierter Basen spalten beim Erhitzen auf 200—300° nach der Gleichung

$$R:N\underset{\diagdown H}{\overset{\diagup CH_3}{\lessgtr} J} = R:NH + \underset{J}{\overset{CH_3}{|}}$$

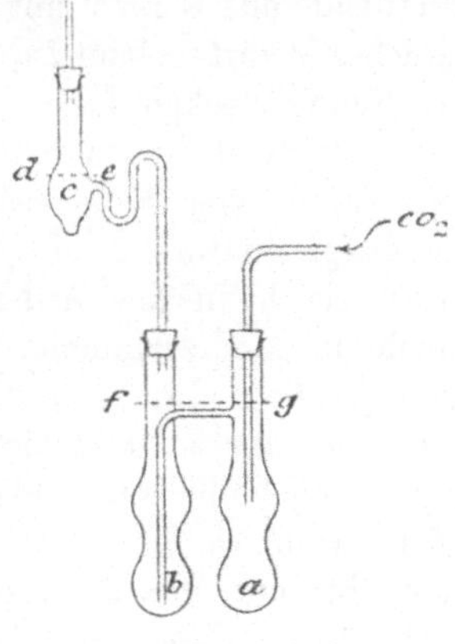

Fig. 16.

Jodmethyl ab, welches nach Art der Zeiselschen[2]) Methode bestimmt wird.

Der Apparat unterscheidet sich von dem Zeiselschen nur durch die Form des Gefässes, in welchem die Substanz erhitzt wird. Dasselbe besteht, wie die Figur 16 zeigt, aus zwei Kölbchen, a und b, welche miteinander verbunden sind, und einem mittelst Korkstopfens angesetzten Aufsatze c.

a) Ausführung der Bestimmung, wenn nur ein Alkyl am Stickstoff vorhanden ist.

0,15 bis 0,3 g Substanz (freie Base oder Jodhydrat)[3]) werden in das Kölbchen a hineingewogen und mit soviel Jodwasserstoffsäure

---

1) B. **27**, 319 (1894). — M. **15**, 613 (1894). — M. **16**, 599 (1895). – M. **18**, 379 (1897).

2) Siehe pag. 111 ff.

3) Respektive Chlor-(Brom-)hydrat oder Nitrat, siehe pag. 162.

übergossen, dass dieselbe, aus dem Doppelkölbchen vertrieben und
im Aufsatzrohre angesammelt, bis zur Linie d—e reichen soll, so dass
die abströmende Kohlensäure durch die Jodwasserstoffsäure streichen
muss, wodurch eventuell mitgerissene basische Produkte zurück-
gehalten werden. Ausserdem wird noch in a etwa die fünf- bis
sechsfache Menge der Substanz an festem reinem Jodammonium
hinzugefügt. Das Aufsatzrohr c wird unmittelbar an dem Kühler
des Zeiselschen Apparates angebracht und mittelst des in das
Kölbchen a hineinragenden Röhrchens durch den Apparat Kohlensäure geleitet. Das Kölbchen b wird mit Asbest gefüllt und auch
in a ein wenig desselben — zur Verhinderung von Siedeverzügen
— gebracht. Den Kohlensäurestrom lässt man etwas rascher durchstreichen, als bei der Methoxylbestimmung üblich ist, um das Jodalkyl rasch zu entfernen und so eine etwaige Wanderung des Alkyls
in den Kern zu vermeiden. Man muss daher bei dieser Bestimmungsmethode stets auch das zweite Silbernitratkölbchen vorlegen.
Das Erhitzen wird in einem durch eine Wand in zwei Teile separierten
Sandbade aus Kupfer mit einem Boden aus Eisenblech vorgenommen,
welches derart gebaut ist, dass das Doppelkölbchen bis zur Linie f g
im Sande stecken kann. Zuerst wird die eine Kammer, in welcher
sich das Kölbchen a befindet, erhitzt, während durch den Apparat
ein Strom von Kohlensäure streicht. Die in a befindliche, überschüssige Jodwasserstoffsäure destilliert in das Kölbchen b, zum Teile
aber gleich in das Aufsatzröhrchen c. Nach und nach wird dann
auch die zweite Kammer mit Sand gefüllt und so auch b direkt erhitzt. Die Jodwasserstoffsäure sammelt sich sehr bald ganz im Aufsatzrohre an, so dass die Kohlensäure durch dieselbe durchglucksen
muss; im Kölbchen a bleibt das Jodhydrat der Base zurück. Kurze
Zeit, nachdem die Jodwasserstoffsäure das Doppelkölbchen verlassen
hat, beginnt die Zersetzung, und die Silberlösung fängt an, sich
zu trüben. Von da an ist die Manipulation genau dieselbe, wie
bei der Methoxylbestimmung nach Zeisel.

Enthält die Substanz

b) mehrere Alkylgruppen,

so wird, nachdem der ganze Apparat im Kohlensäurestrome erkaltet
ist, der Stöpsel zwischen Aufsatzrohr und Kühler gelüftet und so
der Doppelkolben samt Aufsatzrohr abgenommen.

Durch vorsichtiges Neigen desselben kann man die im Aufsatze
befindliche Jodwasserstoffsäure in den Kolben b zurückleeren und
von da wird sie direkt nach a zurückgesaugt.

Nun befindet sich der ganze Apparat, wenn man ausserdem frische Silberlösung vorlegt, genau in dem Zustande, wie vor Beginn des Versuches überhaupt und man kann daher die Zersetzung zum zweiten Male vor sich gehen lassen.

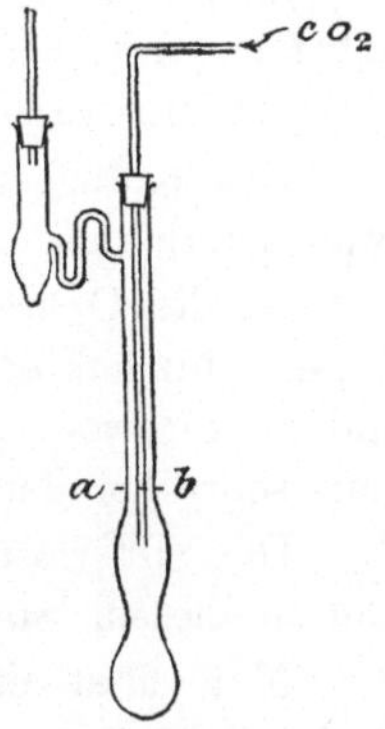

Ist die zweite Zersetzung fertig, so kann sich das Spiel wiederholen, und zwar so lange, bis die Menge des gebildeten Jodsilbers so gering ist, dass das daraus berechnete Alkyl weniger als ein halbes Prozent der Substanz ausmacht.

Es ist sehr wichtig, die Zersetzung bei möglichst niederer Temperatur vor sich gehen zu lassen. Man steckt deshalb in das Sandbad ein Thermometer und geht im Maximum 60^0 über den Punkt (200—250^0), bei welchem sich die erste Trübung gezeigt hat.

Fig. 17.

Sind in der Substanz mehrere Alkyle vorhanden, so empfiehlt es sich auch, etwas mehr Jodammonium anzuwenden, also in das Kölbchen a etwa 5 g, in das zweite Kölbchen 2—3 g einzubringen.

Jede einzelne Zersetzung dauert etwa 2 Stunden, und sind fast nie mehr als drei Operationen nötig, auch wenn 3 oder 4 Alkyle in dem Körper vorhanden sind.

c) Bestimmung der Alkylgruppen nacheinander.

Bei schwach basischen Substanzen (Kaffein, Theobromin) gelingt es, die Alkylgruppen einzeln abzuspalten, wenn man anstatt des Doppelkölbchens ein Gefäss von beistehend gezeichneter (Fig. 17) Form anwendet, das nur bis über die zweite Kugel (a, b) in den Sand gesteckt wird.

Man lässt nach jeder Operation die Jodwasserstoffsäure zurückfliessen und setzt beim zweiten, beziehungsweise — bei drei Alkylen — dritten Male etwas Jodammonium zu.

Handelt es sich um die

d) Methylbestimmung bei einem Körper, der zugleich Methoxylgruppen enthält,

so kann man, wenn das Hydrojodid der Base zur Verfügung steht, dasselbe direkt im Doppelkölbchen ohne jeden Zusatz im Sandbade erhitzen.

Besser und allgemein anwendbar ist das Verfahren, wobei in derselben Substanz Methoxyl und n-Methyl bestimmt werden.

Zu diesem Zwecke überschichtet man in dem Kölbchen a die Substanz mit der bei der Methoxylbestimmung üblichen Menge (10 ccm) Jodwasserstoffsäure.

Das Kölbchen a wird im Glycerin- oder Ölbade erhitzt, und zwar derart, dass fast kein Jodwasserstoff wegdestilliert.

Ist die Operation beendet und hat sich die vorgelegte Silber·lösung ganz geklärt, dann destilliert man die Jodwasserstoffsäure ab, und zwar soweit, dass genau so viel im Kolben a zurückbleibt, als man sonst bei der Methylbestimmung anwenden soll.

Die Silberlösung bleibt während des Abdestillierens ganz klar, und in diesem Stadium ist die Methoxylbestimmung beendet.

Man lässt erkalten, leert die Silberlösung quantitativ in ein Becherglas, die überdestillierte Jodwasserstoffsäure wird aus dem Ansatzrohr c und dem Kölbchen b entfernt, und nun kann die Methylbestimmung beginnen. — Das angewandte Jodammonium und die Jodwasserstoffsäure sind selbstverständlich vorher durch eine blinde Probe auf Reinheit zu prüfen.

Anwendbarkeit der Methode[1]).

Die Methode ist bei allen Substanzen anwendbar, welche im stande sind, ein — wenn auch nicht isolierbares — Jodhydrat zu bilden, sie liefert ebenso bei Chlor- und Bromhydraten, sowie Nitraten vollkommen stimmende Resultate.

Auch in Körpern, welche keiner Salzbildung fähig sind (n-Äthylpyrrol, Methylkarbazol, Cholestrophan etc.) lässt sich noch häufig qualitativ die Anwesenheit von Alkyl am Stickstoff mit Sicherheit nachweisen.

Die Fehlergrenze des Verfahrens liegt zwischen $+$ 3 $\%$ und $-$ 15 $\%$ des gesamten Alkyls.

Man kann daher die Anwesenheit oder Abwesenheit je eines Alkyls mit Sicherheit nur dann diagnostizieren, wenn die Differenz in den theoretisch geforderten Zahlen für je eine Alkylgruppe mehr als 2 $\%$ ausmacht, oder mit anderen Worten, wenn das Molekular-

---

[1]) Siehe auch pag. 112, ferner Goldschmiedt u. Hönigschmid, M. **24**, 707 (1903).

gewicht der zur Untersuchung gelangenden methylhaltenden Verbindung nicht grösser ist als ungefähr 650.

Bei der Beurteilung der Resultate wird man berücksichtigen müssen, ob das Jodsilber rein gelb, oder aber ob es dunkel (grau) gefärbt ist, weil in letzterem Falle der Fehler fast immer anstatt negativ positiv wird.

Es entsprechen 100 Gewichtsteile Jodsilber

6,38 Gewichtsteilen CH_3.

Faktorentabelle.

1	2	3	4	5	6	7	8	9
638	1276	1914	2552	3190	3828	4466	5104	5742

B. Quantitative Bestimmung der Äthylimidgruppe.

Methode von J. Herzig und Hans Meyer[1]).

Die Bestimmung erfolgt genau so, wie bei der quantitativen Ermittelung der Methylimidgruppe angegeben wurde.

100 Gewichtsteile Jodsilber entsprechen

12,34 Gewichtsteilen C_2H_5.

Faktorentabelle.

1	2	3	4	5	6	7	8	9
1234	2468	3702	4936	6320	7404	8638	9872	11106

C. Qualitativer Nachweis von an Stickstoff gebundenem Alkyl (CH_3N und C_2H_5N).

Ob überhaupt Methyl oder Äthyl an den Stickstoff gebunden ist, lässt sich nach der beschriebenen Methode von Herzig und Hans Meyer bestimmen. Welches oder welche Alkyle vorhanden waren, ist dagegen durch dieses Verfahren im allgemeinen nicht zu erkennen.

---

[1]) B. **27**, 319 (1894). — M. **15**, 613 (1894). — M. **16**, 599 (1895). — M. **18**, 382 (1897).

Man wird, falls eine diesbezügliche Entscheidung zu treffen ist, entweder aus einer grösseren Menge Substanz das Jodalkyl in Substanz zu gewinnen trachten, indem man das Jodhydrat der Base destilliert [1]), oder man destilliert die Base mit Kalilauge und untersucht das Pikrat oder Platindoppelsalz der übergehenden Amine, nachdem man ihre Chlorhydrate durch absoluten Alkohol von Salmiak getrennt hat, eventuell in Chloroform löst.

Die nach letzterer Methode gewonnenen Resultate sind indessen mit Vorsicht aufzunehmen [2]), da bei der durch die Kalilauge bewirkten Spaltung öfters Alkylgruppen entstehen, die in der Substanz nicht präformiert waren [3]).

[1]) Ciamician u. Boeris, B. **29**, 2474 (1896).

[2]) J. Herzig u. Hans Meyer, M. **18**, 382 (1897).

[3]) Oechsner de Koning, Ann. Chim. Phys. (5) **27**, 454 (1881). — E. Merck, Bericht über das Jahr 1896, pag. 11. — Skraup u. Wigmann, M. **10**, 732 (1889). — Knorr, B. **22**, 1813 (1889). — Jahns, Arch. **229**, 703 (1891).

XI.

Bestimmung der Säureamidgruppe.

Die quantitative Bestimmung der Amidgruppe erfolgt durch Verseifen[1]) der Substanz, ebenso wie für die Nitrilgruppe[2]) angegeben wurde.

So erhitzten z. B. Willstätter und Ettlinger[3]) das Diamid der Pyrrolidindikarbonsäure mit überschüssigem Barytwasser. im Destillationsapparate 12—15 Stunden lang, wobei das abdestillierende Wasser kontinuierlich durch zutropfendes ersetzt wurde; das Ammoniak wurde aus dem Destillate in Form von Platinsalmiak abgeschieden und als Platin gewogen.

Schwer zersetzbare Säureamide werden nach Bouveault[4]) verseift, wobei man zweckmässig analog vorgeht, wie V. Meyer bei der Darstellung der Triphenylessigsäure[5]) verfuhr.

Je 0,2 g fein gepulvertes Amid werden durch gelindes Erwärmen in 1 g konzentrierter Schwefelsäure gelöst. In die durch Eiswasser gekühlte Lösung lässt man eine eiskalte Lösung von 0,2 g Natriumnitrit in 1 g Wasser mittelst eines Kapillarhebers ganz langsam einfliessen. Sobald alles Nitrit zugeflossen ist, stellt man das Reagensglas in ein Becherglas mit Wasser und wärmt langsam an. Bei 60 bis 70° beginnt heftige Stickstoffentwickelung, die bei 80—90° beendet ist. Zuletzt wird noch 3—4 Minuten (nicht länger!) im kochenden Wasserbade erhitzt. Nach dem Abkühlen fügt man Eisstückchen

---

1) Über Verseifung der Säureamide siehe auch Reid, Am. **21**, 284 (1899). — **24**, 397 (1900). — Lutz, B. **35**, 4375 (1902).

2) s. S. 564. — Ferner Neugebauer, Ann. **227**, 106 (1885).

3) Ann. **326**, 103 (1903).

4) Bull. (**3**) **9**, 370 (1893).

5) B. **28**, 2783 (1895).

zu und sammelt den dadurch abgeschiedenen gelben Niederschlag
auf dem Filter. Zur Reinigung wird die Säure in verdünnter Natronlauge gerade gelöst und mit Schwefelsäure vorsichtig herausgefällt.

Nach Sudborough[1]) ist es wichtig, die genau berechnete
Menge Nitrit, in möglichst wenig Wasser gelöst, anzuwenden.

Gattermann[2]) hat das Bouveaultsche Verfahren folgendermassen abgeändert: Man erhitzt das Amid mit soviel verdünnter
Schwefelsäure von etwa 20—30 % zum beginnenden Sieden, bis
eben Lösung eingetreten ist. Dann lässt man mit Hilfe einer
Pipette, die man bis zum Boden des Gefässes in die Flüssigkeit
eintaucht, allmählich das Anderthalbfache bis Doppelte der theoretisch
erforderlichen Menge einer 5—10 prozentigen Natriumnitritlösung
einfliessen, wobei sich unter Entweichen von Stickstoff und Stick-
oxyden die Säure in fester Form oder auch zuweilen ölig abscheidet.
Nach dem Erkalten filtriert man ab und äthert bei leicht löslichen
Säuren noch das Filtrat aus. Um die so erhaltene Rohsäure von
etwa beigemengtem Amid zu trennen, behandelt man sie mit Sodalösung oder Alkali und filtriert dann die reine Karbonsäure ab.

Es gibt indes auch Säureamide, die selbst nach dem Bouveault-
Gattermannschen Verfahren nicht verseift werden können, wie z. B.
die von Graebe und Hönigsberger untersuchten beiden Amidosäuren
der Phenylnaphtalindikarbonsäure[3]).

Unverseifbar sind auch die Alkyl-α-Karbonamidobenzyl-
aniline

$$\begin{matrix} C_6H_5 \diagdown \\ \diagup \diagup \quad CHCONH_2 \\ C_6H_5N \diagup \\ \diagdown R \end{matrix}$$

während sich deren Stammsubstanz

$$\begin{matrix} C_6H_5 \diagdown \\ \quad \diagup CHCONH_2 \\ C_6H_5NH \diagup \end{matrix}$$

leicht verseifen lässt[4]).

Über sterische Behinderung der Verseifung von
Säureamiden siehe:

O. Jacobsen, B. **22**, 1719 (1889).

Sudborough, Soc. **67**, 587, 601 (1895).

Sudborough, Jackson and Lloyd, Soc. **71**, 229 (1897).

---

[1]) Soc. **67**, 604 (1895).
[2]) B. **32**, 1118 (1899). ⊹ Biltz u. Kammann, B. **34**, 4127 (1901).
[3]) Ann. **311**, 274 (1900).
[4]) Sachs u. Goldmann, B. **35**, 3359 (1902).

XII.

Bestimmung der Diazogruppe.

Die Konstitution der Diazogruppe ist in den aliphatischen und aromatischen Derivaten verschieden und daher auch ihre Bestimmung etwas andersartig.

A. Diazogruppe der aliphatischen Verbindungen.

Die aliphatische Diazogruppe kann auf folgende Arten bestimmt werden:

1. Durch Titration des Stickstoffs mit Jod.
2. Durch Analyse des Jodderivates der Verbindung.
3. Durch Bestimmung des Stickstoffs auf nassem Wege.

1. Bestimmung des Stickstoffs durch Titrieren mit Jod[1]).

Der Prozess vollzieht sich nach der Gleichung:

$$CHN_2CO_2R + J_2 = CHJ_2COOR + N_2.$$

Etwas mehr als die berechnete Menge Jod wird genau abgewogen, in absolutem Äther gelöst und zu einer Auflösung der abgewogenen Menge Diazoester in Äther aus einer Bürette zufliessen gelassen, bis die zitronengelbe Farbe in Rot umschlägt.

Man erwärmt gegen das Ende der Reaktion die zu titrierende Flüssigkeit auf dem Wasserbade. Der Farbenumschlag lässt sich scharf erkennen.

Die übrig bleibende Jodlösung wird in einem Kölbchen von bekanntem Gewichte vorsichtig abgedampft und das zurückbleibende Jod gewogen.

---

1) J. pr. (2) **38**, 423 (1887).

2. *Analyse des durch Verdrängung des Stickstoffs entstehenden Jodproduktes* [1]).

In dem Jodderivate des Esters kann man entweder eine Jodbestimmung machen, oder noch einfacher so vorgehen, wie dies Curtius bei der Untersuchung des Diazoacetamids angegeben hat.

Eine abgewogene Menge der Substanz wird in einem Becherglase von bekanntem Gewichte in wenig absolutem Alkohol gelöst und mit Jod bis zur dauernden Rotfärbung versetzt. Nach dem Verdunsten der Flüssigkeit auf dem Wasserbade wird der geringe Überschuss an Jod durch anhaltendes gelindes Erwärmen entfernt und der homogene, schön kristallisierende Rückstand gewogen.

Diese beiden Verfahren, den Stickstoffgehalt einer fetten Diazoverbindung mittelst Jod zu bestimmen, lassen sich nur bei ganz reinen Substanzen mit Erfolg anwenden, sonst tritt der Farbenumschlag von Gelb in Rot viel eher ein, als aller Stickstoff durch Jod ersetzt ist.

3. *Bestimmung des Diazostickstoffs auf nassem Wege.*

Wegen der grossen Flüchtigkeit der aliphatischen Diazosäureäther ist eine der pag. 169 geschilderten Methode analoge Stickstoffbestimmung nicht zu empfehlen, man verfährt vielmehr wie folgt [1]): In den mit Wasser gefüllten geräumigen Zylinder A (Figur 18) ist ein U-förmig gebogenes dünnes Kapillarrohr r in der Weise eingesenkt, dass es das Niveau der Flüssigkeit ein Stück überragt. Über den einen Schenkel wird ein Messrohr E gestülpt, während der andere mit einem kleinen, vertikal stehenden Kühler B verbunden ist, an dessen unteres Ende ein sehr kleines Kölbchen c mit einem Gummistopfen, durch welchen ein löffelförmig gebogener Platindraht luftdicht geführt ist, angeschlossen werden kann. Dieses Kölbchen wird zum Teil mit ausgekochter, sehr verdünnter Schwefelsäure gefüllt, die abgewogene

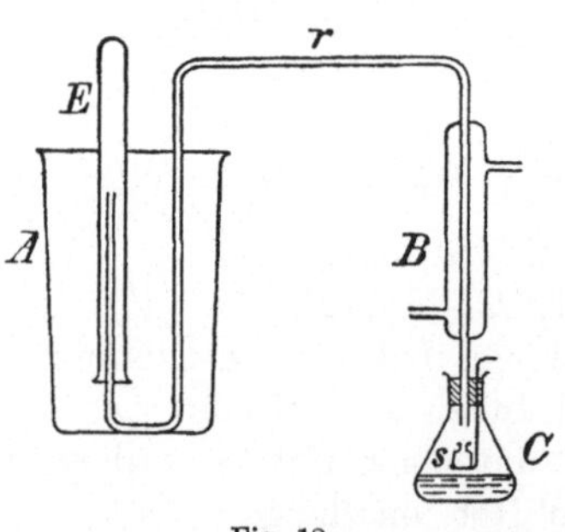

Fig. 18.

1) J. pr. (2) **38**, 417 (1887).

Substanz (ca. 0,2 g) in dem kleinen Fläschchen s mit Glaskugelverschluss auf das löffelförmige Ende des Platindrahtes gebracht und das Kölbchen hierauf durch den Gummistopfen mit dem Kühler luftdicht verbunden. Sobald das Luftvolumen in dem Eudiometerrohr keine Veränderung mehr erleidet, was man in sehr empfindlicher Weise durch den Stillstand eines in der Kapillarröhre befindlichen kleinen Wassertropfens beobachten kann, liest man das Anfangsvolumen und die Temperatur ab, schleudert das Eimerchen mit der Substanz durch Schütteln des Platindrahtes in die Flüssigkeit hinein und erhitzt die letztere allmählich zum Sieden. Nach wenigen Minuten ist die Zersetzung zu Ende, worauf man vollständig erkalten lässt, das Messrohr so weit in die Höhe schiebt, bis das Niveau der Flüssigkeit in demselben mit demjenigen des grossen Zylinders übereinstimmt, und nun das vergrösserte Volum unter annähernd denselben Druck- und Temperaturverhältnissen abliest. Die Differenz der Volumina entspricht dem Volum des ausgetriebenen Diazostickstoffs.

Will man den Stickstoffgehalt einer Verbindung bestimmen, welche neben der Diazogruppe noch Amid enthält, z. B. des Diazoacetamids, so verwendet man als Zersetzungsflüssigkeit verdünnte Salzsäure und kann dann das entstandene Ammoniak im Rückstande durch Platinchlorid ermitteln, demnach den Diazo- und den Amidstickstoff in einer Operation gleichzeitig nebeneinander bestimmen.

Diese volumetrische Methode pflegt etwa $1—1\,^{1}/_{2}\,^{0}/_{0}$ zu niedrige Werte zu liefern.

B. Quantitative Bestimmung der Diazogruppe aromatischer Verbindungen.

Die Bestimmung der aromatischen Diazogruppe [1][2] erfolgt gewöhnlich ähnlich der pag. 168 angeführten Methode, am besten jedoch im Lungeschen Nitrometer unter Benutzung $40\,^{0}/_{0}$iger Schwefelsäure)[3].

Wird die Bestimmung im Kohlensäurestrome ausgeführt, so ist die Luft vorher bei 0^{0} auszutreiben (Hantzsch)[4], wenn die Verbindungen leicht zersetzlich sind.

---

1) Knoevenagel, B. **23**, 2997 (1890).
2) Pechmann u. Frobenius, B. **27**, 706 (1894).
3) B. **27**, 2598 (1894).
4) B. **28**, 1741 (1895).

Bei der Bestimmung mittelst des Nitrometers ist die Tension der zur Zersetzung benutzten Schwefelsäure vom Vol.-Gew. 1,306 (15⁰) nach Regnault mit 9,4 mm in Rechnung zu bringen.

Den Diazostickstoff normaler Diazotate bestimmt Hantzsch[1] durch Lösen des Salzes in Eiswasser, Zusatz von Salzsäure, Verdrängen der Luft durch Kohlensäure im Kältegemisch, nachheriges Zufliessenlassen von Kupferchlorürlösung und schliessliches Erhitzen bis zum Sieden, wobei von allen Lösungen gemessene Volumina genommen und die in ihnen enthaltene Luftmenge durch Kochen ermittelt und vom Volum des Diazostickstoffs abgezogen wird.

Zur Stickstoffbestimmung in dem Zinnchloriddoppelsalze des m-Diazobenzaldehydchlorids übergossen Tiemann und Ludwig[2] die Substanz in einem Kölbchen mit ausgekochtem Wasser und verbanden einerseits mit einem Kohlensäureentwickelungsapparate, andererseits mit einem Gasableitungsrohre. Nach der Verdrängung aller Luft aus dem Apparate wurde das Gasableitungsrohr unter ein mit Kalilauge gefülltes Eudiometer gebracht und die im Kolben befindliche Flüssigkeit langsam zum Sieden erhitzt, schliesslich aller entwickelte Stickstoff durch erneutes Einleiten von Kohlensäure in die Messröhre übergetrieben.

Häufiger als die eigentlichen Diazokörper werden Diazoamidokörper untersucht. Goldschmidt und Reinders[3] sind zu diesem Zwecke zuerst so verfahren, dass sie die zu untersuchende gewogene Substanz in ein Kölbchen spülten und dieses nach Zusatz von verdünnter Schwefelsäure mit einer Hempelschen Bürette in Verbindung brachten. Dann wurde das Kölbchen erwärmt, solange noch Gasentwickelung wahrzunehmen war. Nach dem Auskühlen des Kölbchens wurde die dem Diazostickstoff entsprechende Volumzunahme gemessen. So einfach dieses Verfahren war, so bot es doch einen grossen Übelstand. Es war nämlich schwierig, Kölbchen und Bürette auf die gleiche Temperatur zu bringen, und bei dem relativ grossen Volumen des im Kölbchen enthaltenen Gases konnten so recht erhebliche Fehler gemacht werden.

Besser ist folgendes Verfahren derselben Autoren[4][5]: Das Kölbchen, in welches die abgewogene Substanz gebracht worden ist,

<hr>

1) B. **33**, 2159 Anm. (1900).
2) B. **15**, 2045 (1882).
3) B. **29**, 1369 (1896). — Vaubel, Z. ang. **15**, 1210 (1902).
4) B. **29**, 1369 (1897).
5) Goldschmidt u. Merz, B. **30**, 671 (1897).

wird nach Beschickung mit 50 ccm einer 33 %/oigen Schwefelsäure mit einem doppelt durchbohrten Kautschukstopfen verschlossen, in dessen einer Öffnung sich ein Gaszuleitungsrohr befindet, während in der anderen ein kurzer Rückflusskühler mit Wasserkühlung steckt. Das obere Ende des Kühlers ist mit einem mit Natronlauge gefüllten Städelschen Stickstoffbestimmungsapparate verbunden. Durch das Zuleitungsrohr wird solange luftfreie Kohlensäure (aus gekochtem Marmor und Salzsäure entwickelt) durch das kalt gehaltene Kölbchen getrieben, bis das Gas von der Natronlauge vollständig absorbiert wird. Dann wird das Kölbchen rasch erhitzt und das entwickelte Gas im Städelschen Apparate aufgefangen. Nach Beendigung der Gasentwickelung wird wieder Kohlensäure durch den Apparat geführt. Nachdem das Gas eine Zeitlang über der Natronlauge gestanden ist, wird es zur Messung des Volumens in ein Eudiometer übergefüllt. Die Berechnung des Prozentgehaltes an Diazostickstoff erfolgt nach Ablesung der Temperatur und des Barometerstandes nach der gewöhnlichen Formel.

Da übrigens eine geraume Zeit erforderlich ist, um die Luft vollständig aus dem Apparate zu vertreiben, während dessen die Säure umlagernd zur Aminoazoverbindung gewirkt haben kann [1]), haften auch dieser Methode kleine Fehler an, die Mehner [2]) folgendermassen vermeidet.

Sein Apparat —, der es gestattet, die Substanz erst dann mit der Säure in Berührung zu bringen, wenn die Entwickelung beginnen soll — besitzt die aus Figur 19 ersichtliche Einrichtung.

Ein nicht zu dünnwandiges Reagensrohr von ca. 10—12 cm Länge und 3 cm Durchmesser ist mit einem dreifach durchbohrten, gut schliessenden Gummistopfen verschlossen. Durch denselben führen zwei Glasröhren, die eine a, welche dicht unter dem Gummistopfen abgeschnitten ist, leitet zum Eudiometer, die andere b besitzt am Ende einen Dreiweghahn, dessen einer Weg zum Kippschen Kohlensäureentwickelungsapparat, dessen anderer zu einer Wasserstrahlluftpumpe führt. Das Rohr b ist ebenfalls direkt unter dem Gummistopfen abgeschnitten. Durch die dritte Bohrung ragt das zu einer feinen Spitze ausgezogene Ansatzrohr eines mit einem gut schliessenden Hahne versehenen Tropftrichters in das Innere des Gefässes

---

[1]) Friswell u. Green, B. **19**, 2034 (1886).
[2]) J. pr. (**2**) **63**, 305 (1901).

hinein. Vor Beginn der Analyse bringt man die Substanz auf den Boden des Entwickelungsgefässes, füllt das Ansatzrohr des Tropftrichters bis wenig über den Hahn mit ausgekochtem Wasser (um sicher zu sein, dass am Hahne luftdichter Schluss vorhanden ist), setzt unmittelbar an dem Ende von a auf den zum Eudiometer

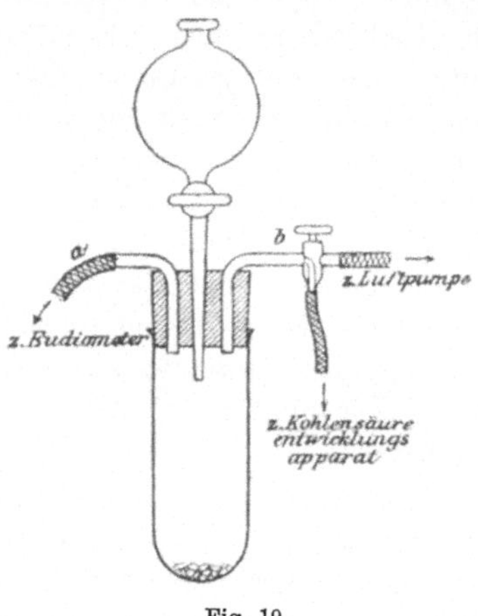

Fig. 19.

führenden Gummischlauch einen Quetschhahn und pumpt durch b die Luft aus, so gut als es eine Wasserstrahlluftpumpe in kurzer Zeit zu leisten vermag. Dann stellt man den Doppelhahn um und lässt Kohlensäure in den Apparat treten; hierauf pumpt man wieder luftleer und lässt abermals Kohlensäure eintreten. Nach nochmaligem Wiederholen dieser Operationen ist nur noch in dem zum Eudiometer führenden Schlauche Luft vorhanden. Diese treibt man nach dem Öffnen des Quetschhahnes durch einen raschen Kohlensäurestrom aus und überzeugt sich schliesslich, dass das entweichende Gas von Alkalilauge vollständig absorbiert wird. Nunmehr schliesst man den Hahn an b, beschickt den Tropftrichter mit starker Salzsäure und lässt von dieser so viel in den Apparat eintreten, dass sie denselben zu ungefähr $1/5$ seines Volumens erfüllt. Man erhitzt nun rasch zum Sieden; die Stickstoffentwickelung ist bald beendet. Um das Gas aus dem Entwickelungsgefässe in das Eudiometer überzutreiben, lässt man am besten ausgekochtes Wasser aus dem Tropftrichter zulaufen, bis der Apparat fast vollständig damit erfüllt ist. Den Gasrest treibt man noch durch einen Strom von Kohlensäure über, was in wenigen Augenblicken geschehen ist. Nach dem Auswaschen mit Wasser ist der Apparat sofort zu neuem Gebrauche fertig.

Bei sorgfältigem Arbeiten lässt die Methode die Genauigkeit einer Dumasschen Stickstoffbestimmung leicht erreichen, wenn nicht übertreffen. Die Zeitdauer einer Bestimmung ist eine äusserst geringe.

XIII.

Bestimmung der Azogruppe.

Dieselbe kann nach dem Limprichtschen Verfahren[1] vorgenommen werden. Man erhitzt die Substanz entweder mit der sauren Zinnchlorürlösung oder nachdem man die letztere mit der Seignettesalz-Sodalösung bis zum Verschwinden des anfangs entstandenen Niederschlages versetzt hatte, mehrere Stunden auf 100^0. Es werden zwei Atome Wasserstoff aufgenommen nach der Gleichung:

$$R . N_2 + SnCl_2 + 2\,HCl = RN_2H_2 + SnCl_4.$$

Ein neues Verfahren haben Ed. Knecht und Eva Hibbert[2] angegeben.

Bei der Einwirkung von Titantrichlorid werden Azokörper in saurer Lösung leicht unter Entfärbung reduziert, wobei auf eine Azogruppe vier Moleküle des Trichlorids in Reaktion treten.

Die Methode setzt voraus, dass der zu untersuchende Azokörper in Wasser löslich ist (wie dies bei den meisten Azofarben der Fall ist) oder sich durch Sulfonieren ohne Zersetzung in eine wasserlösliche Verbindung verwandeln lässt. Im Falle der Azokörper mit Salzsäure keinen Niederschlag gibt, ist der Gang der Analyse ein sehr einfacher, indem der Farbstoff als sein eigener Indikator wirkt.

Man titriert die kochend heisse, stark salzsäurehaltige Lösung unter Einleiten von Kohlensäure mit der eingestellten Titanlösung, bis die Farbe verschwindet. Bei vielen Azokörpern, besonders aber

---

[1] Siehe Bestimmung der Nitrogruppe pag. 185. — Siehe auch Schultz, B. **15**, 1539 (1882). — **17**, 464 (1884).

[2] B. **36**, 166, 1549 (1903).

solchen, die sich vom Benzidin und ähnlich konstituierten Basen ableiten, wird die Reduktion infolge der Unlöslichkeit des Farbstoffes in Säuren bedeutend verlangsamt und der Endpunkt ist nicht leicht zu erkennen.   In solchen Fällen empfiehlt es sich, unter Einleiten von Kohlensäure einen Überschuss der Trichloridlösung in die kochende Lösung des Azokörpers einfliessen zu lassen und nach dem Abkühlen mit titrierter Eisenalaunlösung zurückzutitrieren.

Zur Titerstellung der Titantrichloridlösung benutzt man eine Eisenoxydsalzlösung von bekanntem Gehalte.   Ein abgemessenes Volumen dieser Lösung wird ohne besondere Vorsichtsmassregeln mit der Titanlösung titriert unter Verwendung einer Lösung von Rhodankalium als Indikator. die entweder gegen Ende der Reaktion dem Kolbeninhalte zugegeben oder, um eine noch schärfere Endreaktion zu erhalten, zur Tüpfelprobe benutzt wird.

Die Titanlösung selbst wird durch Auflösen von reinem, granuliertem Zinn in wässeriger, stark salzsäurehaltiger Titantetrachloridlösung erhalten. Sobald die Tiefe der Violettfärbung nicht mehr zunimmt, wird die Flüssigkeit vom Zinn abgegossen, mit Wasser verdünnt und das gelöste Zinn mittelst Schwefelwasserstoff entfernt.   Falls es sich nicht um ein reines Produkt handelt, kann man die wässerige Lösung des Tetrachlorids mittelst Zinkstaub reduzieren und die entstandene Lösung direkt verwenden.   Zur Darstellung des Reagens verwendet man frisch ausgekochtes destilliertes Wasser[1]).

Die Titerflüssigkeit wird in einer 1—2 Liter fassenden, mit unten angebrachtem Tubus versehenen Flasche aufbewahrt.   Der Tubus ist mit einer Füllbürette in Verbindung, und das Ganze steht, auf bekannte Art, unter konstantem Wasserstoffdruck.

Die Titanlösung soll ungefähr $1\,^0/_0$ig sein.

---

[1]) Die Firma **Johann Franks Nachf.** Prag liefert direkt brauchbare $20\,^0/_0$ige Titantrichloridlösung zum Preise von Mk. 10 pro Kilo.

XIV.

Bestimmung der Hydrazingruppe.

1. *Durch Titration.*

Die aliphatischen Hydrazine lassen sich durch Titration mit Salzsäure unter Benützung von Methylorange als Indikator als zweisäurige Basen titrieren. Die aromatischen Hydrazine werden dagegen schon durch ein Äquivalent Säure neutralisiert. (Strache)[1].

2. *Jodometrische Methode von E. v. Meyer*[2].

In stark verdünnten Lösungen und bei Anwendung überschüssigen Jods wird Phenylhydrazin quantitativ nach der Gleichung:

$$C_6H_5NH \cdot NH_2 + 2\,J_2 = 3\,HJ + N_2 + C_6H_5J$$

oxydiert, so dass man dasselbe titrimetrisch bestimmen kann.

Man wendet zu diesem Zwecke ein abgemessenes Volum $^1/_{10}$ Normal-Jodlösung (im Überschusse) an, fügt dazu, nach Zusatz von Wasser, die stark verdünnte Lösung der Base oder ihres salzsauren Salzes und titriert das unangegriffene Jod in bekannter Weise mit schwefliger Säure oder unterschwefligsaurem Natrium.

Auch mittelst Jodsäure, welche das Phenylhydrazin bei Gegenwart verdünnter Schwefelsäure leicht oxydiert, lässt sich dasselbe titrimetrisch bestimmen; man hat nur überschüssige Jodsäurelösung, deren Wirkungswert gegenüber einer schwefligen Säure von bekanntem

---

1) M. **12**, 525 (1891). — Siehe auch pag. 140.
2) J. pr. (2) **36**, 115 (1887). — Stollé, J. pr. (2) **66**, 332 (1902).

Titer feststeht, mit Phenylhydrazin und Schwefelsäure in. starker Verdünnung zusammenzubringen und sodann zu ermitteln, wie viel von der schwefligen Säure bis zum Verschwinden des Jods erforderlich ist.

Diese Methode — welche auch zur Bestimmung anderer aromatischer Hydrazine und zur indirekten Bestimmung von Hydrazonen (siehe pag. 89) Verwendung finden kann — setzt natürlich die Abwesenheit von Körpern voraus, welche auf Jod, resp. Jodsäure und schweflige Säure einwirken.

So ist dieselbe nach Strache[1]) für ein Gemisch von salzsaurem Hydrazin und essigsaurem Natron — wie solches nach der ursprünglichen Fischerschen Vorschrift zur .Hydrazonbereitung Verwendung findet — nicht anwendbar.

3. Methode von Strache, Kitt und Iritzer[1])[2]).

Mittelst derselben lassen sich die aromatischen Hydrazine und Säurehydrazide bestimmen. Das Verfahren ist als indirekte Methode der Bestimmung von Hydrazinen auf pag. 85 beschrieben.

Zur Ausführung ist folgendes zu bemerken:

Die Substanz wird, wenn möglich, in Wasser oder Alkohol gelöst und die Lösung nach dem Vertreiben der Luft aus dem Apparate durch den Trichter einfliessen gelassen. Bei Verwendung von alkoholischen Lösungen können die pag. 88 geschilderten Übelstände eintreten, weshalb man in der dort beschriebenen Weise die Lösung unter erhöhten Druck bringt oder Amylalkohol zusetzt.

Bei schwer löslichen Hydraziden ersetzt man den Hahntrichter durch ein in das Loch des Stopfens von unten eingestecktes, gebogenes Glaslöffelchen, welches die gewogene Substanz enthält. Durch Eindrücken eines gleichkalibrigen Glasstabes von oben kann dann dasselbe in die siedende Lösung geworfen werden, wobei die Zersetzung ebenfalls sofort beginnt und bald beendigt ist.

Bei unlöslichen Substanzen verfährt man nach Hans Meyer[3]) folgendermassen:

In einem Kolben von $\frac{1}{2}$ l Inhalt wird eine Mischung von 100 ccm Fehlingscher Lösung und 150 ccm Alkohol zum Sieden

---

[1]) M. **12**, 526 (1891).

[2]) M. **13**, 316 (1892). — **14**, 37 (1893). — Vergl. Holleman u. De Vries, Rec. **10**, 229 (1891). — De Vries, B. **27**, 1521 (1894). — B. **28**, 2611 (1895). — Petersen, Z. anorg. **5**, 2 (1894).

[3]) M. **18**, 404 (1897).

erhitzt. Um ein Stossen der Flüssigkeit zu verhindern, gibt man noch einige Porzellanschrote in das Siedegefäss. Der Kolben ist durch einen doppelt durchbohrten Kautschukstopfen einerseits mit einem schräg gestellten Kühler luftdicht verbunden, während die zweite Bohrung in einem oben offenen Substanzröhrchen das feingepulverte Untersuchungsobjekt trägt. Über dem Röhrchen steckt in der Bohrung ein Glasstab von gleichem Kaliber. Wenn sich im Kühlrohre ein konstanter Siedering gebildet hat, verbindet man das Kühlerende mit einem vertikalstehenden, unten umgebogenen Glasrohre, dessen kurzer Schenkel unter Wasser mündet.

Sobald keine Luftblasen mehr ausgetrieben werden, wird ein mit Wasser gefülltes Messrohr übergestülpt.

Nun drückt man den Glasstab so weit im Stopfen herab, dass das Substanzröhrchen herabfällt. Die Reaktion beginnt sofort, und nach der Gleichung:

$$R \cdot CONHNHC_6H_5 + O = R \cdot COOH + N_2 + C_6H_6$$

wird sämtlicher Stickstoff ausgetrieben und verdrängt in der Messröhre das gleiche Volumen Wasser.

Nach kurzem Kochen ist die Bestimmung zu Ende.

Handelt es sich bloss um die Analyse von Säurehydraziden, so kann man die Substanz auch durch mehrstündiges Kochen mit konzentrierter Salzsäure verseifen, auf 100 ccm verdünnen, die eventuell ausgeschiedene Säure durch ein trockenes Filter entfernen — wobei man die ersten Tropfen des Filtrates verwirft — und 50 ccm der klaren Lösung in den Apparat bringen. Zur Unterscheidung der Säurehydrazide von den Hydrazonen ist dieses Verfahren jedoch nicht anwendbar, da letztere gewöhnlich ebenfalls durch Salzsäure spaltbar sind.

Ein vorhergehendes Verseifen wird nur dann von Vorteil sein, wenn die freie Säure im Wasser resp. Salzsäure unlöslich ist, so dass dieselbe — bei kostbaren Substanzen — wiedergewonnen, oder, wie die Stearinsäure, deren Kalisalz durch starkes Schäumen jede genaue Bestimmung unmöglich macht — entfernt werden kann.

Über Oxydation mit Kupfersalzen in saurer Lösung siehe Gallinek und von Richter, B. **18**, 3177 (1885).

4. Methode von Causse[1].

Arsensäure wird von Phenylhydrazin nach der Gleichung:

$$As_2O_5 + C_6H_5NHNH_2 = N_2 + H_2O + C_6H_5OH + As_2O_3$$

reduziert.

---

[1] C. r. **125**, 712 (1897). — Bull. (3) **19**, 147 (1898).

Die gebildete arsenige Säure wird entweder so bestimmt, dass man ein abgemessenes Quantum mit Uran titrierter Arsensäurelösung verwendet und nach der Reaktion den Überschuss von As_2O_5 zurücktitriert, oder indem man die arsenige Säure mit Jod in Gegenwart von Bikarbonat bestimmt.

Nach der Gleichung

$$As_2O_3 + 2\,J_2 + 2\,H_2O = 4\,HJ + As_2O_5$$

entspricht ein Teil Jod 0,3897 Teilen As_2O_5.

Erfordernisse.

1. Arsensäurelösung: 125 g As_2O_5 werden auf dem Wasserbade in 450 g Wasser und 150 g konzentrierter Salzsäure gelöst. Nach dem Lösen und Erkalten filtriert man und füllt mit Eisessig auf einen Liter auf.

2. Eine $^1/_{10}$ normale Jodlösung, von der also 1 ccm $= 0,0127$ g Jod ist.

3. Eine Ätznatronlösung, 200 g NaOH im Liter enthaltend. Dieselbe muss schwefelfrei sein.

4. Kaltgesättigte Natriumbikarbonatlösung.

5. Frische Stärkelösung.

Ausführung des Versuches.

0,2 g freie Base oder Chlorhydrat werden in einem $^1/_2$ l Kolben mit 60 ccm Arsensäurelösung versetzt und gegen den Siedeverzug Platinschnitzel oder dergl. zugefügt. Man erwärmt gelinde unter Rückflusskühlung, um die Reaktion einzuleiten, und nach Beendigung derselben erhitzt man zum Sieden. Nach 40 Minuten lässt man erkalten, setzt 200 ccm Wasser und soviel Sodalösung zu, bis mit Phenolphtalein deutliche Violettfärbung eingetreten ist, säuert mit Salzsäure wieder an, fügt zur kalten Lösung erst 60 ccm Bikarbonatlösung, dann 3—4 Tropfen Stärkelösung und titriert dann mit Jod.

Da ein Teil As_2O_3 0,5454 Teilen Phenylhydrazin entspricht, ist die gefundene Hydrazinmenge

$$Ph = 0,5454 + 0,00495\,V,$$

wobei V die Anzahl ccm der verbrauchten Jodlösung bedeutet.

Die Methode kann ebenso für die durch Kochen mit Säure spaltbaren Hydrazone verwendet werden, soweit die abgespaltenen Karbonylverbindungen nicht (wie die Aldehyde der Fettreihe) reduzierend auf die Arsensäure einwirken.

5. *Methode von Denigès*[1].

Man kocht die mit Ammoniak und Natronlauge versetzte Probe mit einer gemessenen Menge Silbernitrat und titriert das nicht reduzierte Silber mit Cyankaliumlösung.

Bestimmung von Hydrazin und von Hydrazinsalzen: Curtius, J. pr. (2) **39**, 37 (1889). — Petersen, Z. anorg. **5**, 3 (1894). — Petrenko-Kritschenko u. Lordkipanidze, B. **34**, 1702 (1901). — Hofmann u. Küspert, B. **31**, 64 (1898). — Stollé, J. pr. (2) **66**, 332 (1902).

---

[1] Ann. Chim. (7) **6**, 427 (1895).

XV.

Bestimmung der Nitrosogruppe.

1. Methode von Clauser[1]*.*

Phenylhydrazin reagiert mit wahren Nitrosokörpern unter geeigneten Reaktionsbedingungen glatt nach der Gleichung:

$$R \cdot NO + C_6H_5NH \cdot NH_2 = R \cdot N : + C_6H_6 + H_2O + N_2.$$

Der Rest $R \cdot N :$ dürfte sich wahrscheinlich zu $R \cdot N : N \cdot R$ verdoppeln.

Zur quantitativen Bestimmung der Nitrosogruppe wird das Volum des mit Benzol und Wasserdämpfen völlig gesättigten Stickstoffes gemessen, der sich bei der Reaktion entwickelt.

Die Konstruktion des hierzu ursprünglich benutzten Apparates ist aus Figur 20 zu ersehen. Ein 30 ccm fassender Reaktionskolben R ist mit einem dreifach durchbohrten Pfropfen versehen. Durch die eine Bohrung ragt der Tropftrichter in den Kolben hinein, die zweite trägt das Zuleitungsrohr für die Kohlensäure, in der dritten steckt ein aufsteigender Kühler. An den Kühler ist noch ein mit Wasser gefüllter Liebig scher Kaliapparat angefügt, sodann folgt einer der bei volumetrischen Stickstoffbestimmungen üblichen Absorptionsapparate.

0,1 bis 0,2 g des Nitrosokörpers werden in den Kolben eingewogen und in 20—30 ccm Eisessig gelöst. Sodann wird der Apparat zusammengefügt und daraus die Luft durch mehrstündiges Einleiten eines langsamen Kohlensäurestromes (aus einem Kipp schen Apparate)[2] verdrängt. Dabei

---

[1] Spitzer, Öst. Chem. Ztg. (**1900**), Nr. 20. -- Clauser, Ber. **34**, 889 (1901). — Clauser u. Schweizer, B. **35**, 4280 (1902).

[2] Man wähle einen recht grossen Kipp, aus dem man kurz vor dem Gebrauche einen starken CO_2-Strom entnimmt, wodurch die in der Salzsäure absorbierte und die den Marmorstückchen anhaftende Luft rasch völlig verdrängt wird.

12*

schaltet man den Absorptionsapparat noch nicht ein. Wenn die Luft zum grössten Teile aus dem Apparat entfernt ist, verschliesst man den Quetschhahn Q und öffnet den Hahn des Tropftrichters. Die eintretende Kohlensäure verdrängt die Luft aus dem Tropftrichter. Man schaltet nun den Absorptionsapparat ein, der mit Kalilauge 1:3 gefüllt ist. Derselbe besitzt die übliche Form, nur an der Stelle eines gewöhnlichen Glashahnes ist ein Dreiweghahn angeschmolzen, der es gestattet, das im Rohr aufge-

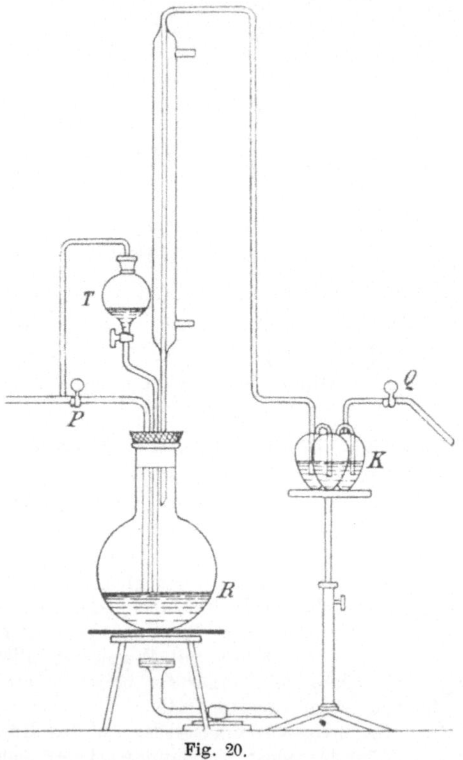

Fig. 20.

fangene Gas durch die zentrale Bohrung austreten zu lassen. Unter fortwährendem Zuleiten von Kohlensäure beobachtet man, ob sich während 10—15 Minuten ausser einer leichten Schaumdecke, die nicht mehr als 0,1 ccm betragen soll, noch merkliche Gasblasen ansammeln. Sofern dies nicht der Fall ist, sperrt man den Absorptionsraum durch passende Einstellung des Dreiweghahnes ab. Sodann wird durch den Trichter ein 4—5 facher Überschuss an Phenylhydrazin in 30—40 ccm konzentrierter Essigsäure gelöst, eingetragen und der Kolben schwach erwärmt, wobei nunmehr das Durchleiten von Kohlensäure unterbrochen wird.

Da im Innern des Apparates ein Überdruck herrscht, würde die Flüssigkeit aus dem Tropftrichter nicht in den Kolbeninhalt treten. Um diesen Übelstand zu beseitigen, wendet man unter Benutzung eines Gabelrohres, wie aus beistehender Zeichnung ersichtlich ist, eine Zweigleitung an, die einen Ausgleich des Druckes und somit die unbehinderte Ent-

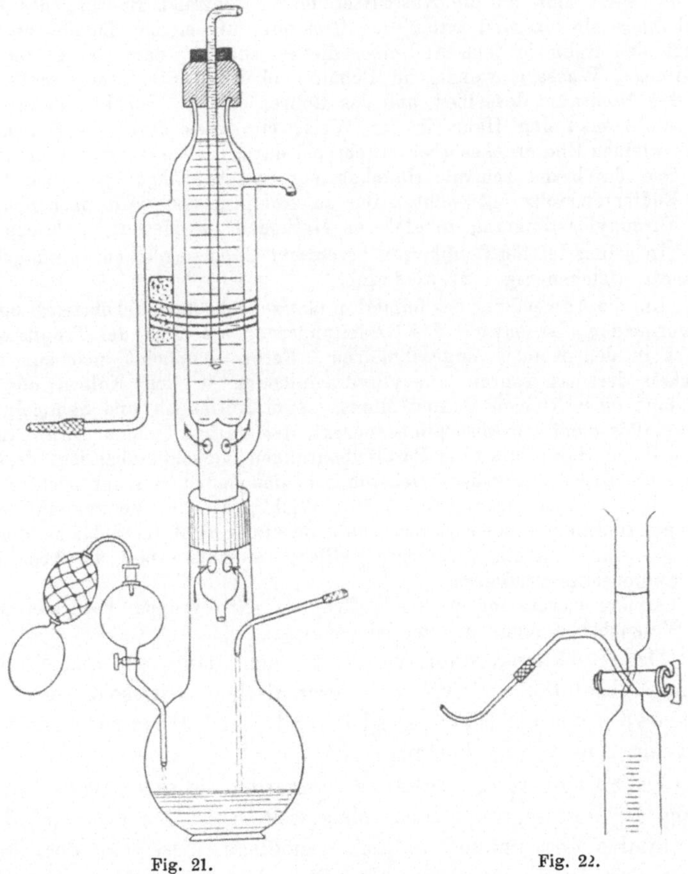

Fig. 21. Fig. 22.

leerung des Trichterinhaltes ermöglicht. Alsbald beginnt eine lebhafte Gasentwickelung und die Farbe der Flüssigkeit schlägt in Rot um. In der Regel ist die Reaktion nach wenigen (längstens 10 Minuten) beendet. Nur bei der Analyse von Substanzen, die in Eisessig sehr schwer löslich sind, wie dies beim α_1 Nitroso-α_2-Naphtol oder dem Chinondioxim der Fall ist, ist längeres Erhitzen zur Erzielung brauchbarer Resultate unerlässlich. Nach Beendigung der Reaktion lässt man im Kohlensäurestrom erkalten, um abermals den Stickstoff durch Kohlensäure zu verdrängen. Sobald bei fünf Minuten langem Durchleiten im Absorptionsapparat keine Zunahme des Gasvolumens zn konstatieren ist, kann man die Zuleitung der Kohlensäure abstellen. Man lässt noch 1 bis 2 Stunden stehen. — Um nun den Stickstoff aus dem Apparate in ein Messrohr überzuführen, setzt man an die Austrittsstelle der zentralen Bohrung des Dreiweghahnes ein passend gebogenes Glasrohr mit engem Lumen an und bringt den Hahn in jene Stellung, die es zulässt, dass die Flüssigkeit (Kalilauge, Wasser), welche im Behälter oberhalb des Hahnes enthalten ist, den Hohlraum desselben und des Rohres erfüllt. Sobald dies erreicht ist, stellt man den Hahn in der Weise ein, dass durch die Erzeugung eines kleinen Überdruckes (hervorgebracht durch Heben des Niveaugefässes) das Gas durch die zentrale Hahnbohrung und das angefügte Glasrohr in das Eudiometerrohr entweicht. Das so erhaltene Gas wird nach den bei der Karbonylbestimmung angeführten Methoden zur Messung gebracht.

In seiner letzten Publikation beschreibt Clauser einen vereinfachten Apparat, welchen Figur 21 wiedergibt.

Um die Anwendung des immerhin lästigen, dreifach gebohrten Stopfens zu vermeiden, ist sowohl das Gasleitungsrohr als auch der Tropftrichter direkt in den Kolben eingeschmolzen. Ferner empfiehlt sich zum Eindrücken der essigsauren Phenylhydrazinlösung in den Kolben die Anwendung eines kleinen Gummiballons. Zum Auffangen und Sammeln des Stickstoffes dient ein Absorptionsapparat, der statt mit einem Dreiweghahn durch einen Hahn mit zwei Parallelbohrungen verschliessbar ist, da hierdurch die Überführung des Stickstoffes in das Eudiometerrohr leichter vorgenommen werden kann (Figur 22). Wichtig ist die Verwendung eines sehr gut funktionierenden Kühlers, da andernfalls nicht unerhebliche Mengen von Essigsäure in die vorgelegte Kalilauge gelangen und die Absorption der Kohlensäure verzögern.

Andere oxydierend wirkende Gruppen (Nitrogruppe) bewirken unter den Versuchsbedingungen keinerlei Störung.

Der Reaktionsverlauf verbleibt auch dann ein quantitativer, wenn Substitutionsderivate von aromatischen Nitrosokörpern, wie Nitrososäuren, Nitrosoaldehyde und Polynitrosoderivate in Anwendung kommen.

Die Salpetrigsäureester gestatten die quantitative Bestimmung der Nitrosogruppe nicht ohne weiteres. Dennoch wird deren quantitative Bestimmung dadurch ermöglicht, dass man dem Reaktionssysteme (Salpetrigsäureester, Phenylhydrazin, Eisessig) solche Substanzen zufügt, die leicht und völlig in Nitrosoderivate überzugehen vermögen.

Mit Vorteil werden Phenol oder Dimethylanilin verwendet. Da das quantitativ entstehende Nitrosoderivat seinerseits die quantitative Bestimmung dieser Gruppe zulässt, ist ein Hindernis bei deren Gehaltsermittelung nicht zu befürchten.

In diesem Falle wird folgendermassen gearbeitet:

0,1 bis 0,3 g des in Eisessig gelösten Salpetrigsäureesters werden vorsichtig in dem zur Analyse verwendeten, bereits beschriebenen Kölbchen mit 3 g einer essigsauren Lösung von Dimethylanilin und sodann mit 10—20 ccm konzentrierter Salzsäure versetzt.

Nach 4 stündigem Erhitzen im Wasserbade ist der Geruch des Esters vollständig verschwunden. Der nunmehr salzsaures Nitrosodimethylanilin enthaltenden Flüssigkeit wird zur Abstumpfung der Salzsäure die nötige Menge von kristallisiertem Natriumacetat zugesetzt und nach Verdrängung der Luft durch Kohlensäure die Bestimmung, wie gebräuchlich, durchgeführt.

Für die Analyse sehr flüchtiger Nitrite (Äthylnitrit) ist dieses Verfahren nicht verwendbar.

Eigentümlich ist das Verhalten der Nitrosamine; weder aliphatische, noch gewisse aromatische Nitrosamine (Nitrosodiäthylamin, Nitrosotrimethyldiamidobenzophenon) gestatten den Nachweis der Nitrosogruppe. Nitrosamine vom Typus des Diphenylnitrosamins lassen dagegen die Bestimmung derselben zu.

Zusammenfassend lässt sich sagen, dass die quantitative Bestimmung der Nitrosogruppe nach der gekennzeichneten Methode nur bei Verbindungen vom allgemeinen Typus $NO . C \begin{smallmatrix} CR_1 \\ \\ CR_2 \end{smallmatrix}$ möglich ist, wobei R_1 und R_2 beliebige Radikale oder Molekularkomplexe bedeuten.

Es mag erwähnt werden, dass es noch einer Überprüfung bedarf, ob gewisse der recht schwierig zugänglichen aliphatischen Nitrosoverbindungen sich diesem Schema anpassen.

Berechnung der Analysen.

Bedeutet:

P die Prozente NO in der untersuchten Substanz,
V das abgelesene Volumen Stickstoff in Kubikzentimetern,
w die Summe der Tensionen von Benzol- und Wasserdampf
    in mm für die Temperatur t (Tabelle pag. 87),
g das Gewicht der analysierten Substanz in Grammen, so ist:

$$P = K \frac{V . (b - w)}{g . (1 + \alpha t)},$$

und die konstante Grösse

$$K = \frac{3000 \cdot s}{760 \times 28},$$

wobei s das Gewicht von 1 ccm Stickstoff bei 0^0 und 760 mm in Grammen ausgedrückt repräsentiert,

$$K = 0{,}00017709; \quad \log K = 0{,}24821 - 4.$$

Die Fehlergrenzen betragen bei in Eisessig löslichen Sub-stanzen kaum mehr als 0,5 % von P. Nur bei in Eisessig unlös-lichen Substanzen geht die Reaktion schliesslich sehr langsam vor sich, weshalb ein Fehler bis 2 % beobachtet wurde.

Wahrscheinlich lässt sich derselbe noch durch Anwendung eines beträchtlichen Überschusses an Phenylhydrazin verkleinern.

2. Methode von Knecht und Hibbert[1]).

Die pag. 173 beschriebene Methode zur Bestimmung von Azo-körpern lässt sich auch für die Bestimmung der Nitrosogruppe ver-werten.

In den meisten Fällen lässt sich die Titration direkt ausführen, die Lösung soll dabei auf $40-50^0$ erwärmt werden.

---

[1]) B. **36**, 166, 1549 (1903).

XVI.

Bestimmung der Nitrogruppe.

—

A. Methode von H. Limpricht [1].

Wird eine gewogene Menge einer aromatischen Nitroverbindung mit einem bestimmten Volumen Zinnchlorürlösung von bekanntem Gehalte erwärmt, so erfolgt die Umwandlung von NO_2 in NH_2 nach der Gleichung:

$$NO_2 + 3\,SnCl_2 + 6\,HCl = NH_2 + 3\,SnCl_4 + 2\,H_2O$$

und aus der nicht verbrauchten Zinnchlorürlösung, deren Menge durch Titrieren zu bestimmen ist, lässt sich dann der Gehalt an NO_2 in der Nitroverbindung bestimmen.

Zum Titrieren der Zinnchlorürlösung wird am besten nach Jenssen [2] Jodlösung, eventuell Chamäleonlösung angewandt.

Erforderliche Reagentien.

1. Zinnchlorürlösung. Etwa 150 g Zinn löst man in konzentrierter Salzsäure auf, giesst die Lösung vom Bodensatze klar ab und verdünnt sie nach Zusatz von etwa 50 ccm konzentrierter Salzsäure auf einen Liter.

2. Sodalösung. 90 g wasserfreie Soda und 120 g Seignettesalz löst man zu einem Liter.

---

[1] B. **11**, 35 (1878). — Spindler, Ann. **224**, 288 (1884). — Claus u. Glassner, B. **14**, 778 (1881). — Altmann, J. pr. (2) **63**, 370 (1901). — Young und Swain haben diese Methode neu „entdeckt". Am. Soc. **19**, 812 (1897).

[2] J. pr. (1) **78**, 193 (1859).

3. **Jodlösung.** 12,7 g Jod werden unter Anwendung von Jodkalium zu einem Liter gelöst. Von dieser $^1/_{10}$ Normal-Jodlösung entspricht

$$1 \text{ ccm} = 0,0059 \text{ g Sn} = 0,0007655 \text{ g NO}_2.$$

4. **Stärkelösung.** Dieselbe muss verdünnt und filtriert sein.

5. **Chamäleonlösung.** Dieselbe kann statt der Jodlösung dienen. Sie soll $^1/_{10}$ normal sein, und ist ihr Titer vorher auf Eisen zu stellen.

Ausführung der Bestimmung.

Die zu analysierende Substanz (circa 0,2 g) wird in einem Reagensröhrchen von ca. 30 mm Länge und 8 mm Weite, welches mit einem Korke verschlossen ist, abgewogen, und darauf das Röhrchen nach Entfernen des Korkes in ein Einschmelzrohr von 13 bis 15 mm Weite und 20 cm Länge hineinfallen gelassen. Nachdem noch 10 ccm der titrierten Zinnchlorürlösung aus einer Pipette hinzugelassen sind, wird vor der Lampe das offene Ende des grösseren Rohres zugeschmolzen.

Da das Rohr später kaum einen Druck auszuhalten hat, kann es aus dünnem, leicht schmelzbarem Glase bestehen.

Man erhitzt in einem Wasserbade, wobei von Zeit zu Zeit umgeschüttelt wird, um die sich in dem leeren Teile des Rohres absetzende Nitroverbindung mit dem Zinnchlorür in Berührung zu bringen.

Nach beendigter Reduktion — 1 bis 2 Stunden — lässt man erkalten, öffnet das eine Ende des Rohres, bringt den Inhalt quantitativ in ein 100 ccm-Fläschchen und füllt mit dem Wasser, mit welchem das Rohr ausgespült wird, das Fläschchen bis zur Marke.

Von diesen 100 ccm werden nach dem Umschütteln mit einer Pipette 10 ccm herausgenommen.

Diese werden in einem Becherglase mit etwas Wasser verdünnt, dann mit der Sodalösung bis zur vollständigen Auflösung des zuerst entstandenen Niederschlages vermischt und nach dem Verdünnen mit etwas Wasser und nach Zugabe von Stärkelösung bis zum Eintreten einer bleibenden Violettfärbung mit der $^1/_{10}$-Jodlösung aus einer Bürette versetzt.

Die Berechnung der Analyse erfolgt dann leicht nach der Gleichung:

$$NO_2 = (a - b) \cdot 0,0007655 \text{ g,}$$

wobei

a die Anzahl Kubikcentimeter der Jodlösung bedeutet, welche 1 ccm der Zinnchlorürlösung verbraucht,

b die Menge Jodlösung in Kubikcentimetern, welche zum Titrieren des bei der Reduktion der Nitroverbindung nicht verbrauchten Zinnchlorürs nötig war,

0,0007655, die einem Kubikcentimeter Jodlösung äquivalente Menge NO_2 in Gramm bedeutet.

Nicht alle Substanzen lassen sich mit Jodlösung titrieren, so besonders die Nitrophenole und Naphtole nicht, da sich bei denselben die Flüssigkeit während der Reaktion stark färbt, und somit eine Endreaktion nicht erkennen lässt. In solchen Fällen kann man entweder direkt titrieren — wobei man den Titer der Zinnlösung auf Chamäleon stellen muss — oder man kocht das Reaktionsgemisch mit Eisenchlorid und bestimmt das gebildete Ferrosalz mittelst der Permanganatlösung.

Bei Pikrinsäure, Nitronaphtalin und solchen Verbindungen, in denen sich ausser der NO_2-Gruppe noch andere, leicht reduzierbare Elemente oder Atomgruppen befinden, versagt die Methode.

Spindler[1]) empfiehlt, statt das Zinn in Salzsäure zu lösen, eine Reduktionsflüssigkeit aus einem Gewichtsteil umkristallisierten Zinnchlorür und einem Volumteil reiner Salzsäure anzuwenden. Bei leicht reduzierbaren Substanzen benutzt er eine schwächere Lösung (290 g Zinnchlorür und 700 ccm 25 %ige Salzsäure).

B. Methode von G. Green und André R. Wahl[2]).

Diese Methode besteht darin, die Substanz bei Gegenwart von Salmiak durch überschüssigen Zinkstaub zu reduzieren und das übrig gebliebene metallische Zink mit Ferrisulfat und Permanganat nach der von Wahl[3]) vorgeschlagenen Zinkstaubbestimmungsmethode zu titrieren.

Das Verfahren ist folgendes:

2 g (oder mehr) Salmiak und etwas Wasser werden in eine kleine, mit Gummistopfen und Bunsenventil versehene Flasche gegeben, dann setzt man eine abgewogene Menge Zinkstaub, etwa 4 g (86 %ig), dessen Gehalt vorher nach Wahls Methode bestimmt wurde, und 3—4 g der Nitroverbindung hinzu, schliesst die Flasche

---

1) Ann. **224**, 291 (1884).
2) B. **31**, 1080 (1898).
3) Journ. Soc. Chem. Ind. (**1897**), 15.

und schüttelt kalt etwa eine halbe Stunde lang, erwärmt dann bis zum Sieden und kocht bis zur vollendeten Reduktion.

Die Flüssigkeit giesst man nach dem Absetzen von übrig gebliebenem Zink und Zinkoxyd ab und wäscht letztere durch Dekantieren aus. Darauf setzt man 10 g Ferrisulfat und etwas Wasser zum Rückstande; die Mischung erwärmt sich und das übrig gebliebene metallische Zink löst sich unter gleichzeitiger Umwandlung eines Teiles des Ferrisulfates in Ferrosulfat auf. Nach dem Ansäuern mit Schwefelsäure füllt man mit Wasser auf 500 ccm auf und titriert einen Teil der Lösung mit $^1/_{10}$ normal Kaliumpermanganatlösung. Durch Subtraktion des im Rückstande gefundenen Zinks von dem angewandten erhält man die zu Reduktion gebrauchte Zinkmenge.

Wertbestimmung des Zinkstaubs. Ein halbes Gramm Zinkstaub wird in 25 ccm Wasser suspendiert und dazu 7 g festes Ferrisulfat gegeben. Das Zink wird unter Umschütteln in Lösung gebracht und nach einer Viertelstunde 25 ccm konzentrierte Schwefelsäure zugesetzt, mit Wasser auf 250 ccm verdünnt und davon 50 ccm mit Permanganat titriert.

Zur Darstellung des Ferrisulfates löst man 500 g Eisenvitriol in möglichst wenig Wasser und setzt 100 g Schwefelsäure und 210 g Salpetersäure von 60 % hinzu, dampft zur Trockne, verreibt die gepulverte Masse mit Alkohol und wäscht damit alle Säure aus. Dann trocknet man abermals.

C. Methode von Knecht und Hibbert[1]).

Wie bei den Azokörpern (pag. 173) verläuft auch bei den Nitrokörpern die Reduktion zu primären Aminen in saurer Lösung mittelst Titantrichlorid glatt und quantitativ; dabei treten auf eine Nitrogruppe sechs Moleküle des Trichlorids in Reaktion. Obschon einige Nitrokörper intensiv gefärbt sind, können dieselben bei der Titrierung nicht als eigene Indikatoren dienen, da die Farbe vor Vollendung der Reduktion verschwindet. Infolgedessen muss für diese Bestimmungen die indirekte Methode angewendet werden.

---

[1]) B. **36**, 166, 1554 (1903).

D. Verfahren von Gattermann.

Wenn die angeführten Methoden im Stiche lassen, muss man den Amidokörper aus dem Nitroprodukte darzustellen trachten, und, wie weiter oben [1]) angegeben, auf Amidogruppen prüfen.

So kann man z. B. nach Gattermann [2]) aus Metanitrobenzaldehyd in einer einzigen Operation Metachlorbenzaldehyd darstellen, indem man den Nitrokörper mit der sechsfachen Menge konzentrierter Salzsäure und $4^{1}/_{2}$ Teilen Zinnchlorür reduziert, ohne das Zinn zu fällen mit der berechneten Menge Nitrit diazotiert, und das gleiche Gewicht Kupferpulver einträgt.

[1]) pag. 142.
[2]) B. **23**, 1222 (1890). — Siehe auch Erdmann, Ann. **272**, 141 (1893).

XVII.

Bestimmung der Jodogruppe (JO$_2$) und der Jodosogruppe (JO).

Jodoverbindungen sowie Jodosoverbindungen scheiden, wenn sie in Jodkaliumlösungen bei Anwesenheit von Eisessig, Salzsäure oder verdünnter Schwefelsäure umgesetzt werden, eine dem Sauerstoff äquivalente Menge Jod aus, so dass also

von Jodoverbindungen   4 Atome Jod,

von Jodosoverbindungen 2   „   „

freigemacht werden.

Zur quantitativen Bestimmung des aktiven Sauerstoffes wird die Substanz im zugeschmolzenen Rohre vier Stunden mit angesäuerter Jodkaliumlösung, die durch Auskochen von Luft befreit war, auf dem Wasserbade erwärmt. Das Rohr ist mit Kohlensäure zu füllen. (V. Meyer und Wachter)[1].

Oder man digeriert die Substanz in konzentrierter Jodkaliumlösung mit nicht zu wenig Eisessig und etwas verdünnter Schwefelsäure auf dem Wasserbade. (Willgerodt)[2].

Nach beendigter Reaktion lässt man, ohne einen Indikator zu benötigen, $^1/_{10}$ normal-unterschwefligsaure Natronlösung so lange hinzutröpfeln, bis die Jodlösung vollständig entfärbt ist.

---

[1] B. **25**, 2632 (1892).

[2] B. **25**, 3495 (1892).

Wird Jod von den durch Reduktion der Sauerstoffverbindungen entstehenden Jodiden in Lösung gehalten, was immer dann der Fall ist, wenn man mit Hilfe von Salz- oder Schwefelsäure arbeitet, so hat man beim Titrieren so lange umzurühren und zu erwärmen, bis jene Körper das gelöste Jod vollständig abgegeben haben.

Bezeichnet man mit s das Gewicht des zu titrierenden Körpers, mit c die Zahl der Kubikzentimeter der $^1/_{10}$ normal-unterschwefligsauren Natronlösung, die beim Titrieren des Jodes verbraucht wird, so berechnet sich der Sauerstoffgehalt der Jodo- und Jodosoverbindungen in Prozenten nach der Gleichung:

$$O = \frac{0,8 \cdot c : 100}{1000\,s} = 0,08\,\frac{c}{s}\,{}^0/_0.$$

XVIII.

Bestimmung des aktiven Sauerstoffs der Peroxyde und Persäuren.

A. Verfahren von Pechmann und Vanino[1].

Eine bekannte Menge des Superoxyds wird mit einem bekannten Volumen titrierter saurer Stannochloridlösung in einer Kohlendioxyd-atmosphäre erwärmt, bis — nach etwa 5 Minuten — alles in Lösung gegangen ist.

Nach dem Abkühlen wird mit $^1/_{10}$ Normal-Jodlösung zurücktitriert.

B. Erstes Verfahren von Baeyer und Villiger[2].

In einem Kölbchen von bekanntem Inhalte, welches mit Gas-zuleitungsrohr und Tropftrichter versehen ist, wird eine gewisse Menge reiner Zinkfeile abgewogen, das Kölbchen mit einem mit Wasser ge-füllten Messrohre in Verbindung gebracht, Eisessig und darauf ver-dünnte Salzsäure einfliessen gelassen und so lange erwärmt, bis das Zink vollständig gelöst ist. Schliesslich wird das im Kolben be-findliche Gas durch Füllen mit Wasser übergetrieben. Das abge-lesene Gasvolumen weniger Kolbeninhalt ist dann gleich dem des entwickelten Wasserstoffs.

Bei einem zweiten Versuche wird eine abgewogene Menge Sub-stanz mit dem Eisessig verdünnt, Salzsäure zugegeben und abge-

1) B. **27**, 1512 (1894).
2) B. **33**, 3390 (1900).

kühlt. Nach Beendigung der Reaktion, die man an einer beginnenden Gasentwickelung erkennt, wird wie oben weiter verfahren.

C. Zweites Verfahren von Baeyer und Villiger[1].

Man vermischt die Substanz mit überschüssiger angesäuerter Jodkaliumlösung, lässt 24 Stunden stehen und titriert das ausgeschiedene Jod mit Thiosulfat.

Daneben wird in gleicher Weise ein blinder Versuch gemacht und das freiwillig ausgeschiedene Jod in Rechnung gestellt.

D. Quantitative Bestimmung des Chinonsauerstoffs.

Viele Chinone, vor allem die Benzochinone, werden durch Jodwasserstoffsäure glatt nach der Gleichung

$$C_6H_4O_2 + 2\,HJ = C_6H_4(OH)_2 + J_2$$

reduziert.

Das frei werdende Jod kann, wie bei der Analyse der Peroxyde angegeben, bestimmt werden.

Valeur[2] verfährt zu diesem Behufe folgendermassen:

Man wägt von dem Chinon soviel ab, dass die Menge des zu erwartenden Jodes 0,2 bis 0,5 g beträgt (gewöhnlich ca. 0,2 g Chinon) und löst dasselbe in wenig 95%igem Alkohol. Andererseits werden 20 ccm konz. Salzsäure mit dem gleichen Volum Alkohol von 95% unter Kühlung vermischt. Dann fügt man zur Salzsäure noch 20 ccm 10%iger Jodkaliumlösung und giesst diese Mischung sofort zur alkoholischen Chinonlösung. Das in Freiheit gesetzte Jod wird nunmehr mit $^1/_{10}$ Thiosulfatlösung titriert.

Das Verfahren gestattet auch Chinhydrone zu analysieren.

----

1) B. **34**, 740 (1901).
2) C. r. **129**, 252 (1899).

XIX.

Quantitative Bestimmung der doppelten Bindung.

Zur quantitativen Bestimmung der Additionsfähigkeit ungesättigter Körper wird man auf den Charakter der Substanz Rücksicht nehmen.

Befinden sich in der Nähe der Doppelbindung positive Reste, so wird man negative Addenden (Brom, Chlorjod) anlagern; im entgegengesetzten Falle studiert man das Verhalten der Substanz gegen nascierenden Wasserstoff.

A. Addition von Brom an Doppelbindungen[1].

Von den zahlreichen für diesen Zweck vorgeschlagenen Methoden erscheint diejenige von Parker Mc Ilhiney[2] als die verwertbarste, da sie gestattet, neben dem addierten auch das gleichzeitig substituierte, bezw. das als Bromwasserstoff wieder abgespaltene Brom zu bestimmen. Es werden folgende Lösungen verwendet:

---

[1] Allen, Analyst **6**, 177 (1881). — Commerc. org. Analysis, Second. edit. **2**, 383. — Mills u. Snodgrass, Soc. ch. Ind. **2**, 436 (1883). — Mills u. Akitt, Soc. ch. Ind. **3**, 65 (1884). — Levallois, J. pharm. chim. **1**, 334 (1887). — Halphen, J. pharm. chim. **20**, 247 (1889). — Schlagdenhaufen u. Braun, Mon. scient. (**1891**), 591. — Parker Mc Ilhiney, Am. Soc. **16**, 275 (1894). — Hehner, Ch. Ztg. **19**, 254 (1895). — Analyst **20**, 40 (1895). — Z. angew. (**1895**) 300. — Klimont, Ch. Ztg. **18**, 641, 672 (1894). — Ch. Revue **2**, 2 (1894). — Haselhoff, Z. Unters. Nahr. Gen. (**1897**) 235. — Obermüller, Z. physiol. **16**, 143 (1892). — Evers, Pharm. Ztg. **43**, 578 (1898). — Schreiber u. Zelsche, Ch. Ztg. **23**, 686 (1899).

[2] Am. Soc. **21**, 1087 (1899).

Brom in Tetrachlorkohlenstofflösung $1/3$ normal.

Thiosulfatlösung $1/10$ normal.

Kaliumjodatlösung, $2\,\%$ig.

Jodkaliumlösung $10\,\%$ig.

0,25 bis 1,0 g Substanz werden in einer 500 ccm fassenden Flasche mit gut eingeriebenem Glasstopfen in 10 ccm Tetrachlorkohlenstoff gelöst oder suspendiert, überschüssige Bromlösung (20 ccm) zugefügt, die Flasche verschlossen und ins Dunkel gestellt. Nach 18 Stunden wird die Flasche in eine Kältemischung gebracht, um eine partielles Vakuum zu erzeugen. In den Stopfen ist ein Geisslerscher Hahn mit einem Ansatzrohre eingeschmolzen, welch' letzteres man in Wasser tauchen lässt. Öffnet man nun den Hahn, so wird Wasser in die Flasche eingesaugt, welches die Bromwasserstoffsäure löst[1]). Man saugt etwa 25 ccm Wasser ein, verschliesst den Hahn und schüttelt gut um.

Nun werden 20—30 ccm Jodkaliumlösung zugefügt und das in Freiheit gesetzte Jod nach Zusatz weiterer 75 ccm Wasser mit Thiosulfatlösung und Stärke titriert. Der gesamte Bromverbrauch entspricht dann der Differenz zwischen der dem Jod äquivalenten Menge Brom und der in der ursprünglich zugefügten Bromlösung enthaltenen, welche durch eine blinde Probe gleichzeitig bestimmt wird.

Nach Beendigung der Titration setzt man 5 ccm Kaliumjodatlösung zu, wodurch eine der bei der Reaktion entstandenen Bromwasserstoffsäure äquivalente Menge Jod in Freiheit gesetzt wird.

Man titriert diese Jodmenge und findet so die Menge an Brom, welche substituiert hat.

Alle benutzten Reagentien müssen neutral reagieren.

B. Addition von Chlorjod (Jodzahl).

Von Hübl[2]) hat die Fähigkeit einer alkoholischen Jodlösung, bei Gegenwart von Quecksilberchlorid schon bei gewöhnlicher Temperatur mit den ungesättigten Fettsäuren und deren Glyceriden unter

---

[1]) Dieses Verfahren, welches ein etwas unbequemeres Vorgehen nach Ilhiney ersetzt, ist recht praktisch.

[2]) Dingl. **253**. 281 (1884). — Benedikt, Z. f. chem. Ind. (**1887**), Heft 8. — Morawski u. Demski, Dingl. **258**, 41 (1885). — Ephraim, Z. ang. (**1895**) 254. — Wijs, Z. ang. (**1898**) 291. — B. **31**, 750 (1898). — Ch. R. (**1898**), 137. — (**1899**) 5. — Henriques u. Künne, B. **32**, 387 (1899). — Welmans, Pharm. Ztg. **38**, 219 (1803). — Lewkowitsch, B. **25**, 66 (1892). — Fulda, M. **20**. 711 (1899). — Kitt, Die Jodzahl, Berlin, Jul. Springer (**1901**). — Gomberg, B. **35**. 1840 (1902).

13*

Bildung von Chlorjodadditionsprodukten zu reagieren — wobei gleichzeitig anwesende gesättigte Säuren vollkommen unverändert bleiben — dazu benutzt, die Anzahl der Doppelbindungen in Fettsäuren zu ermitteln.

Die absorbierte Jodmenge wird in Prozenten der angewandten Fettmenge angegeben, diese Zahl wird als J o d z a h l bezeichnet.

Diese „Quantitative Reaktion" bietet in der Analyse der Fette, Wachsarten, Harze und ätherischen Öle, sowie des Kautschuks etc. ein wertvolles analytisches Hilfsmittel, und kann gelegentlich auch für wissenschaftliche Zwecke sich verwendbar erweisen.

Reagentien.

1. Die Jodlösung. Es werden einerseits 25 g Jod, andererseits 30 g Quecksilberchlorid in je 600 ccm 95 % igen fuselfreien Alkohols gelöst, letztere Lösung, wenn nötig, filtriert und diese beiden Lösungen wohl verschlossen getrennt aufgehoben. 24 Stunden vor Beginn des Versuches werden gleiche Teile der Lösungen vermischt.

2. Natriumhyposulfitlösung. Sie enthält im Liter ca. 24 g des Salzes. Ihr Titer wird nach V o l h a r d in folgender Weise auf Jod gestellt: Man löst 3.8740 g Kaliumbichromat in 1 Liter Wasser auf und lässt davon 20 ccm in eine Stöpselflasche fliessen, in welche man vorher 10 ccm 10 % iger Jodkaliumlösung und 5 ccm Salzsäure gebracht hat. Jeder Kubikzentimeter der Bichromatlösung macht dann genau 0,01 g Jod frei. Man lässt nun von der zu titrierenden Hyposulfitlösung aus einer Bürette so viel zufliessen, bis die Flüssigkeit nur noch schwach gelb gefärbt erscheint, setzt etwas Stärkekleister hinzu und lässt unter jeweiligem kräftigen Umschütteln vorsichtig noch so lange Hyposulfitlösung zutropfen, bis der letzte Tropfen die Blaufärbung der Flüssigkeit eben zum Verschwinden bringt.

3. Chloroform, das durch eine blinde Probe auf Reinheit zu prüfen ist.

4. Jodkaliumlösung. Sie enthält 1 Teil des Salzes in 10 Teilen Wasser.

5. Stärkelösung, frisch bereitet.

Ausführung der Bestimmung.

Man bringt die Substanz — 0,5—1 g — in eine 500—800 ccm fassende, gut schliessende Stöpselflasche, löst in ca. 10 ccm Chloroform und lässt mittelst der in die Vorratsflasche eingesetzten Pipette 25 ccm

Jodlösung zufliessen, wobei man die Pipette bei jedem Versuche in genau gleicher Weise entleert, d. h. stets dieselbe Tropfenzahl nachfliessen lässt. Sollte die Flüssigkeit nach dem Umschwenken nicht völlig klar sein, so wird noch etwas Chloroform hinzugefügt. Tritt binnen kurzer Zeit fast vollständige Entfärbung der Flüssigkeit ein, so muss man noch 25 ccm der Jodlösung zufliessen lassen. Die Jodmenge muss so gross sein, dass die Flüssigkeit nach 2 Stunden noch stark braun gefärbt erscheint.

Man lässt 12 Stunden im Dunkeln bei Zimmertemperatur stehen, versetzt mit mindestens 20 ccm Jodkaliumlösung, schwenkt um und fügt 300—500 ccm Wasser hinzu. Scheidet sich hierbei ein roter Niederschlag von Quecksilberjodid aus, so war die zugesetzte Jodkaliummenge ungenügend. Man kann jedoch diesen Fehler durch nachträglichen Zusatz von Jodkalium korrigieren. Man lässt nun unter oftmaligem Umschwenken so lange Natriumhyposulfitlösung zufliessen, bis die wässerige Schicht und die Chloroformlösung nur mehr schwach gefärbt erscheinen. Nun wird etwas Stärkekleister zugesetzt und zu Ende titriert.

Gleichzeitig mit der Ausführung der Bestimmung wird zur Titerstellung der Jodlösung, eine blinde Probe mit 25 ccm derselben vollkommen konform der eigentlichen Bestimmung ausgeführt und die Titerstellung unmittelbar vor oder nach der Bestimmung der Jodzahl vorgenommen.

Die zahlreichen Modifikationen, welche für die Ausführung der Hüblschen Methode vorgeschlagen worden sind (siehe die Literaturzusammenstellung auf pag. 194), haben zu keinen wesentlichen Verbesserungen geführt; die Methode gibt nur dort quantitativ befriedigende Resultate, wo sich (wie bei den Säuren der Fettreihe, dem Cholesterin etc.) stark positive Reste in der Nähe der Doppelbindung befinden; sie ist aber auch in fast allen anderen Fällen wenigstens qualitativ noch sehr wohl zu verwerten.

Fumar- und Maleinsäure addieren gar kein Jod, Krotonsäure 8 %, Zimmtsäure 33 %, Styracin 43 %, Allylalkohol 85 %.

C. Addition von Wasserstoff.

Um vorerst die Menge des Wasserstoffes zu messen, welcher von dem zu untersuchenden Reduktionsmittel (Zink, Magnesium etc.) entwickelt wird, beschickt man den in Figur 23 abgebildeten Fraktionierkolben, welcher mit einer geeigneten Fallvorrichtung für das Reduktionsmittel versehen ist, mit der Zersetzungsflüssigkeit (Wasser, verdünnter Säure etc.). Man verbindet mit einer Messröhre, welche mit Wasser, bei Benutzung von Salzsäure als Zersetzungsflüssigkeit mit verdünnter Lauge gefüllt ist. Nun lässt man das gewogene Reduktionsmittel in die Flüssigkeit herabfallen und misst das entwickelte Gasvolumen. Spezifisch leichte Reduktionsmittel (Magnesiumband) werden in ein Platindrahtnetz eingewickelt.

Nunmehr wird ein analoger Versuch ausgeführt, wobei die zu reduzierende Substanz vorher der Zersetzungsflüssigkeit beigemischt

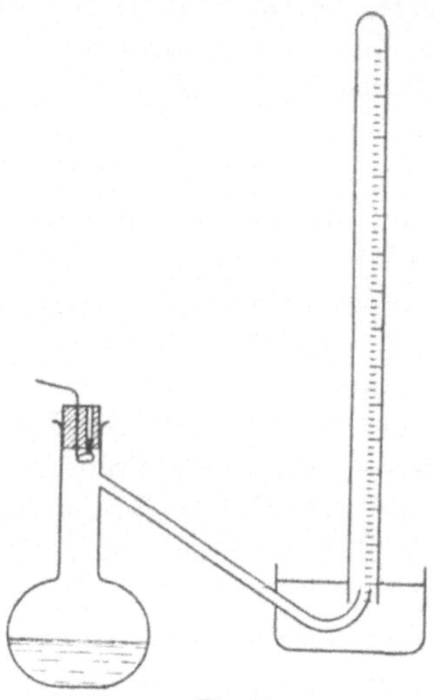

Fig. 23.

worden ist. Die Differenz der auf gleiche Mengen Reduktionsmittel gerechneten Gasvolumina entspricht dem verbrauchten Wasserstoff, dessen Gewicht aus der Tabelle pag. 56 ersehen werden kann.

Für Temperaturausgleich ist in entsprechender Weise zu sorgen.

Muss zur Erzielung der Reaktion gekocht werden, so verwendet man einen V. Meyer schen Dampfdichteapparat, an dessen oberem verengten Teile ein Kühler angebracht wird.

In den meisten Fällen wird man übrigens auch mit dem pag. 192 beschriebenen Verfahren von Baeyer und Villiger auskommen.

Für die Messung des verbrauchten Wasserstoffes bei elektrolytischen Reduktionen hat Tafel[1] einen Apparat angegeben.

---

[1] B. **33**, 2218 (1900).

XX.

Quantitative Bestimmung der dreifachen Bindung.

a) Nach Chavastelon[1]) wirkt Silbernitrat in wässeriger oder alkoholischer Lösung auf Acetylen nach der Gleichung:

$$C_2H_2 + 3\,AgNO_3 = C_2Ag_2, AgNO_3 + 2\,HNO_3$$

auf die homologen Acetylene nach der Gleichung:

$$R\,.\,C \equiv CH + 2\,AgNO_3 = R - C \equiv CAg, AgNO_3 + HNO_3.$$

Man kann daher diese Kohlenwasserstoffe bestimmen, indem man die Menge der frei gewordenen Salpetersäure nach dem Filtrieren titriert.

Die angewandte Silbernitratlösung darf nicht allzu verdünnt sein (nicht unter $^1/_{10}$ Normal).

b) Nach Arth[2]) lässt sich in den Silberverbindungen der Acetylene das Metall leicht durch Elektrolyse bestimmen. Man löst die Salze zu diesem Zwecke in genügend konzentrierter Cyankalium-lösung.

Bequemer ist noch die Methode von Dupont und Freundler[3]), wonach die Substanz mit Königswasser eingedampft und so das Silber in AgCl übergeführt wird.

---

1) C. r. **124**, 1364 (1897). — C. r. **125**, 245 (1897).
2) Arth, C. r. **124**, 1534 (1897).
3) Manuel opératoire de chimie organique, pag. 80 (**1898**).